高职高专"十三五"规划教材

化工安全生产技术

王恩东　胡 敏　主编

U0230390

化学工业出版社
·北京·

本书内容包括化工安全概述、危险化学品安全技术、化工设备安全技术、化工工艺控制安全技术、化工单元操作安全技术、典型化工工艺安全技术、劳动保护安全知识和化工安全管理。并且在附录中增加了《中华人民共和国安全生产法》《中华人民共和国职业病防治法》等内容，供学生课下学习使用。

本书为高等职业教育化工及相关专业的公共课教材，也可供从事化工生产的技术人员和管理人员培训及参考。

图书在版编目（CIP）数据

化工安全生产技术/王恩东，胡敏主编. —北京：化学工业出版社，2019.8（2022.2 重印）
ISBN 978-7-122-34367-3

Ⅰ.①化… Ⅱ.①王…②胡… Ⅲ.①化工生产-安全生产 Ⅳ.①TQ086

中国版本图书馆 CIP 数据核字（2019）第 078606 号

责任编辑：张双进　　文字编辑：孙凤英
责任校对：刘　颖　　装帧设计：王晓宇

出版发行：化学工业出版社（北京市东城区青年湖南街 13 号　邮政编码 100011）
印　　装：北京七彩京通数码快印有限公司
787mm×1092mm　1/16　印张 15¼　字数 402 千字　　2022 年 2 月北京第 1 版第 4 次印刷

购书咨询：010-64518888　　售后服务：010-64518899
网　　址：http://www.cip.com.cn
凡购买本书，如有缺损质量问题，本社销售中心负责调换。

定　　价：46.00 元

前言
Preface

化工安全是化工生产过程中的重中之重，化工安全生产是确保企业提高经济效益和促进生产稳定、快速发展的唯一保证。化工安全生产技术课程是化工技术类及相关专业的一门重要的专业核心课程。

本书以化工生产工艺为中心和主线，先后介绍化工安全概述、危险化学品安全技术、化工设备安全技术、化工工艺控制安全技术、化工单元操作安全技术、典型化工工艺安全技术、劳动保护安全知识和化工安全管理。其中化工安全概述主要内容包括化工生产的特点及安全的重要性；危险化学品安全技术主要内容包括化工生产过程中的原料、半成品、产品、化学试剂、助剂等化学品的性质、危害及防护措施；化工设备安全技术主要内容包括压力容器的设计、制造与安装，气瓶的安全技术；化工工艺控制安全技术主要内容包括化工生产操作条件温度、压力等安全控制技术；化工单元操作安全技术主要内容包括典型化工单元操作理论知识、安全事故案例分析及安全控制技术；典型化工工艺安全技术主要内容包括合成氨、合成尿素、氯碱工业等典型化工工艺安全控制技术；另外还涉及劳动保护安全知识以及化工安全管理内容；并且在附录中增加《中华人民共和国安全生产法》《安全生产许可证条例》等内容，供学生课下学习所用。

本书共计八章，以 72 学时编写。本书由重庆工贸职业技术学院王恩东和胡敏任主编，重庆工贸职业技术学院王艳领、姚小平任副主编，重庆华峰化工有限公司安全工程师樊明超、运行工程师冯琪淞参与编写。

由于编者水平有限，时间仓促，书中不足之处在所难免，恳请读者批评指正。

编　者

2018 年 5 月

目录
CONTENTS

第一章 01 Chapter
化工安全概述
001

第二章 02 Chapter
危险化学品安全技术
007

第五章 05 Chapter

化工单元操作安全技术

063

第六章 06 Chapter

典型化工工艺安全技术

090

第七章 07 Chapter

劳动保护安全知识

128

01 Chapter 第一章

化工安全概述

学习目标

通过学习，了解化工安全的重要性，掌握化工生产的特点，熟悉掌握化工事故的类型，熟悉化工安全生产的任务。

化学工业是运用化学方法从事产品生产的工业，是一个涉及多行业、多品种、历史悠久、在国民经济中占重要地位的工业部门。化学工业作为国民经济的支柱产业之一，与农业、轻工、纺织、食品、材料建筑及国防等部门有着密切的联系。其产品已经渗透到国民经济的各个领域。中国的化学工业经过几十年的发展，目前已经形成相当的规模，如硫酸、合成氨、化学肥料、农药、烧碱、纯碱等主要化工产品的产量均位居世界前列。从一定意义上来说，化学工业的发展水平，可以反映一个国家的工业化水平。世界科学技术水平的飞跃发展，为化学工业的迅速发展提供了极为有利的条件。化学工业在工艺技术、生产装置（设备）以及生产规模、产品结构等方面都发生了巨大变化。这些变化对化学工业的安全生产产生了重大影响，从而，对化学工业的职工队伍素质、安全技术、安全管理提出了更新、更高的要求。因此，要保障化学工业的高速发展，必须非常重视化学工业职工队伍的建设，加强对职工的培训教育，使广大职工能够掌握新的科学知识，能够适应不断发展的生产技术对工人的要求。

第一节 中国化学工业现状

一、中国化学工业发展水平

目前，中国化学工业已经发展成一个集化学矿、石油化工、化学肥料、基本化工原料（酸、碱）、无机盐、有机原料、合成材料（塑料、合成橡胶、合成纤维）、农药、染料、涂料、感光材料、化工新型材料、精细化工、助剂（试剂及催化剂）、化工机械和化工建筑安装等多个行业的生产建设部门。据不完全统计，现在中国经常生产的化工产品大约有 3 万种（1949 年时仅能生产 390 多种），基本能够满足经济建设和国防建设的需要。

2015 年，我国化学原料及化学制品制造行业的销售收入为 8.39 万亿元；到 2016 年，我国化学原料及化学制品制造行业的销售收入为 8.77 万亿元，比上年增长了 4.53%。从世界范围来看，2014 年，中国化学工业总量占全球的 33.2%，也就是说我国化学工业在世界上是三分天下有其一，美国占全球的 14.8%，日本为 5.8%，德国为 4.7%，韩国为 4.2%，连同中国这 5 个国家占了世界总量的近 2/3，其余的 1/3 分布在 100 多个国家里。

二、中国化学工业的特点

（1）部分企业的生产工艺及技术装备仍然比较落后，进行技术改造和设备更新的任务很重；

（2）大规模的企业较少，中小型企业较多，与最经济最具竞争力的生产规模差距较大，行业内部改组工作亟待加快；

（3）原料及能源的综合利用程度低，控制环境污染能力差，生产成本较高，产品品种较少，产品质量还存在许多问题；

（4）每年仍需进口数十亿美元的化工产品，而出口的化工产品数额很小。

第二节 化工生产的特点及安全的重要性

一、化工生产特点

1. 化工生产涉及的危险品多

化工生产使用的原料、半成品和成品种类繁多，且绝大部分是易燃易爆的，如氢气、氨气等；有毒害的，如二氧化氮、一氧化碳等；有腐蚀性的，如硫酸、硝酸、氢氧化钠等。

2. 化工生产要求的工艺条件苛刻

对于不同的工艺来说，生产时需要的条件也有很大的不同，对于压力的要求，有时需要真空下进行，有时需要达到数百兆帕。对于工艺条件温度来说，有的需要深冷，有的要在高温、高压下进行，有的要在低温、高真空度下进行。如由轻柴油裂解制乙烯，进而生产聚乙烯的生产过程中，轻柴油在裂解炉中的裂解温度为 800℃；裂解气要在深冷（−96℃）条件下进行分离；纯度为 99.99%的乙烯气体在 294MPa 压力下聚合，制成聚乙烯树脂。

3. 生产规模大型化

近几十年来，国际上化工生产采用大型生产装置是一个明显的趋势。以化肥为例，20 世纪 50 年代合成氨的最大规模为 6 万吨/年，60 年代初为 12 万吨/年，60 年代末达到 30 万吨/年，70 年代发展到 50 万吨/年以上。乙烯装置的生产能力也从 20 世纪 50 年代的 10 万吨/年，发展到 70 万吨/年。采用大型装置可以明显降低单位产品的建设投资和生产成本，有利于提高劳动生产率。因此，世界各国都在积极发展大型化工生产装置。当然，也不是说化工装置越大越好，这里涉及技术经济的综合效率问题。例如，目前新建的乙烯装置和合成氨装置都稳定在 30 万～45 万吨/年的规模。

4. 生产方式日趋先进

现代化工的生产方式已经由过去的手工操作、间断生产转变为高度自动化、连续化生产；生产设备由敞开式变成密闭式；生产操作由分散控制变为集中控制；同时也由人工手动操作发展为计算机控制。目前化工企业基本上都采用DCS集散控制系统（中控系统）进行控制。

二、通过案例分析化工安全生产的重要性

［事件一］美国多诺拉烟雾事件

多诺拉是美国宾夕法尼亚州的一个小镇，位于匹兹堡市南边30km处，有居民1.4万多人。多诺拉镇坐落在一个马蹄形河湾内侧，两边高约120m的山丘把小镇夹在山谷中。多诺拉镇是硫酸厂、钢铁厂、炼锌厂的集中地，多年来，这些工厂的烟囱不断地向空中喷烟吐雾，以致多诺拉镇的居民们对空气中的怪味都习以为常了。

1948年10月26～31日，持续的雾天使多诺拉镇看上去格外昏暗。气候潮湿寒冷，天空阴云密布，一丝风都没有，空气失去了上下的垂直移动，出现逆温现象。在这种死风状态下，工厂的烟囱却没有停止排放，就像要冲破凝住了的大气层一样，不停地喷吐着烟雾。

这次的烟雾事件发生的主要原因，是小镇上的工厂排放的含有二氧化硫等有毒有害物质的气体及金属微粒在气候反常的情况下聚集在山谷中积存不散，这些毒害物质附着在悬浮颗粒物上，严重污染了大气。人们在短时间内大量吸入这些有毒害的气体，引起各种症状，以致暴病成灾。

［事件二］印度博帕尔事件

博帕尔农药厂是美国联合碳化物公司于1969年在印度博帕尔市建起来的，用于生产西维因、滴灭威等农药。制造这些农药的原料是一种叫作异氰酸甲酯（MIC）的剧毒气体。这种气体只要有极少量短时间停留在空气中，就会使人感到眼睛疼痛，若浓度稍大，就会使人窒息。在博帕尔农药厂，这种令人毛骨悚然的剧毒化合物被冷却成液态后，储存在一个地下不锈钢储藏罐里，达45t。

1984年12月2日晚，博帕尔农药厂工人发现异氰酸甲酯的储槽压力上升，3日零时56分，液态异氰酸甲酯以气态形式从出现漏缝的保安阀中逸出，并迅速向四周扩散。虽然农药厂在毒气泄漏后几分钟就关闭了设备，但已有30t毒气化作浓重的烟雾以5km/h的速度迅速四处弥漫，很快就笼罩了25km^{2}的地区，数百人在睡梦中就被悄然夺走了性命，几天之内有2500多人死亡。当毒气泄漏的消息传开后，农药厂附近的人们纷纷逃离家园。他们利用各种交通工具向四处奔逃，只希望能走到没有受污染的空气中去。很多人被毒气弄瞎了眼睛，只能一路上摸索着前行。一些人在逃命的途中死去，尸体堆积在路旁。至1984年底，该地区有2万多人死亡，20万人受到波及，附近的3000头牲畜也未能幸免于难。在侥幸逃生的受害者中，孕妇大多流产或产下死婴，有5万人可能永久失明或终身残疾。

［事件三］苏联切尔诺贝利核泄漏事件

切尔诺贝利核电站位于苏联基辅市北130km的地方，是苏联1973年开始修建、1977年启动的最大的核电站。1986年4月25日，切尔诺贝利核电站的4号动力站开始按计划进行定期维修。然而由于连续的操作失误，4号站反应堆状态十分不稳定。1986年4月26日对于切尔诺贝利核电站来说是悲剧开始的日子。凌晨1时23分，两声沉闷的爆炸声打破了周围的宁静。随着爆炸声，一条30多米高的火柱掀开了反应堆的外壳，冲向天空。反应堆的防护结构和各种设备都被掀起，高达2000℃的烈焰吞噬着机房，熔化了粗大的钢架。携带着高放射性物质的水蒸气和尘埃随着浓烟升腾、弥漫，遮天蔽日。虽然事故发生6min后消防人员就赶到了现场，但强烈的热辐射使人难以靠近，只能靠直升机从空中向下投放含铅（Pb）和硼（B）的沙袋，以封住反应堆，阻止放射性物质的外泄。

[事件四] 剧毒物污染莱茵河事件

1986年11月1日，瑞士巴塞尔市桑多兹化工厂仓库失火，近30t剧毒的硫化物、磷化物与含有水银的化工产品随灭火剂和水流入莱茵河。顺流而下150km内，60多万条鱼被毒死，500km以内河岸两侧的井水不能饮用，靠近河边的自来水厂关闭，啤酒厂停产。有毒物沉积在河底，使莱茵河因此而“死亡”20年。

通过以上与化学化工相关的安全事件可以看出化工安全在化工生产过程中的重要性。一旦发生化学化工事故，轻则对环境造成污染、对人体健康造成损害，重则造成人员伤亡，甚至危及后代。

第三节 安全在化工生产中的地位

化工生产具有易燃、易爆、易中毒、高温、高压、易腐蚀等特点，与其他行业相比，化工生产潜在的不安全因素很多，危险性和危害性更大。因此，对安全生产的要求也更加严格。

一些发达国家的统计资料表明，在工业企业发生的爆炸事件中，化工企业占三分之一。据日本统计资料报道，仅1972年11月至1974年4月的1年半时间里，日本的石油化工厂共发生了20次重大爆炸火灾事故，造成重大人身伤亡事故和巨额经济损失，其中仅一个液氯储罐爆炸，就造成521人受伤、中毒。

随着生产技术的发展和生产规模的扩大，化工生产安全已成为一个社会问题。一旦发生火灾和爆炸事故，不但导致设备损坏、生产不能继续，而且还会造成大量人身伤亡。甚至涉及社会，产生无法估量的损失和难以挽回的影响。例如，1984年11月墨西哥城液化石油气站发生爆炸事故，造成540人死亡、4000多人受伤，大片的居民区化为焦土，50万人无家可归。

中国的化工企业特别是中小型化工企业，由于安全制度不健全或执行制度不严，操作人员缺乏安全生产知识或技术水平不高，违章作业，设备陈旧等原因，也发生过很多事故。据不完全统计，仅石油化工企业在1983～1988年间发生的重大事故达647起，死亡117人，造成巨大的经济损失。

此外，在化工生产中，不可避免地要接触大量有毒化学物质，如苯类、氯气、亚硝基化合物、铬盐、联苯胺等物质，极易造成中毒事件；同时在化工生产中也造成环境污染。

随着化学工业的发展，特别是中国加入WTO后，各项工作与国际惯例接轨，化学工业面临着的安全生产、劳动保护与环境保护等问题越来越引起人们的关注，这对从事化工生产安全管理人员、技术管理人员及技术工人的安全素质提出越来越高的要求。如何确保化工安全生产，使化学工业能够安全稳定持续地健康发展，是中国化学工业面临的一个亟待解决且必须解决的重大问题。

第四节 化工安全生产的任务

安全生产的任务归纳起来有两条：一是在生产过程中保护职工的安全和健康，防止工伤事故和职业性危害；二是在生产过程中防范其他各类事故的发生，确保生产装置的连续、正常运转，保护国家财产不受损失。并且要牢固树立“安全第一，预防为主”的观念；掌握安全知识，提高技术水平；遵章守纪，积极改善劳动条件；增强法制观念，自觉遵守法律。

1. 从思想方面提高认识，树立“安全第一，预防为主”的思想

人的思想观念和动机决定人的行为，人是有知觉的动物，人的每一行为均为大脑指挥完成，为此，要确保安全生产必须从提高人的认识做起，具体见以下几个方面：一是坚持安全第一的思想灌输，让广大员工从思想上充分认识到所面临的安全形势和任务，明确当前工作任务，能自觉主动地把思想和行动统一到安全工作上来，树立安全第一的思想，消除工作浮躁、态度不扎实的现象，认真履行安全生产责任制，严格按章作业。二是把安全作为考核每一个员工是否称职的标准，逐级签订安全生产责任书，摆正安全与生产、发展、稳定、效益的关系，有了安全才能生产，能发展，能稳定，才有效益，同样，效益、稳定、发展和生产也是为了安全。切实做到“先安全后生产，不安全不生产”。三是加强职工安全思想教育，充分利用标语、简报、板报等形式，深入开展安全宣传活动，多开展安全主题教育活动，表扬先进，鞭策后进，实现从“要我安全”到“我要安全”的转变，形成“我能安全”的气氛。同时充分利用安全活动和班前会的时间，向职工宣灌安全思想，逐渐培养职工的安全意识，自觉养成生产过程中检查周围环境的不安全因素的习惯。

2. 抓人的强化安全管理，落实“安全第一，预防为主”的思想

整个安全管理过程中最核心的是人，为此，必须在管理上做文章，保证安全生产，加强管理，注重制度的建设，更应该建立健全各项安全生产的责任制，明确划分各级干部和员工的安全生产责任，严格做到各司其职，通力合作。一是超前考虑，靠前指挥，严格要求各级值班干部盯住现场，蹲在现场，发现问题及时处理；二是充分发挥广大干部群众的聪明才智，优化采掘，要求员工对自己高度负责，珍爱生命，关注安全，在本职岗位上采取最安全、最有效的方式来进行作业，并掀起狠抓反“三违”的活动，在日常安全生产过程中坚决盯住六种违章人员，从操作技术上保证安全生产；三是实行安全提示制度，对每个月每天的安全重点和存在的隐患进行提示，让职工对当班的安全重点做到心中有数；四是严格查处各类事故，对查处的各类事故及时组织相关部门人员进行分析，查明原因，找出责任人，对事故严格按“四不放过”的原则从重处罚，以起到警示的作用；五是加强日常安全检查，及时查处生产过程中的不安全因素，消除事故隐患，起到防患于未然的作用。在安全检查上，首先，要强调检查人员的责任心。为此，在人员的任用上必须制定严格录用的标准，从坚持原则、忠于职守、秉公执法等几方面进行认真考核。对思想认识、制度建设、措施落实、隐患查处、实际效果等方面进行检查。按边检查边整改、边落实边提高的原则，对发现的问题提出整改意见和措施，并督促整改，将事故隐患消灭在萌芽状态。另外，就是强化检查的效果。要求在现场检查时，严格做到巡回检查、不留死角、铁面无私，认真执行相关管理制度，确保“安全第一，预防为主”的方针落到实处，并充分发挥群众监督的作用，做到专管群治，全员管理，构筑安全工作的第二道防线。

3. 加强安全生产培训，强化“安全第一，预防为主”的思想

培训是企业发展的基础。现代企业发展需要高素质的员工队伍，但是从业人员普遍存在培训少、复训少等特点，造成学习业务知识的兴趣不浓，所以往往在工作中不知不懂、违章蛮干，导致事故。因此必须从员工培训上入手，把这项工作作为企业最基本、最必要的工作来抓。对全体职工采取强化培训、分级管理、统一标准、考核合格的原则，有针对性地联系理论与实际，提高广大员工的科学技术水平、业务水平，采取业余学习为主、脱产学习为辅，岗位练兵，技术比武，以现场为课堂，各类事故案例分析等方式，通过培训来不断强化员工安全思想和自主保安的能力，从而达到牢固树立“安全第一，预防为主”的目的。让员工认识到生产过程中不能违章，也不敢违章，从而达到安全生产的目的。

【复习思考题】

1. 现代化工生产的特点是什么？
2. 如何认识安全在化工生产过程中的重要性？
3. 化工安全生产的任务是什么？
4. 简述化工事故的类型。
5. 查一查化工安全事故的处置程序是什么？

第二章 02 Chapter

危险化学品安全技术

学习目标

通过本章的学习，了解危险化学品火灾爆炸危险性评价以及危险化学品对人体的危害。掌握危险化学品的分类和性质，掌握典型危险化学品的储存和运输方法。并熟悉掌握常见常用的危险化学品的特性和危险化学品事故的处理方法。

随着科学技术的进步，越来越多的化学物质造福于人类。但同时也为人类与环境带来了极大的威胁。目前，在已存在的化学物品中，大约3万种具有明显或潜在的危险性。这些危险化学品在一定的外界条件下是安全的，但当其受到某些因素的影响时，就可能发生燃烧、爆炸、中毒等严重事故，给人们的生命、财产造成重大危害。因而人们应该更清楚地去认识这些危险化学品，了解其类别、性质及其危害性，应用相应的科学手段进行有效的防范管理。现代化工生产过程中，其原料和产品，绝大多数具有易燃、易爆、有毒、有害和有腐蚀的特性，而且多在高温、高压下运转。因此，加强危险化学品的安全管理是保障安全生产的重要条件。《危险化学品安全管理条例》是为加强危险化学品的安全管理，预防和减少危险化学品事故，保障人民群众生命财产安全，保护环境制定的国家法规。由中华人民共和国国务院于2002年1月26日发布，自2002年3月15日起施行，2011年2月16日修订，自2011年12月1日起施行。根据2013年12月4日国务院第32次常务会议通过，2013年12月7日中华人民共和国国务院令第645号公布，自2013年12月7日起施行《国务院关于修改部分行政法规的决定》第二次修订（2013版）。

第一节 危险化学品分类和性质

一、危险化学品概念

危险化学品是指具有毒害、腐蚀、爆炸、燃烧、助燃等性质，对人体、设施、环境具有危害的剧毒化学品和其他化学品。

二、危险化学品分类及性质

依据 GB 13690—2009《化学品分类和危险性公示通则》，按物理、健康或环境危险的性质共分以下 3 大类。

(一)物理危险

1. 爆炸物

爆炸物分类、警示标签和警示性说明见 GB 20576。

(1) 爆炸物质(或混合物)是这样一种固态或液态物质(或物质的混合物)，其本身能够通过化学反应产生气体，而产生气体的温度、压力和速度能对周围环境造成破坏。其中也包括发火物质，即便它们不放出气体。

发火物质(或发火混合物)是这样一种物质或物质的混合物，它旨在通过非爆炸自主放热化学反应产生的热、光、声、气体、烟或所有这些的组合来产生效应。

爆炸性物品是含有一种或多种爆炸性物质或混合物的物品。

烟火物品是包含一种或多种发火物质或混合物的物品。

(2) 爆炸物种类

① 爆炸性物质和混合物；

② 爆炸性物品，但不包括下述装置：其中所含爆炸性物质或混合物由于其数量或特性，在意外或偶然点燃或引爆后，不会由于迸射、发火、冒烟或巨响而在装置之处产生任何效应。

③在①和②中未提及的为产生实际爆炸或烟火效应而制造的物质、混合物和物品。

2. 易燃气体

易燃气体分类、警示标签和警示性说明见 GB 20577。

易燃气体是在 20℃和 101.3kPa 标准压力下，与空气有易燃范围的气体。

3. 易燃气溶胶

易燃气溶胶分类、警示标签和警示性说明见 GB 20578。

气溶胶是指气溶胶喷雾罐，系任何不可重新灌装的容器，该容器由金属、玻璃或塑料制成，内装强制压缩、液化或溶解的气体，包含或不包含液体、膏剂或粉末，配有释放装置，可使所装物质喷射出来，形成在气体中悬浮的固态或液态微粒，或形成泡沫、膏剂或粉末，或者以液态或气态形式出现。

4. 氧化性气体

氧化性气体分类、警示标签和警示性说明见 GB 20579。

氧化性气体是一般通过提供氧气，比空气更能导致或促使其他物质燃烧的任何气体。

5. 压力下气体

压力下气体分类、警示标签和警示性说明见 GB 20580。

压力下气体是指高压气体在压力等于或大于 200kPa(表压)下装入储器的气体，或是液化气体或冷冻液化气体。

压力下气体包括压缩气体、液化气体、溶解液体、冷冻液化气体。

6. 易燃液体

易燃液体分类、警示标签和警示性说明见 GB 20581。

易燃液体是指闪点不高于 93℃的液体。

7. 易燃固体

易燃固体分类、警示标签和警示性说明见 GB 20582。

易燃固体是容易燃烧或通过摩擦可能引燃或助燃的固体。

易于燃烧的固体为粉状、颗粒状或糊状物质，它们在与燃烧着的火柴等火源短暂接触即可点燃和火焰迅速蔓延的情况下，都非常危险。

8. 自反应物质或混合物

自反应物质分类、警示标签和警示性说明见 GB 20583。

(1) 自反应物质或混合物是即便没有氧气（空气）也容易发生激烈放热分解的热不稳定液态或固态物质或者混合物。本定义不包括根据统一分类制度分类为爆炸物、有机过氧化物或氧化物的物质和混合物。

(2) 自反应物质或混合物如果在实验室试验中其组分容易起爆、迅速爆燃或在封闭条件下加热时显示剧烈效应，应视为具有爆炸性质。

9. 自燃液体

自燃液体分类、警示标签和警示性说明见 GB 20585。

自燃液体是即使数量小也能在与空气接触后 5min 之内引燃的液体。

10. 自燃固体

自燃固体分类、警示标签和警示性说明见 GB 20586。

自燃固体是即使数量小也能在与空气接触后 5min 之内引燃的固体。

11. 自热物质和混合物

自热物质分类、警示标签和警示性说明见 GB 20584。

自热物质是发火液体或固体以外，与空气反应不需要能源供应就能够自己发热的固体或液体物质或混合物；这类物质或混合物与发火液体或固体不同，因为这类物质只有数量很大（千克级）并经过长时间（几小时或几天）才会燃烧。

注：物质或混合物的自热导致自发燃烧是由于物质或混合物与氧气（空气中的氧气）发生反应并且所产生的热没有足够迅速地传导到外界而引起的。当热产生的速度超过热损耗的速度而达到自燃温度时，自燃便会发生。

12. 遇水放出易燃气体的物质或混合物

遇水放出易燃气体的物质分类、警示标签和警示性说明见 GB 20587。

遇水放出易燃气体的物质或混合物是通过与水作用，容易具有自燃性或放出危险数量的易燃气体的固态或液态物质或混合物。

13. 氧化性液体

氧化性液体分类、警示标签和警示性说明见 GB 20589。

氧化性液体是本身未必燃烧，但通常因放出氧气可能引起或促使其他物质燃烧的液体。

14. 氧化性固体

氧化性固体分类、警示标签和警示性说明见 GB 20590。

氧化性固体是本身未必燃烧，但通常因放出氧气可能引起或促使其他物质燃烧的固体。

15. 有机过氧化物

有机过氧化物分类、警示标签和警示性说明见 GB 20591。

(1) 有机过氧化物是含有二价—O—O—结构的液态或固态有机物质，可以看作是一个或两个氢原子被有机基替代的过氧化氢衍生物。该术语也包括有机过氧化物配方（混合物）。有机过氧化物是热不稳定物质或混合物，容易放热自加速分解。另外，它们可能具有下列一种或几种性质：

① 易于爆炸分解；

② 迅速燃烧；

③ 对撞击或摩擦敏感；

④ 与其他物质发生危险反应。

(2) 如果有机过氧化物在实验室试验中，在封闭条件下加热时组分容易爆炸、迅速爆燃或表现出剧烈效应，则可认为它具有爆炸性质。

16. 金属腐蚀剂

金属腐蚀物分类、警示标签和警示性说明见 GB 20588。

腐蚀金属的物质或混合物是通过化学作用显著损坏或毁坏金属的物质或混合物。

（二）健康危险

1. 急性毒性

急性毒性分类、警示标签和警示性说明见 GB 20592。

急性毒性是指在单剂量或在 24h 内多剂量口服或皮肤接触一种物质，或吸入接触 4h 之后出现的有害效应。

2. 皮肤腐蚀/刺激

皮肤腐蚀/刺激分类、警示标签和警示性说明见 GB 20593。

皮肤腐蚀是对皮肤造成不可逆损伤；即施用试验物质达到 4h 后，可观察到表皮和真皮坏死。

腐蚀反应的特征是溃疡、出血、有血的结痂，而且在观察期 14d 结束时，皮肤、完全脱发区域和结痂处由于漂白而褪色。应考虑通过组织病理学来评估可疑的病变。

皮肤刺激是施用试验物质达到 4h 后对皮肤造成可逆损伤。

3. 严重眼损伤/眼刺激

严重眼损伤/眼刺激性分类、警示标签和警示性说明见 GB 20594。

严重眼损伤是在眼前部表面施加试验物质之后，对眼部造成在施用 21d 内并不完全可逆的组织损伤，或严重的视觉物质衰退。

眼刺激是在眼前部表面施加试验物质之后，在眼部产生在施用 21d 内完全可逆的变化。

4. 呼吸或皮肤过敏

呼吸或皮肤过敏分类、警示标签和警示性说明见 GB 20595。

(1) 呼吸过敏物是吸入后会导致气管起过敏反应的物质。皮肤过敏物是皮肤接触后会导致过敏反应的物质。

(2) 过敏包括两个阶段：第一个阶段是某人因接触某种变应原而引起特定免疫记忆。第二阶段是引发，即某一致敏个人因接触某种变应原而产生细胞介导或抗体介导的过敏反应。

(3) 就呼吸过敏而言，随后为引发阶段的诱发，其形态与皮肤过敏相同。对于皮肤过敏，需有一个让免疫系统能学会作出反应的诱发阶段；此后，可出现临床症状，这里的接触就足以引发可见的皮肤反应（引发阶段）。因此，预测性的试验通常取这种形态，其中有一个诱发阶段，对该阶段的反应则通过标准的引发阶段加以计量，典型做法是使用斑贴试验。直接计量诱发反应的局部淋巴结试验则是例外做法。人体皮肤过敏的证据通常通过诊断性斑贴试验加以评估。

(4) 就皮肤过敏和呼吸过敏而言，对于诱发所需的数值一般低于引发所需数值。

5. 生殖细胞致突变性

(1) 生殖细胞突变性分类、警示标签和警示性说明见 GB 20596。

(2) 本危险类别涉及的主要是可能导致人类生殖细胞发生可传播给后代的突变的化学

品。但是，在本危险类别内对物质和混合物进行分类时，也要考虑活体外致突变性/生殖毒性试验和哺乳动物活体内体细胞中的致突变性/生殖毒性试验。

（3）本标准中使用的引起突变、致变物、致突变性和生殖毒性等词的定义为常见定义。突变定义为细胞中遗传物质的数量或结构发生永久性改变。

（4）“突变”一词用于可能表现于表型水平的可遗传的基因改变和已知的基本 DNA 改性（例如，包括特定的碱基对改变和染色体易位）。引起的突变和致变物两词用于在细胞和/或有机体群落中产生不断增加的突变的试剂。

（5）致突变性和生殖毒性这两个较一般性的词汇用于改变 DNA 的结构、信息量、分离试剂或过程，包括那些通过干扰正常复制过程造成 DNA 损伤或以非生理方式（暂时）改变 DNA 复制的试剂或过程。生殖毒性试验结果通常作为致突变效应的指标。

6. 致癌性

（1）致癌性分类、警示标签和警示性说明见 GB 20597。

（2）致癌物一词是指可导致癌症或增加癌症发生率的化学物质或化学物质混合物。在实施良好的动物试验性研究中诱发良性和恶性肿瘤的物质也被认为是假定的或可疑的人类致癌物，除非有确凿证据显示该肿瘤形成机制与人类无关。

（3）产生致癌危险的化学品的分类基于该物质的固有性质，并不提供关于该化学品的使用可能产生的人类致癌风险水平的信息。

7. 生殖毒性

生殖毒性分类、警示标签和警示性说明见 GB 20598。

生殖毒性指外来物质对雌性和雄性生殖系统，包括排卵、生精，从生殖细胞分化到整个细胞发育，也包括对胚胎细胞发育所致的损害，引起生化功能和结构的变化，影响繁殖能力，甚至累及后代。

8. 特异性靶器官系统毒性—— 一次接触

特异性靶器官系统毒性一次接触分类、警示标签和警示性说明见 GB 20599。

9. 特异性靶器官系统毒性——反复接触

特异性靶器官系统毒性反复接触分类、警示标签和警示性说明见 GB 20601。

10. 吸入危险

注：本危险性我国还未转化成为国家标准。

本条款的目的是对可能对人类造成吸入毒性危险的物质或混合物进行分类。

“吸入”指液态或固态化学品通过口腔或鼻腔直接进入或者因呕吐间接进入气管和下呼吸系统。

吸入毒性包括化学性肺炎、不同程度的肺损伤或吸入后死亡等严重急性效应。

（三）环境危险

1. 危害水生环境

对水环境的危害分类、警示标签和警示性说明见 GB 20602。

2. 急性水生毒性

急性水生毒性是指物质对短期接触它的生物体造成伤害的固有性质。急性水生毒性一般的判定方法是用鱼类 96h LC_{50} 试验，甲壳类 48h EC_{50} 试验和/或藻类 72h 或 96h ErC_{50} 试验进行测定。

这些种类的生物被认为可以代表所有水生动物，如果试验方法是合适的，也可考虑其他种类生物（如水萍）的数据。

表 2-1 GHS 危险性公示要素（图形符号）适用范围

图标					
适用危险类别	爆炸性物质 自反应物质 有机过氧化物	易燃气体　发火液体 易燃气溶胶　发火固体 易燃液体　自燃物质 易燃固体　遇水放出易燃气体物质 自反应物质　有机过氧化物	氧化性气体 氧化性固体 氧化性液体	压力下气体	
以上为物理危害性					
图标					
适用危险类别	急性毒性 皮肤腐蚀/刺激性 严重眼损伤/眼刺激性 呼吸或皮肤致敏性 特异性靶器官系统毒性 危害臭氧层	急性毒性	金属腐蚀剂 皮肤腐蚀/刺激性 严重眼损伤/眼刺激性	呼吸或皮肤致敏性 生殖细胞致突变性 致癌性 生殖毒性 特异性靶器官系统毒性 特定靶器官系统毒性 吸入危险性	危害水生环境物质
以上为健康和环境危害性					

注：GHS 标签要素中使用了 9 个危险性图形符号，每个图形符号适用于指定的 1 个或多个危险性类别。

3. 潜在或实际的生物积累

生物积累是指物质以所有接触途径（即空气、水、沉积物、土壤和食物）在生物体内吸收、转化和排出的净结果。

4. 快速降解性

环境降解可能是生物性的，也可能是非生物性的（例如水解）。

诸如水解之类的非生物降解、非生物和生物初级降解、非水介质中的降解和环境中已证实的快速降解都可以在定义快速降解性时加以考虑。

5. 慢性水生毒性

慢性水生毒性是指物质在与生物体生命周期相关的接触期间对水生生物产生有害影响的潜在性质或实际性质。

慢性水生毒性数据不像急性数据那么容易得到，而且试验程序范围也未标准化。

《全球化学品统一分类和标签制度》（Globally Harmonized System of Classification and Labeling of Chemicals，GHS，又称“紫皮书”）是由联合国于 2003 年出版的指导各国建立统一化学品分类和标签制度的规范性文件，因此也常被称为联合国 GHS。联合国 GHS 第一部发布于 2003 年，每两年修订一次。2005 年进行第一次修订，现行版本为 2015 年第六次修订版。GHS 危险性公示要素见表 2-1。

第二节　危险化学品的储存

化工系统是生产、使用、储存危险化学品最集中的行业，在某一环节如果管理、使用不当，都可能造成重大事故甚至引发社会性灾害。因此，在危险化学品的储运过程中，必须严格遵守国家有关危险化学品管理规则，防止各类事故发生。

一、危险化学品仓库

危险化学品仓库是危险化学品储存的场所，所以危险化学品仓库的设计、建筑等必须符合有关安全防火规定，并考虑对周围居民区的影响。

二、库房设计、建筑要求

危险化学品仓库应采用单层建筑，确定合理的耐火等级，有足够的防火间隔，每座库房不宜过大，并应考虑采用防火墙隔成隔间。同时，防火设计也要齐全，避免发生火灾、火势蔓延。另外，危险化学品仓库库址要选择在人烟稀少、交通方便的地方。化工厂的易燃、可燃液体储罐，应位于厂区的边缘，且位于明火及散发火花地点的平行风向或上风向，但不可布置在产生飞火设备的下风向。油罐区、堆场与建筑物的防火间距要符合国家有关规定。

三、储存的安全管理

储存在化工厂中的大至场料堆、大型罐区、气柜、大型仓库、料仓，小至车间中转罐、料斗、小型料池、药品柜等场所，形式多种多样，这是由物料物品、环境条件及使用需求的多样性所决定的。储存过程的危险性分析及注意事项如下。

(1) 储存过程的危险性分析

① 许多储存场所易燃易爆物料数量巨大，存放集中，一旦着火爆炸，火势猛烈，极易蔓延扩大。特别是周边及内部防火间距不足、消防设施器材配置不当，可能造成重大损失。

② 不少物品在存放时，因露天曝晒、库房漏雨、地面积水、通风不良等，未能满足一

定的温度、压力、湿度等必要的储存条件，可能出现受潮、变质、发热、自燃等危险。

③ 化学性质或防护、灭火方法相互抵触的危险化学物品，不得在同一仓库或同一储存室存放，并要配备消防力量和灭火设施以及通信、报警装置。例如可燃物与强氧化剂、酸与碱等混放或间距不足，可能发生激烈反应而起火爆炸。

④ 危险化学品容器破坏、包装不合要求，可能发生泄漏，引发火灾爆炸事故。

⑤ 周边烟囱飞火、机动车辆排气管火星、明火作业、储存场所电气系统不合要求、静电、雷击等，都可能形成火源。

⑥ 在储存场所装卸、搬运过程中违规使用铁器工具，开启密封容器时撞击摩擦，违规堆垛，野蛮装卸，可燃粉尘飞扬等，可能引发火灾爆炸。

(2) 储存过程的注意事项

① 危险化学品应当分类、分项堆放，堆垛之间的主要通道，应当有安全距离，不得超量储存。

② 爆炸物质、一级易燃物质、遇水燃烧物质、剧毒物质和浓酸不得露天堆放。

③ 受阳光照射容易燃烧、爆炸和产生有毒气体的危险化学物品，以及桶装、罐装等易燃液体、气体，应当在阴凉通风地点存放。

④ 危险化学品入库前必须进行登记，入库后应当定期检查。应采取双人收发、双人记账、双人双锁、双人运输和双人使用的“五双制”方法严加管理。仓库内严禁吸烟和使用明火，对进入仓库内的机动车必须采取防火措施。

四、分类储存

根据危险化学品的特性以及灭火办法的不同，要严格按规定分类储存。

1. 爆炸性物品的储存

① 爆炸性物品必须存放在专用仓库内。仓库不能设置在居民聚集的地方，并应与周围建筑、交通要道、输电线路等保持一定距离。

② 爆炸性物品仓库不得同时存放性质相抵触的爆炸性物质，并不得超过规定的储存数量。如雷管不能与其他炸药混合储存。

③ 一切爆炸性物品不得与酸、碱、盐类以及某些金属、氧化剂等同库储存。

④ 爆炸物质的堆放，为了通风、装卸和便于出入检查，堆垛不应过高过密。

⑤ 爆炸性物品仓库的温度、湿度应加强控制和调节，大多数爆炸性物质都具有吸湿性，吸湿后容易降低或失去爆炸效能。有些爆炸性物品在受热时，会引起分解而自燃；在冻结时，能析出不稳定的晶体，容易爆炸。爆炸性物品仓库夏季库温一般不超过30℃，绝对湿度经常保持在75%以下，最高不超过80%，冬季库温一般应保持在15～25℃。

2. 压缩气体、液化气体和易燃气体的储存

压缩气体和液化气体必须与爆炸性物质、氧化剂、易燃物质、自燃物质、腐蚀性物质隔离储存。

易燃气体不得与助燃气体、剧毒气体共同储存；易燃气体和剧毒气体也不能与腐蚀性物质混合储存，因腐蚀性物质使钢瓶受到损坏。氧气不得与油脂混合储存。

3. 易燃液体的储存

易燃液体有易燃、易挥发和受热膨胀流动扩散的特性。其蒸气与空气混合成一定的比例，遇火即能发生爆炸，故应储存于通风阴凉的地方，并与明火保持一定的距离，在一定区域的范围内严禁火焰。

4. 易燃固体的储存

易燃固体有燃点低、燃烧快、并能放出大量的有毒气体等特性。因此，易燃固体的储存

仓库要阴凉、干燥，要有隔热措施，忌阳光照晒。硝化棉、赛璐珞和赤磷等，应用专用仓库储存。容易挥发的樟脑、萘等宜密封堆垛。多数易燃固体受潮后容易变质，还可能发生燃烧，因此要求严格防潮，必须堆放在垫板上或有防潮条件的地坪上。易燃固体多属还原剂，遇氧反应剧烈，应与氧和氧化剂分开储存。在储存中应重视防毒。

5. 自燃物品的储存

① 一级自燃物品不能和易燃液体、易燃固体混合储存，它和遇湿易燃的物品因灭火方法或因其中不稳定剂性质相抵触，而不能混合储存。

自燃物品、易燃的固体和液体以及腐蚀品，都不能混合储存。

② 自燃物品必须储存在阴凉、通风、干燥的仓库中，并注意做好防火防毒工作。

6. 遇湿易燃的物品的储存

遇湿易燃的物品受潮湿作用后，会放出可燃气体和热量，遇到酸类及氧化剂，就会起剧烈反应。因此，储存该类物质的库房，应选地势稍高的地方，夏季不致被雨水浸湿。堆垛时用干燥的枕木或垫板，库房的门窗可以密封，库房的相对湿度一般保持在75%以下，最高不超过80%。

7. 氧化剂和有机过氧化物的储存

① 一级无机氧化剂与有机氧化剂不能混合储存；一级氧化剂不能与压缩气体、液化气体混合储存；氧化剂和有机过氧化物不能与毒物混合储存；硝酸盐与硫酸、发烟硫酸、氯磺酸不能混合储存。

② 严格控制储存氧化剂和有机过氧化物仓库的温度、湿度。

8. 毒害品的储存

毒害品主要的危险是侵入人畜体内或直接接触皮肤引起中毒。有不少毒害品具有腐蚀性、易燃性、遇水燃烧性、挥发性，储存时都应加以注意。毒害品应储存在阴凉通风的干燥场所，不应露天存放，并且勿与酸类相近，严禁与食品同存一库。包装封口必须严密，无论是瓶装、盒装、箱装或其他包装，外面均应贴（印）有明显名称和标志。发现有包装破损和散漏时，应尽快用土或锯木屑掩盖，然后清扫洗刷。作业人员应按规定穿戴防毒面具，禁止用手直接接触毒害品。储存毒害品的仓库，应有中毒急救、清洗、中和、消毒用的药物等，以备用。

第三节 危险化学品的运输

一、危险化学品的运输管理规定

① 危险化学品由铁路、水路发货到达或中转，应在郊区或远离市区的指定专用车站或码头装卸。

② 装卸危险化学品的车船，应悬挂危险货物明显标记。

③ 装卸危险化学品，必须轻装轻卸，防止撞击、滚动、重压、倾倒和摩擦，不得损坏包装容器。包装外的标记要保持完好，电瓶车以及输送机械等装卸用具的电气设备，必须符合防火防爆要求。

④ 装运易燃、易爆、有毒的危险化学品，车船上应设有相应的防火、防爆、防毒、防水、防日晒等设施，并配备相应的消防器材和防毒面具。装运粉末状的危险化学品，应有防止粉尘飞扬的措施。

⑤ 装运过危险化学品的车厢、船舱、装卸工具以及车站、码头等有关场所，应在装运完毕后，予以清洗和必要的消毒处理。沾有化学危险物品的废弃物和垃圾必须存放在指定地点，根据其化学特性加以处理后清除。

⑥ 汽车装运危险化学品应有明显的标志，并按公安部门规定的时间、指定的路线及车速行驶。不准将危险化学品任意卸在道路上。停车时应与其他车辆、明火场所、高压电线、仓库和人口稠密处保持一定的安全距离。气瓶集装车气瓶头部应朝向同一方向，运输时气瓶分阀和总阀均应关闭。

⑦ 火车装运危险化学品，应按铁道部“危险货物运输规则”办理。

⑧ 船舶装运危险化学品，在航行停泊期间，应与其他船舶、高压输电线、码头、仓库和人烟稠密的地方保持一定的安全距离。不准用水泥船装运危险化学品。用其他船舶装运危险化学品时，应固定可靠，不准超载。

油船或驳船在装卸易燃液体时，应将岸上输油管与船上的油管紧密连接，并将船体与油泵船的金属部分用导线连接，使其互通电路，防止静电火花产生。

⑨ 在化工厂内装运危险化学物品，应按《工业企业厂内运输安全规程》（GB 4387—2008）执行。

二、危险化学品的包装

危险化学品的包装应遵照《危险货物运输规则》《气瓶安全监察规则》和化学工业部《液化气体铁路槽车安全管理规定》等有关要求办理。在包装时应遵守以下规定。

① 容器的包装应当紧固、密封。采用的包装材料应适合危险物品性质的要求。

② 包装前，承包单位（部门）必须指定专人负责对槽车、气瓶或其他包装容器和材料进行检查，符合安全要求后，方可进行包装。

③ 当发现如下情况之一，应事先进行处理，否则严禁包装。

a. 充装易燃液体和压缩、液化气体时，必须严格执行“充装标准”，严禁超量充装。

b. 凡是出厂的易燃、易爆、毒害等产品，应在包装好的物品上印贴牢固清晰的专用包装标志。包装标志的名称、适用范围、图形、颜色和尺寸等基本要求，应当符合中国 GB 190—2009《危险货物包装标志》的规定，其包装标志的图形有 21 种。如果发现包装标志不符合规定或是脱落，不得出厂、入库和托运。

第四节 危险化学品火灾爆炸危险性评价

评定危险化学品的火灾爆炸危险特性有以下几个指标。

1. 闪点

易燃、可燃液体（包括具有升华性的可燃固体）表面挥发的蒸气与空气形成的混合气，当火源接近时会产生瞬间燃烧，这种现象称为闪燃。引起闪燃的最低温度称为闪点。当可燃液体温度高于其闪点时，则随时都有被火焰点燃的危险。

闪点是评定可燃液体火灾爆炸危险性的主要标志。就火灾和爆炸来说，化学物质的闪点越低，危险性越大。

2. 燃点

可燃物质在空气充足的条件下，达到某一温度与火焰接触即行着火（出现火焰或灼热发光），并在移去火焰之后仍能继续燃烧的最低温度称为该物质的燃点或着火点。易燃液体的燃点高于其闪点 1～5℃。

3. 自燃点

指可燃物质在没有火焰、电火花等明火源的作用下，由于本身受空气氧化而放出热量，或受外界温度、湿度影响使其温度升高而引起燃烧的最低温度称为自燃点（或引燃温度）。

自燃有两种情况：

① 受热自燃。可燃物质在外部热源作用下温度升高，达到自燃点而自行燃烧。

② 自热自燃。可燃物在无外部热源影响下，其内部发生物理、化学或生化过程而产生热量，并经长时间积累达到该物质的自燃点而自行燃烧的现象。自热自燃是化工产品储存运输中较常见的现象，危害性极大。自燃点越低，自燃的危险性越大。

4. 爆炸极限

可燃气体、可燃液体蒸气或可燃粉尘与空气混合并达到一定浓度时，遇火源就会燃烧或爆炸。这个遇火源能够发生燃烧或爆炸的浓度范围，称为爆炸极限，通常用可燃气体在空气中的体积分数（%）表示。

说明：可燃气体、可燃液体蒸气或可燃粉尘与空气的混合物，并不是在任何混合比例下都会发生燃烧或爆炸的，而是有一个浓度范围，即有一个最低浓度——爆炸下限和一个最高浓度——爆炸上限。只有在这两个浓度之间，才有爆炸危险。爆炸极限是在常温、常压等标准条件下测定出来的，这一范围随着温度、压力的变化而变化。

爆炸极限范围越宽，下限越低，爆炸危险性也就越大。

5. 最小点火能

最小点火能是指能引起爆炸性混合物燃烧爆炸时所需的最小能量。

最小点火能数值愈小，说明该物质愈易被引燃。

6. 爆炸压力

可燃气体、可燃液体蒸气或可燃粉尘与空气的混合物、爆炸物品在密闭容器中着火爆炸时所产生的压力称为爆炸压力。爆炸压力的最大值称为最大爆炸压力。

爆炸压力通常是测量出来的，但也可以根据燃烧反应方程式或气体的内能进行计算。物质不同，爆炸压力也不同，即使是同一种物质因周围环境、原始压力、温度等不同，其爆炸压力也不同。

这类物质具有猛烈的爆炸性，当受到高热摩擦、撞击、震动等外来因素的作用或与其他性能相抵触的物质接触，就会发生剧烈的化学反应，产生大量的气体和高热，引起爆炸。爆炸性物质如储存量大，则爆炸时威力更大。这类物质有三硝基甲苯（TNT）、苦味酸、硝酸铵、叠氮化物、异氰酸盐、乙炔银及其他超过三个硝基的多硝基化合物等。

第五节　危险化学品对人体的危害

一、毒物的概念

1. 定义

物质进入机体，蓄积达一定的量后，与机体组织发生生物化学或生物物理变化，干扰或破坏机体的正常生理功能，引起暂时性或永久性的病理状态，甚至危及生命，称该物质为毒物。工业生产过程中接触到的毒物（主要指化学物质）称为工业毒物。

2. 工业毒物的物理状态

在生产环境中，毒物常以气体、蒸气、烟尘、雾和粉尘等形式存在，其存在形式主要取决于毒物本身的理化性质、生产工艺、加工过程等。

3. 毒性及其表示方法

毒性是用来表示毒物的剂量与引起毒作用之间关系的一个概念。它是指一种物质引起人体的病理变化，造成损伤的能力。通常采用下列指标：

(1) 半数致死量或浓度（LD_{50}或LC_{50}） 引起一组受试动物中半数动物死亡的剂量或浓度。

(2) 绝对致死量或浓度（LD_{100}或LC_{100}） 引起一组动物全部死亡的最低剂量或浓度。

(3) 最小致死量或浓度（MLD或MLC） 引起一组动物中个别死亡的剂量或浓度。

(4) 最大耐受量或浓度（LD_0或LC_0） 引起一组动物全部存活的最高剂量或浓度。

(5) 急性阈剂量或浓度（LMT_{ac}） 一次染毒后，引起机体某种有害反应的最小剂量或浓度。

(6) 慢性阈剂量或浓度（LMT_{cb}） 在慢性染毒时（即长时间反复染毒）引起机体反应的最小剂量和浓度。

(7) 无反应浓度（EC_0） 指不引起机体反应的最大浓度。

以上表示毒性的指标中，以半数致死量最为常用。毒性大小与致死量成正比，即致死所用剂量越小，毒性越大。

二、毒物的分类

毒物的分类方法有很多种，有的按毒物来源分类，有的按毒物侵入人体的途径分类，有的按毒物作用的靶器官和靶系统分类等。

目前最常用的分类是按化学性质和其用途相结合的分类法。

1. 金属和类金属

常见的金属和类金属毒物有铅、汞、锰、镍、铍、砷、磷及其化合物等。

2. 刺激性气体

刺激性气体是指对眼和呼吸道黏膜有刺激作用的气体。它是化学工业常遇到的有毒气体。刺激性气体的种类甚多，最常见的有氯、氨、氮氧化物、光气、氟化氢、二氧化硫、三氧化硫和硫酸二甲酯等。

3. 窒息性气体

窒息性气体是指能造成机体缺氧的有毒气体。窒息性气体可分为单纯窒息性气体、血液窒息性气体和细胞窒息性气体。如氮气、甲烷、乙烷、乙烯、一氧化碳、硝基苯的蒸气，以及氰化氢、硫化氢等。

4. 农药

农药包括杀虫剂、杀菌剂、杀螨剂、除草剂等。农药的使用对保证农作物的增产起着重要作用，但如果生产、运输、使用和储存过程中未采取有效的预防措施，可引起中毒。

5. 有机化合物

有机化合物种类繁多，例如应用广泛的有机溶剂，如苯、甲苯、二甲苯、二硫化碳、汽油、甲醇、丙酮等；苯的氨基和硝基化合物，如苯胺、硝基苯等。

6. 高分子化合物

高分子化合物均由一种或几种单体经过聚合或缩合而成，其分子量高达数千至几百万，如合成橡胶、合成纤维、塑料等。高分子化合物本身无毒或毒性很小，但在加工和使用过程中，可释放出游离单体对人体产生危害，如酚醛树脂遇热释放出苯酚和甲醛而具有刺激作用。某些高分子化合物由于受热氧化而产生毒性更为强烈的物质，如聚四氟乙烯塑料受高热分解出四氟乙烯、六氟丙烯、八氟异丁烯，人吸入后引起化学性肺炎或肺水肿。高分子化合物生产中常用的单体多为不饱和烯烃、芳香烃及卤代化合物、氰类、二醇和二胺类化合物，这些单体多数对人体有危害。

三、毒物进入人体的途径

毒物进入人体的途径主要有呼吸道、皮肤和消化道。

呼吸道是工业生产中毒物进入体内的最重要的途径。凡是以气体、蒸气、雾、烟、粉尘形式存在的毒物，均可经呼吸道侵入体内。人的肺脏由亿万个肺泡组成，肺泡壁很薄，壁上有丰富的毛细血管，毒物一旦进入肺脏，很快就会通过肺泡壁进入血液循环而被运送到全身。通过呼吸道吸收毒物的最重要的影响因素是其在空气中的浓度，浓度越高，吸收越快。

在工业生产中，毒物经皮肤吸收引起中毒亦比较常见。脂溶性毒物经表皮吸收后，还需有水溶性，才能进一步扩散和吸收，所以水、脂皆溶的物质（如苯胺）易被皮肤吸收。

在工业生产中，毒物经消化道吸收多半是由于个人卫生习惯不良，沾染的毒物随进食、饮水或吸烟等进入消化道。进入呼吸道的难溶性毒物被清除后，可经由咽部被咽下而进入消化道。

四、毒物在体内的过程

工业毒物进入人体后，分布在不同的部位，参与体内的代谢过程，发生转化，有些可解毒或排出体外，有些则在体内蓄积起来，久而久之，引发各种中毒症状。

1. 毒物的分布

毒物被吸收后，随血液循环（部分随淋巴液）分布到全身。当在作用点达到一定浓度时，就可发生中毒。毒物在体内各部位分布是不均匀的，同一种毒物在不同的组织和器官分布量有多有少。有些毒物相对集中于某组织或器官中，例如铅、氟主要集中在骨质，苯多分布于骨髓及类脂质。

2. 生物转化

毒物吸收后受到体内生化过程的作用，其化学结构发生一定改变，称为毒物的生物转化。其结果可使毒性降低（解毒作用）或增加（增毒作用）。毒物的生物转化可归结为氧化、还原、水解及结合，经转化形成的毒物代谢产物排出体外。

3. 排出

毒物在体内可经转化或不经转化而排出。毒物可经肾、呼吸道及消化道途径排出，其中经肾随尿排出是最主要的途径。尿液中毒物浓度与血液中的毒物浓度密切相关，常测定尿中毒物及其代谢物，以监测和诊断毒物吸收和中毒。

4. 蓄积

毒物进入体内的总量超过转化和排出总量时，体内的毒物就会逐渐增加，这种现象就是毒物的蓄积。此时毒物大多相对集中于某些部位，毒物对这些蓄积部位可产生毒作用。毒物在体内的蓄积是发生慢性中毒的基础。

五、毒物对人体的危害

有毒物质对人体的危害主要为引起中毒。中毒分为急性、亚急性和慢性中毒。毒物一次性短时间内大量进入人体后可引起急性中毒；少量毒物长期进入人体所引起的中毒称为慢性中毒；介于两者之间者称为亚急性中毒。接触的毒物不同，中毒后出现的病状亦不一样，现按人体的系统或器官将中毒后的主要病状分述如下。

1. 呼吸系统

在工业生产中，呼吸道最易接触毒物，特别是刺激性毒物，一旦吸入，轻者引起呼吸道炎症，重者发生化学性肺炎或肺水肿。常见引起呼吸系统损害的毒物有氯气、氨、二氧化硫、光气、氮氧化物，以及某些酸类、酯类、磷化物等。

2. 神经系统

神经系统由中枢神经（包括脑和脊髓）和周围神经（由脑和脊髓发出，分布于全身皮肤、肌肉、内脏等处）组成。有毒物质可损害中枢神经和周围神经。主要侵犯神经系统的毒物称为“亲神经性毒物”，可引起神经衰弱综合征、周围神经病、中毒性脑病等。

3. 血液系统

在工业生产中，有许多毒物能引起血液系统损害。如：苯、砷、铅等，能引起贫血；苯、巯基乙酸等能引起粒细胞减少症；苯的氨基和硝基化合物（如苯胺、硝基苯）可引起高铁血红蛋白血症，患者的突出表现为皮肤、黏膜青紫；氧化砷可破坏红细胞，引起溶血；苯、三硝基甲苯、砷化合物、四氯化碳等可抑制造血机能，引起血液中红细胞、白细胞和血小板减少，引起再生障碍性贫血；苯可致白血病已得到公认。

4. 消化系统

有毒物质对消化系统的损害很大。如：汞可致汞毒性口腔炎，氟可导致“氟斑牙”；汞、砷等毒物，经口侵入可引起出血性胃肠炎；铅中毒，可有腹绞痛；黄磷、砷化合物、四氯化碳、苯胺等物质可致中毒性肝病。

5. 循环系统

常见的有：有机溶剂中的苯、有机磷农药以及某些刺激性气体和窒息性气体对心肌的损害，其表现为心慌、胸闷、心前区不适、心率快等；急性中毒可出现休克；长期接触一氧化碳可促进动脉粥样硬化，等等。

6. 泌尿系统

经肾随尿排出是有毒物质排出体外的最重要的途径，加之肾血流量丰富，易受损害。泌尿系统各部位都可能受到有毒物质损害，如慢性铍中毒常伴有尿路结石，杀虫脒中毒可出现出血性膀胱炎等，但常见的还是肾损害。不少生产性毒物对肾有毒性，尤以重金属和卤代烃最为突出。

7. 骨骼损害

长期接触氟可引起氟骨症。磷中毒者下颌改变首先表现为牙槽嵴的吸收，随着吸收的加重发生感染，严重者发生下颌骨坏死。长期接触氯乙烯可致肢端溶骨症，即指骨末端发生骨缺损。镉中毒可发生骨软化。

8. 眼损害

生产性毒物引起的眼损害分为接触性和中毒性两类。前者是毒物直接作用于眼部所致；后者则是全身中毒在眼部的改变。接触性眼损害主要为酸、碱及其他腐蚀性毒物引起的眼灼伤。眼部的化学灼伤重者可造成终身失明，必须及时救治。引起中毒性眼病最典型的毒物为甲醇和三硝基甲苯。

9. 皮肤损害

职业性皮肤病是职业性疾病中最常见、发病率最高的职业性伤害，其中化学性因素引起者占多数。根据作用机制不同引起皮肤损害的化学性物质分为：原发性刺激物、致敏物和光敏感物。常见原发性刺激物为酸类、碱类、金属盐、溶剂等；常见致敏物有金属盐类（如铬盐、镍盐）、合成树脂类、染料、橡胶添加剂等；光敏感物有沥青、焦油、吡啶、蒽、菲等。常见的疾病有接触性皮炎、油疹及氯痤疮、皮肤黑变病、皮肤溃疡、角化过度及皲裂等。

10. 化学灼伤

化学灼伤是化工生产中的常见急症。是化学物质对皮肤、黏膜刺激、腐蚀及化学反应热引起的急性损害。按临床分类有体表（皮肤）化学灼伤、呼吸道化学灼伤、消化道化学灼伤、眼化学灼伤。常见的致伤物有酸、碱、酚类、黄磷等。某些化学物质在致伤的同时可经皮肤、黏膜吸收引起中毒，如黄磷灼伤、酚灼伤、氯乙酸灼伤，甚至引起死亡。

11. 职业肿瘤

接触职业性致癌性因素而引起的肿瘤，称为职业肿瘤。我国 1987 年颁布的职业病名单中规定石棉所致肺癌、间皮瘤，联苯胺所致膀胱癌，苯所致白血病，氯甲醚所致肺癌，砷所致肺癌、皮癌，氯乙烯所致肝血管肉瘤，焦炉工人肺癌和铬酸盐制造工人肺癌为法定的职业肿瘤。

总之，机体与有毒化学物质之间的相互作用是一个复杂的过程，中毒后的表现千变万化，了解和掌握这些过程和表现，无疑将有助于对有毒化学物质中毒的了解和防治管理。

第六节　易发生中毒事故的危险化学品

一、苯

1. 品名

苯；benzene；CAS：71-43-2。

2. 理化性质

无色透明，易燃液体，分子式 C_6H_6，分子量 78.11，相对密度 0.8794（20℃），熔点 5.51℃，沸点 80.1℃，闪点－10.11℃（闭杯），自燃点 562.22℃，蒸气密度 2.77g/L，蒸气压 13.33kPa（26.1℃）。蒸气与空气混合物爆炸限 1.4%～8.0%。不溶于水，与乙醇、氯仿、乙醚、二硫化碳、四氯化碳、冰醋酸、丙酮、油混溶。遇热、明火易燃烧、爆炸。能与氧化剂，如五氟化溴、氯气、三氧化铬、高氯酸、硝酰、氧气、臭氧、过氯酸盐、氯化铝＋过氯酸氟、硫酸＋高锰酸盐、过氧化钾、高氯酸铝＋乙酸、过氧化钠发生剧烈反应。不能与乙硼烷共存。

3. 侵入途径

蒸气可经呼吸道吸收，液体经消化道吸收完全。皮肤可吸收少量。

4. 毒理学简介

大鼠经口 LD_{50}＝930mg/kg；吸入 LC_{50}＝10000μL/L（7h）。小鼠经口 LD_{50}＝4700mg/kg；吸入 LC_{50}＝9980μL/L。兔经皮 LD_{50}＞9400μL/kg。急性毒作用主要有抑制中枢神经系统。高浓度蒸气对黏膜和皮肤有一定的刺激作用。液态苯直接吸入呼吸道，可引起肺水肿和出血。苯蒸气经呼吸道吸入的最初几分钟吸收率最高。吸入体内的苯，40%～60%以原形经呼气排出，经肾排出极少，吸收后主要分布在含类脂质较多的组织和器官中。主要在肝内代谢，约 30%的苯氧化成酚，并与硫酸葡萄糖酸结合随尿排出，极少量以酚或醌等形式经肾排出。人吸入 5min 的 MLC 为 2000μL/L，吸入的 TCL_0 为 100μL/L，经口的 MLD 为 50mg/kg。

5. 临床表现

急性中毒：短时间内吸入大量苯蒸气或口服多量液态苯后出现兴奋或酒醉感，伴有黏膜刺激症状，可有头晕、头痛、恶心、呕吐、步态不稳等表现。重症者可有昏迷、抽搐、呼吸及循环衰竭现象。尿酚和血苯可增高。亚急性中毒：短期内吸入较高浓度后可出现头晕、头痛、乏力、失眠等症状。经1～2个月后可发生再生障碍性贫血。如及早发现，经脱离接触，适当处理。

6. 处理

急性中毒：立即脱离现场至空气新鲜处，脱去污染的衣着，用肥皂水或清水冲洗污染的皮肤。口服者给洗胃。中毒者应卧床静息，对症、支持治疗。亚急性中毒：脱离接触，对症处理。

7. 标准

车间空气卫生标准：中国MAC（最高容许浓度）40mg/m^3（皮）；美国ACGIH（美国政府工业卫生学家会议）TLV-TWA（时间加权平均阈限值）0.3mg/m^3。

8. 中国职业病诊断国家标准

职业性苯中毒的诊断GB 3230—1997。

9. 危险货物编号（危规号）

GB 3.2类32050。UN NO. 1114。IMDG CODE 3058页，3.2类。

二、氨

1. 品名

氨、液氨、氨气、ammonia；CAS：7664-41-7。

2. 理化性质

无色、有刺激性恶臭的气体，分子式NH_3，分子量17.03，相对密度0.7714，熔点−77.7℃，沸点−33.35℃，自燃点651.11℃，蒸气密度0.6g/L，蒸气压1013.08kPa(25.7℃)。蒸气与空气混合物爆炸极限16%～25%（最易引燃浓度17%）。氨在20℃水中溶解度34%，25℃时，在无水乙醇中溶解度10%，在甲醇中溶解度16%，溶于氯仿、乙醚，它是许多元素和化合物的良好溶剂。水溶液呈碱性，0.1mol/L水溶液pH值为11.1。液态氨将侵蚀某些塑料制品、橡胶和涂层。遇热、明火，难以点燃而危险性较低；但氨和空气混合物达到上述浓度范围遇明火会燃烧和爆炸，如有油类或其他可燃性物质存在，则危险性更高。与硫酸或其他强无机酸反应放热，混合物可达到沸腾。不能与下列物质共存：乙醛、丙烯醛、硼、卤素、环氧乙烷、次氯酸、硝酸、汞、氯化银、硫、锑、双氧水等。

3. 侵入途径

氨气主要经呼吸道吸入。

4. 毒理学简介

人吸入LCL_0=5000μL/L（5min）。大鼠吸入LC_{50}=2000μL/L（4h）。小鼠吸入LC_{50}=4230μL/L（1h）。对黏膜和皮肤有碱性刺激及腐蚀作用，可造成组织溶解性坏死。高浓度时可引起反射性呼吸停止和心脏停搏。人接触553mg/m^{3}可发生强烈的刺激症状，可耐受1.25min；3500～7000mg/m^{3}浓度下可立即死亡。

5. 临床表现

急性中毒时，短期内吸入大量氨气后可出现流泪、咽痛、声音嘶哑、咳嗽、痰可带血丝、胸闷、呼吸困难，可伴有头晕、头痛、恶心、呕吐、乏力等，可出现紫绀、眼结膜及咽部充血及水肿、呼吸率快、肺部罗音等。严重者可发生肺水肿、成人呼吸窘迫综合征、喉水肿痉挛或支气管黏膜坏死脱落致窒息，还可并发气胸、纵隔气肿。胸部X射线检查呈支气管炎、支气管周围炎、肺炎或肺水肿表现。血气分析动脉血氧分压降低。误服氨水可致消化道灼伤，口腔、胸、腹部疼痛，呕血、虚脱，可发生食道、胃穿孔。同时可能发生呼吸道刺激症状。吸入极高浓度可迅速死亡。眼接触液氨或高浓度氨气可引起灼伤，严重者可发生角膜穿孔。皮肤接触液氨可致灼伤。

6. 处理

吸入者应迅速脱离现场，至空气新鲜处。维持呼吸功能。卧床静息。给对症、支持治疗。眼污染后立即用流动清水或凉开水冲洗至少 10min。皮肤污染时立即脱去污染的衣着，用流动清水冲洗至少 30min。

7. 标准

车间空气卫生标准：中国 MAC 30mg/m^3；美国 ACGIH TLV-TWA 17mg/m^3。

8. 中国职业病诊断国家标准

职业性急性氨中毒诊断标准及处理原则 GB 7800—87。

三、一氧化碳

1. 品名

一氧化碳；carbonmonoxide；CAS：630-08-0。

2. 理化性质

无色、无臭、无味的气体，分子式 CO，分子量 28.01，相对密度 0.793（液体），熔点 −205.0℃，沸点 −191.5℃，自燃点 608.89℃。与空气混合物爆炸限 12%～75%。在水中的溶解度低，但易被氨水吸收。在空气中燃烧呈蓝色火焰。遇热、明火易燃烧爆炸。在 400～700℃分解为碳和二氧化碳。

3. 毒理学简介

人吸入 TCL_0 = 600mg/m^3（10min），LCL_0 = 5000μL/L（5min）。大鼠吸入 LC_{50} = 1807μL/L（4h）。小鼠吸入 LC_{50} = 2444μL/L（4h）。

4. 侵入途径

CO 经呼吸道吸入。吸入的 CO 通过肺泡进入血液，立即与血红蛋白结合形成碳氧血红蛋白（HbCO）。空气中 CO 分压越高，HbCO 浓度也越高。吸收后的 CO 绝大部分以不变的形式由呼吸道排出。在正常大气压下，CO 半排出期为 128～409min，平均为 320min。停止接触后，如提高吸入气体的氧分压，可缩短 CO 的半排出期。进入血液的 CO 与血红蛋白及其他某些含铁蛋白质（如肌球蛋白、二价铁的细胞色素）形成可逆结合。它与血红蛋白具有很强的亲和力，即 CO 与血红蛋白的亲和力比氧与 Hb 的亲和力约大 300 倍，致使血携氧能力下降，同时氧合血红蛋白的解离比 HbCO 的解离速度快 3600 倍，且 HbCO 的存在影响氧合血红蛋白的解离，阻碍了氧的释放，导致低氧血症，引起组织缺氧。中枢神经系统对缺氧最敏感，因此首先受累。缺氧引起颅内压增高。同时，缺氧和脑水肿造成脑血液循环障碍，而血管吻合支较少和血管水肿、结构不健全的苍白球可出现软化、坏死或白质广泛性脱髓鞘病变，产生帕金森氏综合征和一系列精神症状。部分重症 CO 中毒患者，在昏迷苏醒后，经过 2 天至 2 个月的假愈期，又出现一系列神经、精神障碍，称为迟发性脑病。

5. 临床表现

急性 CO 中毒是吸入高浓度 CO 后引起以中枢神经系统损害为主的全身性疾病。急性 CO 中毒起病急、潜伏期短。轻、中度中毒主要表现为头痛、头昏、心悸、恶心、呕吐、四肢乏力、意识模糊，甚至昏迷，但昏迷持续时间短，经脱离现场进行抢救，可较快苏醒，一般无明显并发症。部分患者显示脑电图异常。重度中毒者意识障碍程度达深昏迷或去大脑皮质状态，往往出现牙关紧闭、强直性全身痉挛、大小便失禁。部分患者可并发脑水肿、肺水肿、严重的心肌损害、休克、呼吸衰竭、上消化道出血、皮肤水泡或成片的皮肤红肿、肌肉肿胀坏死、肝损害、肾损害等。血液 HbCO 浓度可高于 50%。多数患者脑电图异常。急性 CO 中毒迟发脑病是指急性中毒意识障碍恢复后，经过 2～60d 的假愈期，又出现神经精神症状。

(1) 常见临床表现

① 精神障碍。定向力丧失、计算力显著下降、记忆力减退、反应迟钝、生活不能自理，部分患者可发展为痴呆综合征，或有幻觉、错觉、语无伦次、行为失常、兴奋冲动、打人毁物等表现。

② 锥体外系症状。表现呆板面容，肌张力增高，动作缓慢，步态碎小，双上肢失去伴随运动，小书写症与静止性震颤，出现帕金森综合征。

③ 锥体系神经损害。表现轻偏瘫、假性球麻痹、病理反射阳性或小便失禁。

④ 大脑皮层局灶性功能障碍。如失语、失明、失写、失算等，或出现继发性癫痫。头颅 CT 检查可发现脑部有病理性密度减低区。脑电图检查可发现中度或高度异常。根据吸入较高浓度 CO 的接触史和急性发生的中枢神经损害的症状和体征，结合血中 HbCO 及时测定的结果、现场卫生学调查及空气中 CO 浓度测定资料，排除其他病因后，可诊断为急性 CO 中毒。

轻度急性 CO 中毒需与感冒、高血压、食物中毒等鉴别，中度及重度中毒者应注意与其他病因如糖尿病、脑血管意外、安眠药中毒等引起的昏迷鉴别，对迟发脑病需与其他有类似症状的疾患进行鉴别诊断。

处理：迅速将患者移离中毒现场至通风处，松开衣领，注意保暖，密切观察意识状态。血中 HbCO 系 CO 中毒唯一特异的化验指标，但只有及时测定才对诊断有参考意义。及时有效给氧是急性 CO 中毒的最重要的治疗原则。应用高压氧疗法，可加速患者血中 HbCO 的清除，迅速纠正组织缺氧。高压氧治疗急性一氧化碳中毒及其迟发脑病对症及支持疗法：根据病情采用解除脑水肿、改善脑血循环的治疗药物，维持呼吸循环功能及镇痉等。对迟发脑病患者，治疗方法包括高压氧、糖皮质激素、血管扩张剂、神经细胞营养药及抗帕金森病药物等。中度、重度中毒患者昏迷清醒后，应卧床休息两周，在观察两个月期间，暂时脱离 CO 作业。

(2) 治疗原理

CO 中毒机制主要是碳氧血红蛋白（HbCO）增加而使 HbO 减少造成的低氧血症，氧离曲线左移，细胞呼吸功能障碍等，可致全身各组织器官的严重缺氧，中枢神经系统受累最重。高压氧治疗 CO 中毒的原理几乎都与这些毒性的拮抗作用有关。

① 高压氧能加速 HbCO 的解离，促进 CO 的消除，使 Hb 恢复携氧功能。氧分压越高，COHb 的解离和 CO 的清除就越明显。CO 的清除时间随氧分压的增高而缩短，例如 CO 半廓清时间在常压空气中为 5h20min，常压纯氧下为 1h20min，而在 3atm（绝对大气压，1atm=101325Pa）下仅为 20min。

② 高压氧能提高血氧分压，增加血氧含量，使组织得到充足的溶解氧，大大减少机体对 Hb 运氧的依赖性，从而迅速纠正低氧血症。

③ 高压氧能使颅内血管收缩（但不降低血氧含量），使其通过性降低，有利于降低颅压，打断了大脑缺氧与脑水肿的恶性循环。

④ 高压氧下血氧含量及血氧张力增加，组织氧储量及血氧弥散半径也相应增加。故能明显改善组织细胞缺氧状态，有利于解除 CO 对细胞色素氧化酶的抑制作用。

⑤ 高压氧对急性 CO 中毒所致的各种并发症均有良好的防治作用。如心、肺、肾和肝损害，休克，消化道出血，酸中毒，挤压伤等。

⑥ 高压氧对 CO 中毒后遗症及迟发脑病有明显的疗效，其机理可能与下述因素有关：

a. 高压氧血氧分压升高，大脑组织也随之得到充分氧供，从而纠正了细胞呼吸障碍，有利于中枢神经系统（CNS）的细胞结构与功能恢复；

b. 高压氧促进脑血管缺氧性损害的恢复，阻碍其病理过程的发展，改善血管壁的营养状况，促进血管内膜修复，加强小血管出血及微血栓的吸收；

c. 促进脑血管侧支循环的建立，减轻脑组织的缺氧性损害；

d. 高压氧对 CNS 的生化过程产生激活作用，还可增强大脑的电生理作用，并对免疫功能起作用。

(3) 治疗指征　一氧化碳中毒是高压氧的绝对适应症，具体治疗指征可包括：急性中、重度中毒，昏迷，心肺功能不全者。

① 中毒昏迷时间>4h，或暴露在 CO 环境中>8h，救治清醒后病情又有反复者。

② 中毒昏迷清醒后仍有对外界反应不良或头晕、头痛，心律失常，抽搐等心脑缺氧者。

③ 中毒后恢复不良出现神经精神症状者。

④ 出现迟发脑病，病程大多在 6 个月至 1 年者。

⑤ 意识虽有恢复，但血 HbCO 升高者。

⑥ 轻度中毒但持续头晕头痛者、年龄 40 岁以上或重度脑力劳动者。

⑦ 脑电图、CT 检查异常者。

(4) 治疗方法　根据病情选用高压氧舱舱型（大型多人舱或小型单人舱）。大舱可以容纳多人进行治疗，医护人员可同时进舱救治和护理，便于直接观察病情变化。因此危重病人或昏迷病人以大舱为宜。小舱以纯氧加压，仅能容纳一人，不用戴面罩，适合于呼吸无力、气管切开病人及轻中度中毒患者。具体加压方法及治疗时程、疗程视病情而定。一般重者时程、疗程长，轻者则短。压力及时程要互相呼应，绝对不能超过安全范围，否则会引起氧中毒等不良后果。在高压氧治疗的间歇期，有条件最好给予常压面罩纯氧治疗。

(5) 注意事项

① 高压氧治疗前，首先应弄清诊断、鉴别诊断及有无合并症存在。例如 CO 中毒时易合并脑出血，此时若进舱加压，将会导致严重后果，故对伴高血压的老年病人尤应注意。

② 对于急性 CO 中毒，发现中毒后立即给予充足的氧气（包括运送病人途中）直至开始高压氧治疗。确保呼吸道通畅及输液通路，根据全身紧急情况进行相应处理。

③ 在使用高压氧治疗的同时，应积极配合其他对症、支持、抗感染疗法，加强护理。

④ 对于脱离中毒现场较久、未能行高压氧治疗者，为改善病情、预防后遗症及迟发脑病的出现，应积极采用高压氧治疗，不要轻易放弃治疗机会。

⑤ 伴有轻度肺部感染的昏迷病人，应尽可能坚持高压氧治疗，以挽救病人生命。此时可降低治疗压力并投用抗感染药物。

⑥ CO 中毒伴有其他有害气体中毒时，应采取相应措施，并积极进行充分的高压氧治疗。

⑦ 对重症、昏迷时间长、HbCO>40%、明显代谢性酸中毒、年老体弱者，应给予充分高压氧治疗，防止迟发脑病的发生。

⑧ 老年人多伴有潜在心肺功能不良，高压氧治疗中压力不宜过高，时程不宜过长。

⑨ 多个并发症存在，应抓主要矛盾，兼顾次要矛盾。一般来说，休克、脑水肿、呼吸衰竭等威胁生命，应首先积极处理。

6. 车间空气卫生标准

中国 MAC 30mg/m^3；美国 ACGIH TLV-TWA 29mg/m^3。

7. 危规

GB 2.1 类 21005。UN NO. 1016。IMDG　CODE2027 页，2.1 类。

四、有机磷农药

1. 接触机会

有机磷农药生产与使用人员。

2. 侵入途径

可经皮肤、呼吸道、消化道吸收。

3. 毒理学简介

各品种的毒性可不同，多数属剧毒和高毒类，少数为低毒类。某些品种混合使用时有增毒作用，如马拉硫磷与敌百虫、敌百虫与谷硫磷等混合剂。某些品种可经转化而增毒，如1605氧化后毒性增加，敌百虫在碱性溶液中转化为敌敌畏而毒性更大。有机磷农药（有机磷酸酯类农药）在体内与胆碱酯酶形成磷酰化胆碱酯酶，胆碱酯酶活性受抑制，使酶不能起分解乙酰胆碱的作用，致组织中乙酰胆碱过量蓄积，胆碱能使神经过度兴奋，引起毒蕈碱样、烟碱样和中枢神经系统症状。磷酰化胆碱酯酶一般约经48h即“老化”，不易复能。某些酯烃基及芳烃基磷酸酯类化合物尚有迟发性神经毒作用，是由于有机磷农药抑制体内神经病靶酯酶（神经毒性酯酶），并使之“老化”，而引起迟发性神经病。此毒作用与胆碱酯酶活性无关。

4. 临床表现

（1）急性中毒

① 潜伏期。按农药品种及浓度、吸收途径及机体状况而异。一般经皮肤吸收多在2～6h发病，呼吸道吸入或口服后多在10min～2h发病。

② 发病症状。各种途径吸收致中毒的表现基本相似，但首发症状有所不同。如经皮肤吸收为主时，常先出现多汗、流涎、烦躁不安等；经口中毒时，常先出现恶心、呕吐、腹痛等症状；呼吸道吸入引起中毒时，可出现视物模糊及呼吸困难等症状。

（2）根据毒作用部位而引起的症状

① 毒蕈碱样症状。食欲减退、恶心、呕吐、腹痛、腹泻、流涎、多汗、视物模糊、瞳孔缩小、呼吸道分泌物增加、支气管痉挛、呼吸困难、肺水肿。

② 烟碱样症状。肌束颤动、肌力减退、肌痉挛、呼吸肌麻痹。

③ 中枢神经系统症状。头痛、头晕、倦怠、乏力、失眠或嗜睡、烦躁、意识模糊、语言不清、谵妄、抽搐、昏迷、呼吸中枢抑制致呼吸停止。

④ 植物神经系统症状。血压升高、心率加快，病情进展时出现心率减慢、心律失常症状。

（3）中毒等级

① 轻度中毒。有头晕、头痛、恶心、呕吐、多汗、胸闷、视物模糊、无力等症状，瞳孔可能缩小。全血胆碱酯酶活性一般为50%～70%。

② 中度中毒。上述症状加重，尚有肌束颤动、瞳孔缩小、轻度呼吸困难、流涎、腹痛、腹泻、步态蹒跚、意识不清或模糊。全血胆碱酯酶活性一般在30%～50%。

③ 重度中毒。除上述症状外，尚有肺水肿、昏迷、呼吸麻痹或脑水肿。全血胆碱酯酶活性一般在30%以下。

迟发性猝死：在乐果、敌百虫等严重中毒恢复期，可发生突然死亡。常发生于中毒后3～15d，多见于口服中毒者。

中间型综合征：倍硫磷、乐果、久效磷、敌敌畏、甲胺磷等中毒后2～4d，出现以肢体近端肌肉、屈颈肌、脑神经运动支配的肌肉和呼吸肌无力为主的临床表现，包括抬头、肩外展、屈髋和睁眼困难，眼球活动受限，复视，面部表情肌运动受限，声音嘶哑，吞咽和咀嚼困难，可因呼吸肌麻痹而死亡。

迟发性周围神经病：甲胺磷、丙胺磷、丙氰磷、对硫磷、马拉硫磷、伊皮恩、乐果、敌敌畏、敌百虫、丙胺氟磷等中毒病情恢复后4～45d出现四肢感觉-运动型多发性神经病，与胆碱酯酶活性无关。农药溅入眼内可引起瞳孔缩小，不一定有全身中毒。

(4) 处理 过量接触者立即脱离现场，至空气新鲜处。皮肤污染时立即用大量清水或肥皂水冲洗。眼污染时用清水冲洗。口服者洗胃后留置胃管，以便农药反流时可再次清洗，如口服乐果后宜留置胃管2～3d，定时清洗。无法用胃管洗胃时可作胃造瘘置管洗胃。有轻度毒蕈碱样、烟碱样或中枢神经系统症状且全血胆碱酯酶活性正常者，无明显症状且全血胆碱酯酶活性70%以下者，或接触量大者，均应观察24～72h，及时处理。

5. 特效解毒剂

(1) 阿托品 能清除或减轻毒蕈碱样和中枢神经系统症状，改善呼吸中枢抑制。

用药原则：早期、适量、反复给药，快速达到“阿托品化”（瞳孔扩大、颜面潮红、皮肤无汗、口干、心率加速）。

注意事项如下。

① 防止全身用药过量引起阿托品中毒（瞳孔扩大、心动过速、尿潴留、体温升高、谵妄、抽搐、昏迷、呼吸麻痹等）。如发生阿托品中毒时应立即停药，症状严重者可应用毛果芸香碱或新斯的明等药拮抗阿托品的作用。

② 较长时间大剂量应用阿托品可引起阿托品依赖现象，表现为阿托品减量或停用时出现面色苍白、头晕、出汗、腹痛、呕吐等类似有机磷中毒的“反跳”现象。一旦发生此现象，应逐渐减量至停药。阿托品1mL含0.5mg的剂型为低渗溶液，大剂量使用时可能引起血管内溶血，需加以注意。654（山莨菪碱）和703（樟柳碱）的药理作用与阿托品相似，对有机磷中毒有一定疗效。

(2) 胆碱酯酶复能剂 常用肟类复能剂为解磷定和氯磷定复能剂，对不同品种中毒的疗效不尽相同，如对1605（对硫磷）、1059（内吸磷）、苏化203（治螟灵）、3911（甲拌磷）等中毒疗效显著；对敌百虫、敌敌畏中毒疗效稍差；对乐果、4049（马拉硫磷）中毒疗效不明显；对二嗪农、谷硫磷等中毒有不良作用，但对其他有机磷酸酯杂质可能有一定疗效。对复能剂疗效不理想的农药中毒，治疗以阿托品为主。但目前对复能剂治疗各品种的疗效有不同的观点。复能剂应及早应用，中毒后48h磷酰化胆碱酯酶即“老化”，不易重新活化。

(3) 含抗胆碱剂和复能剂的复方注射液解磷注射液 起作用快，作用时间较长。因有多种配方，其用法不同。

6. 标准

中国职业病诊断国家标准：职业性急性有机磷农药中毒诊断标准及处理原则 GB 7794。

五、氮氧化物

1. 品名

氮的氧化物主要有：

① 一氧化二氮（又称氧化亚氮、笑气、连二次硝酸酐）；nitrous oxide；CAS：10024-97-2；

② 一氧化氮；nitric oxide；CAS：10102-43-9；

③ 二氧化氮（又称：过氧化氮）；nitrogen dioxide；CAS：10102-44-0；

④ 三氧化二氮（又称：亚硝酸酐）；nitrogen trioxide；

⑤ 四氧化二氮；nitrogen tetraoxide；

⑥ 五氧化二氮（又称硝酐）；nitrogen pentoxide。

2. 理化性质

除五氧化二氮为固体外，其余均为气体，分子式 NO_x。其中四氧化二氮是二氧化氮的二聚体，常与二氧化氮混合存在构成一种平衡态混合物。一氧化氮和二氧化氮的混合物，又称硝气（硝烟）。相对密度：一氧化氮接近空气，一氧化二氮、二氧化氮比空气略重。熔点：五氧化二氮为 30℃，其余均为零下。均微溶于水，水溶液呈不同程度酸性。一氧化氮、二氧化氮在水中分解生成硝酸和氧化氮。一氧化二氮在 300℃以上才有强氧化作用，其余有不同程度氧化性，特别是五氧化二氮，在−10℃以上分解放出氧气和二氧化氮。氮氧化物系非可燃性物质，但均能助燃，如一氧化二氮（N_2O）、二氧化氮和五氧化二氮遇高温或可燃性物质能引起爆炸。

3. 侵入途径

主要经呼吸道吸入。

4. 毒理学简介

小鼠接触空气中一氧化氮 3075mg/m^3，6～7min 引起麻醉，在 12min 死亡。二氧化氮，大鼠吸入 4h 的 LC_{50} 为 88μL/L；小鼠吸入 10min 的 LC_{50} 为 1000μL/L。氮氧化物中氧化亚氮（笑气）作为吸入麻醉剂，不以工业毒物论；余者除二氧化氮外，遇光、湿或热可产生二氧化氮，主要为二氧化氮的毒作用，主要损害深部呼吸道。一氧化氮尚可与血红蛋白结合引起高铁血红蛋白血症。人吸入二氧化氮 1min 的 MLC 为 200μL/L。

5. 临床表现

(1) 急性中毒 吸入气体当时可无明显症状或有眼及上呼吸道刺激症状，如咽部不适、干咳等。常经 6～7h 潜伏期后出现迟发性肺水肿、成人呼吸窘迫综合征，可并发气胸及纵隔气肿。肺水肿消退后 2 周左右出现迟发性阻塞性细支气管炎而引起咳嗽、进行性胸闷、呼吸窘迫及紫绀。少数患者在吸入气体后无明显中毒症状而在 2 周后发生以上病变。血气分析动脉血氧分压降低。胸部 X 射线片呈肺水肿的表现或两肺满布粟粒状阴影。一氧化氮浓度高可致高铁血红蛋白血症。

(2) 处理 急性中毒后应迅速脱离现场至空气新鲜处，立即吸氧。对密切接触者观察 24～72h，及时观察胸部 X 射线变化及血气分析。对症、支持治疗。积极防治肺水肿，给予合理氧疗。

6. 标准

车间空气卫生标准：中国 MAC 氧化氮 5mg/m^3（以 NO_2 计）；美国 ACGIH 二氧化氮 TLV-TWA 5.6mg/m^3，STEL 9.4mg/m^3。

六、氯乙酸

1. 品名

氯乙酸；chloroacetic acid；chloroethanoic acid；monochloroacetic acid；CAS：79-11-8。

2. 理化性质

无色或白色结晶，以三种晶格形式存在（α，β，γ），其中 γ 形式最稳定。含少量(<0.5%)二氯乙酸、硫酸盐、乙酸和水。有较强的吸湿性，分子式 $C_2H_3ClO_2$，分子量 94.50，相对密度 1.58（20/20℃），熔点 61～63℃（商品酸），沸点 189℃，闪点 126.11℃，蒸气密度 3.25g/L，蒸气压 0.13kPa（1mmHg，43℃），易溶于水，溶于苯、乙醇和乙酸等，受热分解，生成有毒氯化物。

3. 侵入途径

经呼吸道、消化道及皮肤吸收。

4. 毒理学简介

大鼠经口 $LD_{50}=55mg/kg$；吸入 $LC_{50}=180mg/m^3$。不同动物的中毒表现也有所差别，主要表现为反应迟钝，体重减轻，1～3d 内死亡。大鼠饲料中含 1%的氯乙酸时，经 200d 实验期后发现肝糖原增加，体重下降。其毒作用机理可能与重要酶类（如磷酸丙糖脱氢酶）的—SH基反应有关。本品的嗅阈为 0.17mg/m^3。空气中浓度为 23.7mg/m^3 时，有轻微刺激和兴奋作用。浓度较高时可引起较重的呼吸道刺激和消化道症状，鼻、口腔、咽喉烧灼感、咳嗽、恶心、呕吐及腹痛等；极高浓度时可出现呼吸深、嗜睡及肺水肿，甚至死亡。在豚鼠的 5%～10%的体表上涂擦本品，动物在 5h 后相继死亡。死亡前有血尿、抽搐及昏迷。尸检发现皮肤涂擦处有深达皮下组织及肌肉层的组织坏死，主要脏器有充血、出血、颗粒变性等病理改变。

5. 临床表现

急性中毒的轻重程度取决于现场氯乙酸（雾或粉尘）浓度和接触时间；皮肤侵入是否引起中毒与皮肤受害面积有关。无明显潜伏期。雾或粉尘可引起眼和上呼吸道轻度、中度刺激症状。吸入后轻度中毒可有上呼吸道炎症表现，经休息和对症处理数小时至数日即可恢复。吸入高浓度的酸雾或粉尘迅速发生严重中毒，出现嗜睡、呼吸深、咳嗽、恶心、呕吐，数小时后出现严重的肺水肿。氯乙酸液或粉尘直接接触皮肤可出现红、肿、水疮，伴有剧痛，水疱吸收后出现过度角化，经数次脱皮后痊愈。如受侵皮肤面积在 10%左右时，应注意观察经皮肤吸收而中毒。本品酸雾或粉尘溅入眼内，可引起灼痛、流泪、结膜充血，严重时可引起角膜组织损害。

(1) 诊断

① 有明确的接触史。

② 临床表现首先出现眼及上呼吸道刺激症状，以后有支气管炎或肺水肿及皮肤损害等。

③ 胸部 X 射线片可有散的小点片状阴影或两侧密度均匀的云絮状阴影或蝶翼状阴影。

(2) 处理　皮肤污染时，立即脱离事故现场，转移到空气新鲜处，脱去污染的衣物，并用大量清水冲洗污染皮肤至少 15min；眼污染时，应分开眼睑用微温水缓流冲洗至少 15min，注意勿让冲洗后流下的水再污染健康的眼；使病人安静，保暖，休息，密切观察病情变化。轻度中毒病人以支持疗法为主，同时给予对症治疗。较重中毒病人应早期、适量、短程给予糖皮质激素，以控制肺水肿。

6. 事故案例

国外曾报告在一次意外事故中，一位工人约 10%的皮肤被氯乙酸浸渍，虽然立即用清水彻底清洗，但 10h 后仍中毒死亡。国内也有类似的事故发生。

7. 标准

车间空气卫生标准：俄罗斯 STEL（阈限值）1mg/m^3；英国（容许浓度）TWA 0.3μL/L，STEL 1μL/L。

危规：GB 8.1 类 81603，94003。UN NO. 1750（液体），1751（晶体）。IMDG CODE 8134 页，8 类。

七、氢氰酸

1. 品名

氢氰酸；hydrocyanic acid，prussic acid；CAS：74-90-8。

2. 理化性质

为无色伴有轻微的苦杏仁气味的液体，分子式 HCN，分子量 27.03，相对密度 0.69，熔点 −14℃，沸点 26℃，闪点 −17.8℃，蒸气密度 0.94g/L，蒸气压 101.31kPa（760mmHg，25.8℃），蒸气与空气混合物爆炸限 6%～41%，易溶于水、乙醇，微溶于乙醚，水溶液呈弱酸性。

3. 侵入途径

主要经口或吸入致中毒。液体可经皮肤及眼结膜吸收致中毒。

4. 毒理学简介

如吸收非致死量，部分以原形呼出；大部分氰离子可逐渐从体内细胞色素氧化酶或从高铁血红蛋白的结合中释出，在体内硫氰酸的作用下与体内的硫代硫酸离子结合而转化为相对无毒的硫氰酸盐从肾中排泄。

5. 毒性数据

人口服 TDL_0（最低中毒剂量）=570μg/kg；人吸入 TCL_0（最低中毒浓度）=500mg/m^3(3min)；人吸入 TCL_0 =120mg/m^3（1h），200mg/m^3(10min)，400mg/m^3(2min)，立即死亡；人皮下 TDL_0 =1mg/kg；人静注 TDL_0 =55μg/kg。皮肤吸收蒸气 6760mg/m^3，50min 无症状；1230mg/m^3 浓度下发生吸收。嗅觉阈为 0.22～5.71mg/m^3；20～40mg/m^3 下，几小时后出现轻度症状，如头痛、恶心、呕吐、心悸等。

发病机理：主要为氰离子与氧化型细胞色素氧化酶中的三价铁结合，阻断了氧化过程中三价铁的电子传递，使组织细胞不能利用氧，形成内窒息。

6. 临床表现

主要引起机体组织内窒息。

（1）急性中毒 急性中毒病情进展迅速，无明显潜伏期，一般病情危重。吸入高浓度氰化氢或口服多量氢氰酸后立即昏迷、呼吸停止，于数分钟内死亡（猝死）。重症而非猝死病例：早期症状，吸入者有眼和上呼吸道刺激症状，呼出气带杏仁气味；口服者有口腔、咽喉灼热感、流涎、呕吐，呕出物有杏仁气味。尿硫氰酸盐量可增高。轻症者可有头痛、头晕、乏力、胸闷、呼吸困难、心悸、恶心、呕吐等表现。皮肤或眼接触氢氰酸可引起灼伤，亦可吸收致中毒。诊断原则与鉴别诊断：主要根据接触史及临床表现，中毒早期呼出气或呕吐物中有杏仁气味，皮肤、黏膜及静脉血呈鲜红色为特征，有助诊断，但呼吸障碍时可出现紫绀。血及尿中硫氰酸盐量可作为接触指标，其受吸烟及饮食影响，应参考当地正常值。中毒时起病急，不能等化验结果才作诊断，应与其他原因引起的中毒、脑血管疾病、心肌梗死等所致的猝死或昏迷相鉴别。

（2）处理 一般治疗原则：立即脱离现场至空气新鲜处。猝死者应同时立即进行心肺复苏。急性中毒病情进展迅速，应立即就地应用解毒剂。吸入者给吸氧；皮肤接触液体者立即脱去污染的衣着，用流动清水或 5%硫代硫酸钠冲洗皮肤至少 20min；眼接触者用生理盐水、冷开水或清水冲洗 5～10min；口服者用 0.2%高锰酸钾或 5%硫代硫酸钠洗胃。皮肤或眼灼伤按酸灼伤处理。

7. 标准

车间空气卫生标准：中国 MAC 0.3mg/m^3（皮）；美国 OSHA PEL（所有行业）-TWA 氢氰酸 11mg/m^3（皮）。

危规：氢氰酸：GB 6.1 类 61004。UN NO. 1613。IMDG CODE 6092 页，6.1 类。

第七节　危险化学品火灾的扑救

一、危险化学品火灾的基本扑救方法

危险化学品容易发生火灾、爆炸事故，但不同的化学品以及在不同情况下发生火灾时，其扑救方法差异很大，若处置不当，不仅不能有效扑灭火灾，反而会使灾情进一步扩大。此外，由于化学品本身及其燃烧产物大多具有较强的毒害性和腐蚀性，极易造成人员中毒、灼伤。因此，扑救危险化学品火灾是一项极其重要又非常危险的工作。

一旦发生火灾，每个职工都应清楚地知道他们的职责，掌握有关消防设施、人员的疏散程序和危险化学品灭火的特殊要求等内容。

1. 扑救化学品火灾时的注意事项

① 灭火人员不应单独灭火；

② 出口应始终保持清洁和畅通；

③ 要选择正确的灭火剂；

④ 灭火时还应考虑人员的安全。

2. 扑救初期火灾时的注意事项

① 迅速关闭火灾部位的上下游阀门，切断进入火灾事故地点的一切物料；

② 在火灾尚未扩大到不可控制之前，应使用移动式灭火器或现场其他各种消防设备、器材扑灭初期火灾和控制火源。

3. 保护措施

为防止火灾危及相邻设施，可采取以下保护措施：

① 对周围设施及时采取冷却保护措施；

② 迅速疏散受火势威胁的物资；

③ 有的火灾可能造成易燃液体外流，这时可用沙袋或其他材料筑堤拦截流淌的液体或挖沟导流将物料导向安全地点；

④ 用毛毡、海草帘堵住下水井、窨井口等处，防止火焰蔓延。

特别注意：扑救危险化学品火灾决不可盲目行动，应针对每一类化学品，选择正确的灭火剂和灭火方法来安全地控制火灾。化学品火灾的扑救应由专业消防队来进行，其他人员不可盲目行动，待消防队到达后，介绍物料性质，配合扑救。

二、不同种类危险化学品的灭火对策

1. 扑救易燃液体的基本对策

易燃液体通常是储存在容器内或由管道输送的。与气体不同的是，液体容器有的密闭，有的敞开，一般都是常压，只有反应锅（炉、釜）及输送管道内的液体压力较高。液体不管是否着火，如果发生泄漏或溢出，都将顺着地面（或水面）漂散流淌，而且，易燃液体还有相对密度和水溶性等涉及能否用水和普通泡沫扑救的问题以及危险性很大的沸溢和喷溅问题。因此，扑救易燃液体火灾往往也是一场艰难的战斗，遇易燃液体火灾，一般应采用以下基本对策。

首先应切断火势蔓延的途径，冷却和疏散受火势威胁的压力及密闭容器和可燃物，控制燃烧范围，并积极抢救受伤和被困人员。如有液体流淌，应筑堤（或用围油栏）拦截漂散流淌的易燃液体或挖沟导流。

及时了解和掌握着火液体的品名、密度、水溶性以及有无毒害、腐蚀、沸溢、喷溅等危险性，以便采取相应的灭火和防护措施。

对较大的储罐或流淌火灾，应准确判断着火面积。小面积（一般 $50m^2$ 以内）液体火灾，一般可用雾状水扑灭。用泡沫、干粉、二氧化碳、卤代烷（1211，1301）灭火一般更有效。大面积液体火灾则必须根据其相对密度、水溶性和燃烧面积大小，选择正确的灭火剂扑救。

比水轻又不溶于水的液体（如汽油、苯等），用直流水、雾状水灭火往往无效，可用普通蛋白泡沫或轻水泡沫灭火。用干粉、卤代烷扑救时，灭火效果要视燃烧面积大小和燃烧条件而定，最好用水冷却罐壁。

比水重又不溶于水的液体（如二硫化碳）起火时可用水扑救，水能覆盖在液面上灭火。用泡沫也有效。用干粉、卤代烷扑救时，灭火效果要视燃烧面积大小和燃烧条件而定，最好用水冷却罐壁。

具有水溶性的液体（如醇类、酮类等），虽然从理论上讲能用水稀释扑救，但用此法要使液体闪点消失，水必须在溶液中占很大的比例。这不仅需要大量的水，也容易使液体溢出流淌，而普通泡沫又会受到水溶性液体的破坏（如果加大普通泡沫强度，可以减弱火势），因此，最好用抗溶性泡沫扑救。用干粉或卤代烷扑救时，灭火效果要视燃烧面积大小和燃烧条件而定，也需用水冷却罐壁。

扑救毒害性、腐蚀性或燃烧产物毒害性较强的易燃液体火灾，扑救人员必须佩戴防护面具，采取防护措施。

扑救原油和重油等具有沸溢和喷溅危险的液体火灾，如有条件，可采用取放水、搅拌等防止发生沸溢和喷溅的措施，在灭火同时必须注意计算可能发生沸溢、喷溅的时间和观察是否有沸溢、喷溅的征兆。指挥员发现危险征兆时应迅即作出准确判断，及时下达撤退命令，避免造成人员伤亡和装备损失。扑救人员看到或听到统一撤退信号后，应立即撤至安全地带。

遇易燃液体管道或储罐泄漏着火，在切断蔓延把火势限制在一定范围内的同时，对输送管道应设法找到并关闭进、出阀门，如果管道阀门已损坏或是储罐泄漏，应迅速准备好堵漏材料，然后先用泡沫、干粉、二氧化碳或雾状水等扑灭地上的流淌火焰，为堵漏扫清障碍，其次再扑灭泄漏口的火焰，并迅速采取堵漏措施。与气体堵漏不同的是，液体一次堵漏失败，可连续堵几次，只要用泡沫覆盖地面，并堵住液体流淌和控制好周围着火源，不必点燃泄漏口的液体。

2. 扑救毒害品和腐蚀品的对策

毒害品和腐蚀品对人体都有一定危害。毒害品主要经口或吸入蒸气或通过皮肤接触引起人体中毒。腐蚀品是通过皮肤接触使人体形成化学灼伤。毒害品、腐蚀品有些本身能着火，有的本身并不着火，但与其他可燃物品接触后能着火。这类物品发生火灾一般应采取以下基本对策。

灭火人员必须穿防护服，佩戴防护面具。一般情况下采取全身防护即可，对有特殊要求的物品火灾，应使用专用防护服。考虑到过滤式防毒面具防毒范围的局限性，在扑救毒害品火灾时应尽量使用隔绝式氧气或空气面具。为了在火场上能正确使用和适应，平时应进行严格的适应性训练。

积极抢救受伤和被困人员，限制燃烧范围。毒害品、腐蚀品火灾极易造成人员伤亡，灭火人员在采取防护措施后，应立即投入寻找和抢救受伤、被困人员的工作，并努力限制燃烧范围。

扑救时应尽量使用低压水流或雾状水，避免腐蚀品、毒害品溅出。遇酸类或碱类腐蚀品最好调制相应的中和剂稀释中和。

遇毒害品、腐蚀品容器泄漏，在扑灭火势后应采取堵漏措施。腐蚀品需用防腐材料堵漏。

浓硫酸遇水能放出大量的热，会导致沸腾飞溅，需特别注意防护。扑救浓硫酸与其他可燃物品接触发生的火灾，浓硫酸数量不多时，可用大量低压水快速扑救。如果浓硫酸量很大，应先用二氧化碳、干粉、卤代烷等灭火，然后再把着火物品与浓硫酸分开。

3. 扑救放射性物品火灾的基本对策

放射性物品是一类发射出人类肉眼看不见但却能严重损害人类生命和健康的α、β、γ射线和中子流的特殊物品。扑救这类物品火灾必须采取特殊的能防护射线照射的措施。平时生产、经营、储存和运输、使用这类物品的单位及消防部门，应配备一定数量防护装备和放射性测试仪器。遇这类物品火灾一般应采取以下基本对策。

先派出精干人员携带放射性测试仪器，测试辐射（剂）量和范围。测试人员应尽可能地采取防护措施。

对辐射（剂）量超过0.0387C/kg的区域，应设置写有“危及生命、禁止进入”的文字说明的警告标志牌。

对辐射（剂）量小于0.0387C/kg的区域，应设置写有“辐射危险、请勿接近”警告标志牌。测试人员还应进行不间断巡回监测。

对辐射（剂）量大于0.0387C/kg的区域，灭火人员不能深入辐射源纵深灭火进攻。对辐射（剂）量小于0.0387C/kg的区域，可快速用水灭火或用泡沫、二氧化碳、干粉、卤代烷扑救，并积极抢救受伤人员。

对燃烧现场包装没有被破坏的放射性物品，可在水枪的掩护下佩戴防护装备，设法疏散，无法疏散时，应就地冷却保护，防止造成新的破损，增加辐射（剂）量。

对已破损的容器切忌搬动或用水流冲击，以防止放射性沾染范围扩大。

4. 扑救易燃固体、易燃物品火灾的基本对策

易燃固体、易燃物品一般都可用水或泡沫扑救，相对其他种类的危险化学品而言是比较容易扑救的，只要控制住燃烧范围，逐步扑灭即可。但也有少数易燃固体、自燃物品的扑救方法比较特殊，如2,4-二硝基苯甲醚、二硝基萘、萘、黄磷等。

2,4-二硝基苯甲醚、二硝基萘、萘等是能升华的易燃固体，受热产生易燃蒸气。火灾时可用雾状水、泡沫扑救并切断火势蔓延途径，但应注意，不能以为明火焰扑灭即已完成灭火工作，因为受热以后升华的易燃蒸气能在不知不觉中飘逸，在上层与空气能形成爆炸性混合物，尤其是在室内，易发生爆燃。因此，扑救这类物品火灾千万不能被假象所迷惑。在扑救过程中应不时向燃烧区域上空及周围喷射雾状水，并用水浇灭燃烧区域及其周围的一切火源。

黄磷是自燃点很低、在空气中能很快氧化升温并自燃的自燃物品。遇黄磷火灾时，首先应切断火势蔓延途径，控制燃烧范围。对着火的黄磷应用低压水或雾状水扑救。高压直流水冲击能引起黄磷飞溅，导致灾害扩大。黄磷熔融液体流淌时应用泥土、沙袋等筑堤拦截并用雾状水冷却，对磷块和冷却后已固化的黄磷，应用钳子钳入储水容器中。来不及钳时可先用沙土掩盖，但应做好标记，等火势扑灭后，再逐步集中到储水容器中。

少数易燃固体和自燃物品不能用水和泡沫扑救，如三硫化二磷、铝粉、烷基铝、保险粉等，应根据具体情况区别处理。宜选用干砂和不用压力喷射的干粉扑救。

5. 扑救压缩或液化气体火灾的基本对策

压缩或液化气体总是被储存在不同的容器内，或通过管道输送。其中储存在较小钢瓶内

的气体压力较高，受热或受火焰熏烤容易发生爆裂。气体泄漏后遇火源已形成稳定燃烧时，其发生爆炸或再次爆炸的危险性与可燃气体泄漏未燃时相比要小得多。遇压缩或液化气体火灾一般应采取以下基本对策。

扑救气体火灾切忌盲目扑灭火势，在没有采取堵漏措施的情况下，必须保持稳定燃烧。否则，大量可燃气体泄漏出来与空气混合，遇着火源就会发生爆炸，后果将不堪设想。

首先应扑灭外围被火源引燃的可燃物火势，切断火势蔓延途径，控制燃烧范围，并积极抢救受伤和被困人员。

如果火势中有压力容器或有受到火焰辐射热威胁的压力容器，能疏散的应尽量在水枪的掩护下疏散到安全地带，不能疏散的应部署足够的水枪进行冷却保护。为防止容器爆裂伤人，进行冷却的人员应尽量采用低姿射水或利用现场坚实的掩蔽体防护。对卧式储罐，冷却人员应选择储罐四侧角作为射水阵地。

如果是输气管道泄漏着火，应设法找到气源阀门。阀门完好时，只要关闭气体的进出阀门，火势就会自动熄灭。

储罐或管道泄漏关阀无效时，应根据火势判断气体压力和泄漏口的大小及其形状，准备好相应的堵漏材料（如软木塞、橡皮塞、气囊塞、黏合剂、弯管工具等）。

堵漏工作准备就绪后，既可用水扑救火势，也可用干粉、二氧化碳、卤代烷灭火，但仍需用水冷却烧烫的罐或管壁。火扑灭后，应立即用堵漏材料堵漏，同时用雾状水稀释和驱散泄漏出来的气体。如果确认泄漏口非常大，根本无法堵漏，只需冷却着火容器及其周围容器和可燃物品，控制着火范围，直到燃气燃尽，火势自动熄灭。

现场指挥应密切注意各种危险征兆，遇有火势熄灭后较长时间未能恢复稳定燃烧或受热辐射的容器安全阀火焰变亮耀眼、尖叫、晃动等爆裂征兆时，指挥员必须适时作出准确判断，及时下达撤退命令。现场人员看到或听到事先规定的撤退信号后，应迅速撤退至安全地带。

6. 扑救爆炸物品火灾的基本对策

爆炸物品一般都有专门或临时的储存仓库。这类物品由于内部结构含有爆炸性基因，受摩擦、撞击、震动、高温等外界因素激发，极易发生爆炸，遇明火则更危险。遇爆炸物品火灾时，一般应采取以下基本对策。

① 迅速判断和查明再次发生爆炸的可能性和危险性，紧紧抓住爆炸后和再次发生爆炸之前的有利时机，采取一切可能的措施，全力制止再次爆炸的发生。

② 切忌用沙土盖压，以免增强爆炸物品爆炸时的威力。

③ 如果有疏散可能，人身安全上确有可靠保障，应迅即组织力量及时疏散着火区域周围的爆炸物品，使着火区周围形成一个隔离带。

④ 扑救爆炸物品堆垛时，水流应采用吊射，避免强力水流直接冲击堆垛，以免堆垛倒塌引起再次爆炸。

⑤ 灭火人员应尽量利用现场现成的掩蔽体或尽量采用卧姿等低姿射水，尽可能地采取自我保护措施。消防车辆不要停靠离爆炸物品太近的水源。

⑥ 灭火人员发现有发生再次爆炸的危险时，应立即向现场指挥报告，现场指挥应迅即作出准确判断，确有发生再次爆炸征兆或危险时，应立即下达撤退命令。灭火人员看到或听到撤退信号后，应迅速撤至安全地带，来不及撤退时，应就地卧倒。

7. 扑救遇湿易燃物品火灾的基本对策

遇湿易燃物品能与潮湿和水发生化学反应，产生可燃气体和热量，有时即使没有明火也能自动着火或爆炸，如金属钾、钠以及三乙基铝（液态）等。因此，这类物品有一定数量时，绝对禁止用水、泡沫、酸碱灭火器等湿性灭火剂扑救。这类物品的这一特殊性给其火灾时的扑救带来了很大的困难。

通常情况下，遇湿易燃物品由于其发生火灾时的灭火措施特殊，在储存时要求分库或隔离分堆单独储存，但在实际操作中往往很难完全做到，尤其是在生产和运输过程中更难以做到，如铝制品厂往往遍地积有铝粉。对包装坚固、封口严密、数量又少的遇湿易燃物品，在储存规定上允许同室分堆或同柜分格储存。这就给其火灾扑救工作带来了更大的困难，灭火人员在扑救中应谨慎处置。对遇湿易燃物品火灾一般采取以下基本对策。

① 首先应了解清楚遇湿易燃物品的品名、数量、是否与其他物品混存、燃烧范围、火势蔓延途径。

② 如果只有极少量（一般 50g 以内）遇湿易燃物品，则不管是否与其他物品混存，仍可用大量的水或泡沫扑救。水或泡沫刚接触着火点时，短时间内可能会使火势增大，但少量遇湿易燃物品燃尽后，火势很快就会熄灭或减少。

③ 如果遇湿易燃物品数量较多，且未与其他物品混存，则绝对禁止用水或泡沫、酸碱等湿性灭火剂扑救。遇湿易燃物品应用干粉、二氧化碳、卤代烷扑救，只有金属钾、钠、铝、镁等个别物品用二氧化碳、卤代烷无效。固体遇湿易燃物品应用水泥、干砂、干粉、硅藻土和蛭石等覆盖。水泥是扑救固体遇湿易燃物品火灾比较容易得到的灭火剂。对遇湿易燃物品中的粉尘如镁粉、铝粉等，切忌喷射有压力的灭火剂，以防止将粉尘吹扬起来，与空气形成爆炸性混合物而导致爆炸发生。

④ 如果有较多的遇湿易燃物品与其他物品混存，则应先查明是哪类物品着火，遇湿易燃物品的包装是否损坏。可先用开关水枪向着火点吊射少量的水进行试探，如未见火势明显增大，证明遇湿物品尚未着火，包装也未损坏，应立即用大量水或泡沫扑救，扑灭火势后立即组织力量将淋过水或仍在潮湿区域的遇湿易燃物品疏散到安全地带分散开来。如射水试探后火势明显增大，则证明遇湿易燃物品已经着火或包装已经损坏，应禁止用水、泡沫、酸碱灭火器扑救，若是液体应用干粉等灭火剂扑救，若是固体应用水泥、干砂等覆盖，如遇钾、钠、铝、镁轻金属发生火灾，最好用石墨粉、氯化钠以及专用的轻金属灭火剂扑救。

⑤ 如果其他物品火灾威胁到相邻的较多遇湿易燃物品，应先用油布或塑料膜等其他防水布将遇湿易燃物品遮盖好，然后再在上面盖上棉被并淋上水。如果遇湿易燃物品堆放处地势不太高，可在其周围用土筑一道防水堤。在用水或泡沫扑救火灾时，对相邻的遇湿易燃物品应留一定的力量监护。由于遇湿易燃物品性能特殊，又不能用常用的水和泡沫灭火剂扑救，从事这类物品生产、经营、储存、运输、使用的人员及消防人员平时应经常了解和熟悉其品名和主要危险特性。

第八节 危险化学品事故现场的急救措施

一、化工事故现场危险化学品的急救措施

在事故现场，化学品对人体可能造成的伤害为：中毒、窒息、化学灼伤、烧伤、冻伤等。必须对受伤人员进行紧急救护，减少伤害。

1. 现场急救注意事项

① 进行急救时，不论患者还是救援人员都需要进行适当的防护。这一点非常重要！特别是把患者从严重污染的场所救出时，救援人员必须加以预防，避免成为新的受害者。

② 应将受伤人员小心地从危险的环境转移到安全的地点。

③ 应至少 2～3 人为一组集体行动，以便互相监护照应，所用的救援器材必须是防

爆的。

④ 急救处理程序化，可采取如下步骤：除去伤病员污染衣物—冲洗—共性处理—个性处理—转送医院。

⑤ 处理污染物时，要注意对伤员污染衣物的处理，防止发生继发性损害。

2. 一般急救原则

对受到化学伤害的人员进行急救时，几项首先要做的紧急处理是：

① 置神志不清的病员于侧位，防止气道梗阻，呼吸困难时给予氧气吸入。

② 呼吸停止时立即进行人工呼吸；心脏停止者立即进行胸外心脏按压。

③ 皮肤污染时，脱去污染的衣服，用流动清水冲洗；头面部灼伤时，要注意眼、耳、鼻、口腔的清洗。

④ 眼睛污染时，立即提起眼睑，用大量流动清水彻底冲洗至少 15min。

⑤ 当人员发生冻伤时，应迅速复温。复温的方法是采用 40～42℃恒温热水浸泡，使其在 15～30min 温度提高至接近正常。在对冻伤的部位进行轻柔按摩时，应注意不要将伤处的皮肤擦破，以防感染。

⑥当人员发生烧伤时，应迅速将患者衣服脱去，用水冲洗降温，用清洁布覆盖创伤面，避免伤面污染；不要任意把水疱弄破。患者口渴时，可适量饮水或含盐饮料。

⑦口服者，可根据物料性质，对症处理；有必要进行洗胃。

⑧经现场处理后，应迅速护送至医院救治。

记住：口对口的人工呼吸及冲洗污染的皮肤或眼睛时要避免进一步受伤。

二、实验室一般性伤害的应急措施

实验室里经常要装配和拆卸玻璃仪器装置，如果操作不当往往会造成割伤；高温加热可能造成烫伤或烧伤；因接触各类化学药品容易造成化学灼伤等。所以，师生不仅应该按要求规范实验操作，还要掌握一般的应急救护方法。

1. 实验室里急救箱内备有的药剂和用品

（1）消毒剂 碘酒、75%的卫生酒精棉球等。

（2）外伤药 龙胆紫药水、消炎粉和止血粉。

（3）烫伤药 烫伤油膏、凡士林、玉树油、甘油等。

（4）化学灼伤药 5%碳酸氢钠溶液、2%的乙酸、1%的硼酸、5%的硫酸铜溶液、医用双氧水、三氯化铁的酒精溶液及高锰酸钾晶体。

（5）治疗用品 药棉、纱布、创可贴、绷带、胶带、剪刀、镊子等。

2. 各种伤害的应急救护方法

（1）创伤（碎玻璃引起的） 伤口不能用手触摸，也不能用水冲洗。若伤口里有碎玻璃片，应先用消过毒的镊子取出来，在伤口上擦龙胆紫药水，消毒后用止血粉外敷，再用纱布包扎。伤口较大、流血较多时，可用纱布压住伤口止血，并立即送医务室或医院治疗。

（2）烫伤或灼伤 烫伤后切勿用水冲洗，一般可在伤口处擦烫伤膏或用浓高锰酸钾溶液擦至皮肤变为棕色，再涂上凡士林或烫伤药膏。被磷灼伤后，可用 1%硝酸银溶液、5%硫酸银溶液或高锰酸钾溶液洗涤伤处，然后进行包扎，切勿用水冲洗；被沥青、煤焦油等有机物烫伤后，可用浸透二甲苯的棉花擦洗，再用羊脂涂敷。

（3）受（强）碱腐蚀 先用大量水冲洗，再用 2%乙酸溶液或饱和硼酸溶液清洗，然后再用水冲洗。若碱溅入眼内，用硼酸溶液冲洗。

（4）受（强）酸腐蚀 先用干净的毛巾擦净伤处，用大量水冲洗，然后用饱和碳酸氢钠

($NaHCO_3$) 溶液(或稀氨水、肥皂水)冲洗，再用水冲洗，最后涂上甘油。若酸溅入眼中时，先用大量水冲洗，然后用碳酸氢钠溶液冲洗，严重者送医院治疗。

(5) 液溴腐蚀 应立即用大量水冲洗，再用甘油或酒精洗涤伤处。

(6) 苯酚腐蚀 先用大量水冲洗，再用4体积10%的酒精与1体积三氯化铁的混合液冲洗。

(7) 误吞毒物 常用的解毒方法是：给中毒者服催吐剂，如肥皂水、芥末和水，或服鸡蛋白、牛奶和食物油等，以缓和刺激，随后用干净手指伸入喉部，引起呕吐。注意磷中毒的人不能喝牛奶，可用5～10mL 1%的硫酸铜溶液加入一杯温开水内服，引起呕吐，然后送医院治疗。

(8) 吸入毒气 轻度中毒，通常只要把中毒者移到空气新鲜的地方，解松衣服(但要注意保温)使其安静休息即可，必要时给中毒者吸入氧气，但切勿随便进行人工呼吸。若吸入溴蒸气、氯气、氯化氢等，可吸入少量酒精和乙醚的混合物蒸气以解毒。吸入溴蒸气的，也可用嗅氨水的办法减缓症状。吸入少量硫化氢者，立即送到空气新鲜的地方。中毒较重者，应立即送到医院治疗。

(9) 触电 首先切断电源，若来不及切断电源，可用绝缘物挑开电线。在未切断电源之前，切不可用手拉触电者，也不能用金属或潮湿的东西挑电线。如果触电者在高处，则应先采取保护措施，再切断电源，以防触电者摔伤。然后将触电者移到空气新鲜的地方休息。若出现休克现象，要立即进行人工呼吸，并送医院治疗。

三、化学品泄漏事故的应急处理

危险化学品的泄漏，容易发生中毒或转化为火灾爆炸事故。因此泄漏处理要及时、得当，避免重大事故的发生。要成功地控制化学品的泄漏，必须事先进行计划，并且对化学品的化学性质和反应特性有充分的了解。泄漏事故控制一般分为泄漏源控制和泄漏物处置两部分。

进入泄漏现场进行处理时，应注意以下几项：

① 进入现场人员必须配备必要的个人防护器具。

② 如果泄漏物化学品是易燃易爆的，应严禁火种。扑灭任何明火及任何其他形式的热源和火源，以降低发生火灾爆炸的危险性。

③ 应急处理时严禁单独行动，要有监护人，必要时用水枪、水炮掩护。

④ 应从上风、上坡处接近现场，严禁盲目进入。

第九节 化学品危害的预防与控制

一、工程技术控制

工程技术是控制化学品危害最直接、最有效的方法，其目的是通过采取相应的措施消除工作场所中化学品的危害或尽可能降低其危害程度，以免危害工人、污染环境。工程控制有以下方法。

1. 替代

选用无害或危害性小的化学品替代已有的有毒有害化学品是消除化学品危害的最根本的方法。例如用水基涂料或水基黏合剂替代有机溶剂基的涂料或黏合剂；使用水基洗涤剂替代溶剂基洗涤剂；喷漆和除漆用的苯可用毒性小于苯的甲苯替代；用高闪点化学品取代低闪点化学品等。

注意：比较安全不一定是安全。取代物较被取代物安全，但其本身不一定是绝对安全的。若要达到本质安全，还需要采取其他控制措施。

2. 变更工艺

虽然替代作为操作控制的首选方案很有效，但是目前可供选择的替代品往往是很有限的，特别是因技术和经济方面的原因，不可避免地要生产、使用危险化学品，这时可考虑变更工艺。如改喷涂为电涂或浸涂；改人工装料为机械自动装料；改干法粉碎为湿法粉碎等。

3. 隔离

隔离是指采用物理的方式将化学品暴露源与工人隔离开的方式，是控制化学危害最彻底、最有效的措施。最常用的隔离方法是将生产或使用的化学品用设备完全封闭起来，使工人在操作中不接触化学品。如隔离整个机器，封闭加工过程中的扬尘点，都可以有效地限制污染物扩散到作业环境中去。

4. 通风

控制作业场所中的有害气体、蒸气或粉尘，通风是最有效的控制措施。借助于有效的通风，使气体、蒸气或粉尘的浓度低于最高容许浓度。通风分局部通风和全面通风两种。对于点式扩散源，可使用局部通风。使用局部通风时，污染源应处于通风罩控制范围内。对于面式扩散源，要使用全面通风，亦称稀释通风，其原理是向作业场所提供新鲜空气，抽出污染空气，从而降低有害气体、蒸气或粉尘浓度。

二、个人防护和卫生

工程控制措施虽然是减少化学品危害的主要措施，但是为了减少毒性伤害，工人还需从自身进行防护，以作为补救措施。工人本身的控制分两种形式：使用防护器具和讲究个人卫生。

1. 个体防护用品

在无法将作业场所中有害化学品的浓度降低到最高容许浓度以下时，工人就必须使用合适的个体防护用品。个体防护用品既不能降低工作场所中有害化学品的浓度，也不能消除工作场所的有害化学品，而只是一道阻止有害物进入人体的屏障。防护用品本身的失效就意味着保护屏障的消失，因此个体防护不能被视为控制危害的主要手段，而只能作为一种辅助性措施。

2. 呼吸防护品

据统计，95%左右的职业中毒是吸入毒物所致，因此预防尘肺（肺尘埃沉着病，下同）、职业中毒、缺氧窒息的关键是防止毒物从呼吸器官侵入。呼吸防护用品主要分为过滤式（净化式）和隔绝式（供气式）两种。

过滤式呼吸器只能在不缺氧的劳动环境（即环境空气中氧的含量不低于18%）和低浓度毒污染时使用，一般不能用于罐、槽等密闭狭小容器中作业人员的防护。过滤式呼吸器分为过滤式防尘呼吸器和过滤式防毒呼吸器。

隔离式呼吸器能使戴用者的呼吸器官与污染环境隔离，由呼吸器自身供气（空气或氧气），或从清洁环境中引入空气维持人体的正常呼吸。可在缺氧、尘毒严重污染、情况不明的有生命危险的工作场所使用，一般不受环境条件限制。隔离式呼吸器按供气形式分为自给式和长管式两种类型。

需要使用呼吸器的所有人员都必须进行正规培训，以掌握呼吸器的使用、保管和保养方法。

3. 其他个体防护用品

为了防止由于化学品的飞溅，以及化学粉尘、烟、雾、蒸气等所导致的眼睛和皮肤伤害，也需要根据具体情况选择相应的防护用品或护具，具体见图 2-1。

图 2-1　防护用品或护具

4. 作业人员个人卫生

作业人员养成良好的卫生习惯也是消除和降低化学品危害的一种有效方法。保持个人卫生的基本原则：

① 遵守安全操作规程并使用适当的防护用品。

② 不直接接触能引起过敏的化学品。

③ 工作结束后、饭前、饮水前、吸烟前以及便后要充分洗净身体的暴露部分。

④ 在衣服口袋里不装被污染的东西，如抹布、工具等。

⑤ 勤剪指甲并保持指甲洁净。

⑥ 时刻注意防止自我污染，尤其在清洗或更换工作服时更要注意。

⑦ 防护用品要分放、分洗。

⑧ 定期检查身体。

三、管理控制

管理控制的目的是通过登记注册、安全教育、使用安全标签和安全技术说明书等手段对化学品实行全过程管理，以杜绝或减少事故的发生。管理过程示意图见图 2-2。

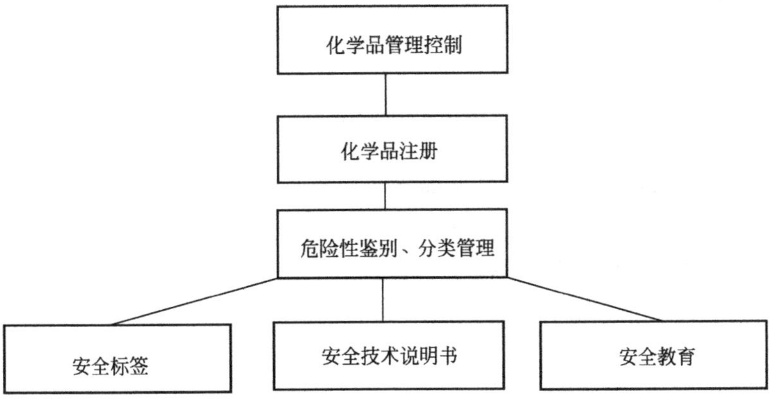

图 2-2　管理过程示意图

1. 登记

危险化学品登记是化学品安全管理最重要的一个环节。其范围是国家标准《化学品分类和危险品公示　通则》（GB 13690—2009）中所列的常用危险化学品。

2. 分类管理

分类管理实际上就是根据某一化学品的理化性质、燃爆性、毒性、环境影响数据确定其是否是危险化学品，并进行危险性分类；主要依据《化学品分类和危险品公示　通则》（GB 13690—2009）和《危险货物分类和品名编号》（GB 6944—2005）两个国家标准。

3. 安全标签

安全标签是用简单、明了、易于理解的文字、图形表述有关化学品的危险特性及安全处置注意事项。安全标签的作用是警示能接触到此化学品的人员。根据使用场合，安全标签分为供应商标签和作业场所标签。

4. 安全技术说明书

安全技术说明书详细描述了化学品的燃爆性、毒性和环境危害，给出了安全防护、急救措施、安全储运、泄漏应急处理、法规等方面信息，是了解化学品安全卫生信息的综合性资料。安全技术说明书主要用途是在化学品的生产企业与经营单位和用户之间建立一套信息网络。

5. 安全教育

安全教育是化学品安全管理的一个重要组成部分。其目的是通过培训使工人能正确使用安全标签和安全技术说明书，了解所使用的化学品的燃烧爆炸危害、健康危害和环境危害；掌握必要的应急处理方法和自救、互救措施；掌握个体防护用品的选择、使用、维护和保养；掌握特定设备和材料如急救、消防、溅出和泄漏控制设备的使用。使化学品的管理人员和接触化学品的工人能正确认识化学品的危害，自觉遵守规章制度和操作规程，从主观上预防和控制化学品危害。

【复习思考题】

1. 危险化学品按其危险性质划分为哪几类？
2. 危险化学品储存的安全要求是什么？
3. 危险化学品的安全运输有哪些要求？
4. 简述危险化学品火灾爆炸危险性评价。
5. 危险化学品对人体的危害有哪些？
6. 常见易发生中毒事故的危险化学品有哪些？各有哪些危害？
7. 简述危险化学品火灾的基本扑救方法。
8. 不同种类危险化学品的灭火对策有哪些？
9. 化工事故现场危险化学品的急救措施有哪些？
10. 实验室一般性伤害的应急措施有哪些？
11. 简述化学品泄漏事故的应急处理。
12. 化学品危害的预防与控制措施是什么？

第三章 03 Chapter

化工设备安全技术

学习目标　通过本章的学习，掌握压力容器的概念及特点，了解压力容器的设计、制造和安装。熟悉掌握压力容器的维修、检验和使用。

在化工生产过程中需要用容器来储存和处理大量的物料。由于物料的状态、物料的物理及化学性质不同以及采用的工艺方法不同，所用的设备也是多种多样的。在化工生产过程中使用的容器中，压力容器的数量多、工作条件复杂、危险性很大，压力容器状况的好坏对实现化工安全生产至关重要。因此必须加强压力容器的安全管理，并设有专门机构进行监察。压力容器的设计、制造、安装、维修、改造、检验和使用都必须遵照执行原劳动部颁发的《压力容器安全技术监察规程》。

第一节 压力容器的基本概念

一、压力容器特点

一般情况下，压力容器是指具备下列条件的容器：

① 最高工作压力大于或等于 0.1MPa（不含液体静压力，下同）；

② 内直径（非圆形截面，指断面最大尺寸）大于或等于 0.15m，且容积（V）大于 0.025m^3；

③ 介质为气体、液化气体或最高工作温度高于或等于标准沸点的液体。

在化工生产过程中，为有利于安全技术监督和管理，根据容器的压力高低、介质的危害程度以及在生产中的重要作用，将压力容器进行分类。压力容器的分类方法很多。

1. 按工作压力分类

按压力容器的设计压力分为低压、中压、高压、超高压4个等级。

(1) 低压（代号L） $0.1\text{MPa}<p<1.6\text{MPa}$。

(2) 中压（代号M） $1.6\text{MPa}\leqslant p<10\text{MPa}$。

(3) 高压（代号H） $10\text{MPa}\leqslant p<100\text{MPa}$。

(4) 超高压（代号U） $100\text{MPa}\leqslant p\leqslant 1000\text{MPa}$。

2. 按用途分类

按压力容器在生产工艺过程中的作用原理分为反应容器、换热容器、分离容器、储存容器。

(1) 反应容器（代号R） 主要用于完成介质的物理、化学反应的压力容器。如反应器、反应釜、分解锅、分解塔、聚合釜、高压釜、超高压釜、合成塔、铜洗塔、变换炉、蒸煮锅、蒸球、蒸压釜、煤气发生炉等。

(2) 换热容器（代号E） 主要用于完成介质的热量交换的压力容器。如管壳式废热锅炉、热交换器、冷却器、冷凝器、蒸发器、加热器、消毒锅、染色器、蒸炒锅、预热锅、蒸锅、蒸脱机、电热蒸气发生器、煤气发生炉水夹套等。

(3) 分离容器（代号S） 主要用于完成介质的流体压力平衡和气体净化分离等的压力容器。如分离器、过滤器、集油器、缓冲器、洗涤器、吸收塔、干燥塔、汽提塔、分汽缸、除氧器等。

(4) 储存容器（代号C，其中球罐代号B） 主要是盛装生产用的原料气体、液体、液化气体等的压力容器。如各种类型的储罐。在一种压力容器中，如同时具备两个以上的工艺作用原理时，应按工艺过程中的主要作用来划分。

3. 按危险性和危害性分类

(1) 一类压力容器 非易燃或无毒介质的低压容器、易燃或有毒介质的低压分离容器和换热容器。

(2) 二类压力容器 任何介质的中压容器、易燃介质或毒性程度为中度危害介质的低压反应容器和储存容器、毒性程度为极度和高度危害介质的低压容器、低压管壳式余热锅炉、搪瓷玻璃压力容器。

(3) 三类压力容器 毒性程度为极度和高度危害介质的中压容器和 pV（设计压力×容积）$\geqslant 0.2\text{MPa}\cdot\text{m}^3$ 的低压容器；易燃或毒性程度为中度危害介质且 $pV\geqslant 0.5\text{MPa}\cdot\text{m}^3$ 的中压反应容器；$pV\geqslant 10\text{MPa}\cdot\text{m}^3$ 的中压储存容器；高压、中压管壳式余热锅炉；高压容器。

二、压力容器的设计、制造和安装

1. 压力容器的设计

压力容器的正确设计是保证容器安全运行的第一个环节。压力容器的设计单位，必须持有省级以上（含省级）主管部门批准、同级劳动部门备案的压力容器设计单位批准书。超高压容器的设计单位，应持有经国务院主管部门批准、并报劳动部锅炉压力容器安全监察机构备案的超高压容器设计单位批准书，否则，不得设计压力容器。在压力容器设计过程中，壁厚的确定、材料的选用、合理的结构是直接影响容器安全运行的三个方面。

(1) 强度确定 要保证压力容器安全运行，必须要求它的承压部件具有足够的强度，以抵抗外力的破坏。如果壁厚太薄，会使容器在压力作用下产生过度的弹性变形和塑性变形，而导致容器破裂。容器在运行中承受着压力载荷、温度载荷、风载荷和地震载荷，这些载荷都会使容器的器壁、整体或局部产生变形，由此而产生的应力则是确定壁厚的主要因素，对直立设备（如塔器）则应分析计算各种载荷作用下产生的应力弯矩，最后确定壁厚。

(2) 材料选用　压力容器的受压元件大多是钢制的，钢材的选用是否合适是设计中的一个关键问题。如果选材不当，即使容器具有足够的壁厚，也可能在使用条件下，或者由于材料韧性降低而发生脆性断裂，或者由于工作介质对材料产生腐蚀而导致腐蚀破裂等。压力容器受压元件所采用的钢材应符合《钢制压力容器》的规定，凡与受压元件相焊接的非受压元件用钢，必须为可焊性良好的钢材。含碳量大于 0.24%的材料，不得用于焊制容器。以下为几种常用材料的使用范围。

Q235-A（A3）含硅量多，脱氧完全，因而质量较好。限定的使用范围为：设计压力≤10MPa，设计温度 0～350℃，用于制造壳体时，钢板厚度不得大于 16mm。不得用于盛装液化石油气体，毒性程度为极度、高度危害介质及直接受火焰加热的压力容器。

20g 锅炉钢板与一般 20 优质钢相同，含硫量比 Q235-A 钢低，具有较高的强度，常用于制造温度较高的中压容器。

16MnR 普通低合金容器钢板，含碳量 0.12%～0.20%，含锰量为 1.2%～1.6%，强度极限值 470～510MPa，用这种钢制造中、低压容器可减轻容器质量，16MnR 钢使用温度范围为－20～475℃。

低温容器材料主要是要求在低温（低于－20℃）条件下有较好的韧性以防脆裂，一般以在使用温度下的冲击值作为依据，除了深冷容器用高合金钢（如 0Cr18Ni9、0Cr18Ni9Ti 等，使用温度下限为－196℃）或有色金属外，一般低温容器用钢多采用锰钒钢（16MnR、09Mn2VR）。

高温容器用钢，使用温度小于 400℃可用普通碳钢（沸腾钢为 250℃）；使用温度为400～500℃可用 15MnVR、14MnMoVg；使用温度 500～600℃可采用 15CrMo、12Cr2Mo1；使用温度为 600～700℃应采用 0Cr13Ni9、0Cr18Ni9Ti 和 1Cr18Ni9Ti 等高合金钢。

(3) 合理的结构　不合理的结构可以使容器某些部件产生过高的局部应力，并最后导致容器的疲劳破裂或脆性破裂。要防止因结构不合理而引起的破坏事故，压力容器受压元件的结构设计应符合以下原则。

① 防止结构上的形状突变。压力容器由于壳体几何形状的突变或其他结构上的不连续，都会产生较高的局部应力，因此要尽量避免。对于难以避免的结构不连续，必须采取平滑过渡的结构形式，防止突变。例如在容器结构上禁止采用平板封头或锥角过大的锥形封头；封头与筒体连接的过渡区要有较大的转角半径；壳体上应避免有凸台；两个厚度不同的零件（如封头与筒体）对焊时，应将较厚的部分削薄成一定的坡度，使厚度的变化逐步过渡等。

② 避免局部应力叠加。在受压元件中总是不可避免地存在一些局部应力集中部件强度受到削弱的结构，如开孔、转角、焊缝等部位。设计时应使这些结构在位置上相互错开，以防局部应力叠加，产生更高的应力。例如壳体的开孔不要布置在焊缝上；在封头转角等局部应力的部位不要开孔或布置焊缝；筒节与筒节、筒节与封头的焊缝应错开，并具有一定的间隔距离等。

③ 避免产生过大焊接应力或附加应力的刚性结构。刚性的结构，既可能因焊接时胀缩受到约束而引起较大的焊接应力，也可能使壳体在压力或温度变化时，因变形受到过分约束而产生附加弯曲应力。设计受压元件时应采取措施，避免刚性过大的结构。

④ 对开孔的形状、大小及位置的限制。受压壳体（包括筒体与封头）上的开孔应为圆

形、椭圆形或长圆形；开孔直径或长短径之比要符合设计规定；开孔的位置应避开焊缝和凸形封头的过渡区，筒体上两个或两个以上开孔中心一般不应在同一轴线上；为了减小开孔对筒体强度的削弱，椭圆形或长圆形孔的短径一般应设计在简体的轴向；为了降低壳体开孔边缘的局部应力，在开孔处应进行补强；为了便于对容器内外部进行检验，设计时要考虑到人孔、观察孔的设置。

2. 压力容器的制造

压力容器由于制造质量低劣而发生事故比较常见。为了确保压力容器制造质量，国家规定凡制造和现场组焊压力容器的单位，必须持有省级以上（含省级）劳动部门颁发的制造许可证。超高压容器的制造单位，必须持有劳动部颁发的制造许可证。制造单位必须按批准的范围（即允许制造或组焊一类、二类或三类）制造或组焊。无制造许可证的单位，不得制造或组焊压力容器。

压力容器制造质量的优劣，主要取决于材料质量、焊接质量和检验质量三个方面。

材料质量直接影响压力容器的安全使用和寿命。制造压力容器的材料必须具有质量合格证书，制造单位应根据设计要求对材料的力学性能和化学成分进行必要的复验。如果由于种种原因制造单位需改变结构或材料时，必须征得原设计单位的同意，并在图纸上附上设计及单位的证明文件。

压力容器的制造质量除钢材本身质量外，主要取决于焊接质量。这是因为焊缝及其热影响区的缺陷处往往是容器破裂的断裂源。为保证焊接质量，必须做好焊工的培训考试工作，保证良好的焊接环境，认真进行焊接工艺评定，严格执行焊前预热和焊后热处理。

容器制成后必须进行压力试验。压力试验是指耐压试验和气密性试验，耐压试验包括液压试验和气压试验。除设计图样要求用气体代替液体进行耐压试验外，不得采用气压试验。需要进行气密性试验的容器，要在液压试验合格后进行。

压力试验要严格按照试验的安全规定进行，防止试验中发生事故。

压力容器出厂时，制造单位必须按照《压力容器安全技术监察规程》（简称《容规》）的规定向订货单位提供有关技术资料。

3. 压力容器的安装

压力容器安装质量的好坏直接影响容器使用的安全。压力容器的专业安装单位必须经劳动部门审核批准才可以从事承压设备的安装工作，安装作业必须执行国家有关安装的规范。安装过程中应对安装质量实行分段验收和总体验收，验收由使用单位和安装单位共同进行，总体验收时，应有上级主管部门参加。压力容器安装竣工后，施工单位应将竣工图、安装及复验记录等技术资料及安装质量证明书等移交给使用单位。

第二节 气瓶的安全技术

压力容器的定期检验是指在压力容器使用的过程中，每隔一定期限采用各种适当而有效的方法，对容器的各个承压部件和安全装置进行检查和必要的试验。通过检验，发现容器存在的缺陷，使它们在还没有危及容器安全之前即被消除或采取适当措施进行特殊监护，以防压力容器在运行中发生事故。压力容器在生产中不仅长期承受压力，而且还受到介质的腐蚀或高温流体的冲刷磨损，以及操作压力、温度波动的影响。因此，在使用过程中会产生缺陷。有些压力容器在设计、制造和安装过程中存在着一些原有缺陷，这些缺陷将会在使用中进一步扩展。

显然，无论是原有缺陷，还是在使用过程中产生的缺陷，如果不能及早发现或消除，任其发展扩大，势必在使用过程中导致严重爆炸事故。压力容器实行定期检验，是及时发现缺陷、消除隐患、保证压力容器安全运行的重要的必不可少的措施。

一、定期检验的要求

压力容器的使用单位，必须认真安排压力容器的定期检验工作，按照《在用压力容器检验规程》的规定，由取得检验资格的单位和人员进行检验，并将年检计划报主管部门和当地的锅炉压力容器安全监察机构。锅炉压力容器安全监察机构负责监督检查。

二、定期检验的内容

1. 外部检查

指专业人员在压力容器运行中定期的在线检查。检查的主要内容是：压力容器及其管道的保温层、防腐层、设备铭牌是否完好；外表面有无裂纹、变形、腐蚀和局部鼓包；所有焊缝、承压元件及连接部位有无泄漏；安全附件是否齐全、可靠、灵活好用；承压设备的基础有无下沉、倾斜，地脚螺钉、螺母是否齐全完好；有无振动和摩擦；运行参数是否符合安全技术操作规程；运行日志与检修记录是否保存完整。

2. 内外部检验

指专业检验人员在压力容器停机时的检验。检验内容除外部检验的全部内容外，还包括以下内容的检验：腐蚀、磨损、裂纹、衬里情况、壁厚测量、金相检验、化学成分分析和硬度测定。

3. 全面检验

全面检验除内外部检验的全部内容外，还包括焊缝无损探伤和耐压试验。焊缝无损探伤长度一般为容器焊缝总长的 20%。耐压试验是承压设备定期检验的主要项目之一，目的是检验设备的整体强度和致密性。绝大多数承压设备进行耐压试验时用水作介质，故常把耐压试验叫作水压试验。

三、定期检验的周期

压力容器的检验周期应根据容器的制造和安装质量、使用条件、维护保养等情况，由企业自行确定。一般情况下，压力容器每年至少做一次外部检查，每三年做一次内外部检验，每六年进行一次全面检查。装有催化剂的反应容器以及装有充填物的大型压力容器，其检验周期由使用单位根据设计图纸和实际使用情况确定。检验周期根据具体情况可适当延长或缩短。

有下列情况之一的，内外部检验期限应适当缩短。

① 介质对压力容器材料的腐蚀情况不明，介质对材料的腐蚀速率大于 0.25mm/a，以及设计所确定的腐蚀数据严重不准确；

② 材料焊接性能差，制造时曾多次返修；

③ 首次检验；

④ 使用条件差，管理水平低；

⑤ 使用期超过 15 年，经技术鉴定，确认不能按正常检验周期使用。

有下列情况之一的，内外部检验期限可以适当延长。

① 非金属衬里层完好，但其检验周期不应超过 9 年；

② 介质对材料腐蚀速率低于 0.1mm/a，或有可靠的耐腐蚀金属衬里，通过 1～2 次内外部检验，确认符合原要求，但检验周期不应超过 10 年。

有下列情况之一的，内外检验合格后，必须进行耐压试验。

① 用焊接方法修理或更换主要受压元件；

② 改变使用条件且超过原设计参数；

③ 更换新衬里前；

④ 停止使用两年重新复用；

⑤ 新安装或移装；

⑥ 无法进行内部检验；

⑦ 使用单位对压力容器的安全性能有怀疑。

因特殊情况，不能按期进行内外部检验或耐压试验的使用单位必须申明理由，提前3个月提出申报，经单位技术负责人批准，由原检验单位提出处理意见，省级主管部门审查同意，发放压力容器使用证的锅炉压力容器安全监察机构备案后，方可延长，但一般不应超过12个月。

第三节 压力容器的安全附件

安全附件是承压设备安全、经济运行不可缺少的一个组成部分。根据容器的用途、工作泄放量、有无保温层，分别选用不低于相应公式计算值的30%；由于化学反应使气体体积增大的压力容器，其安全泄放量，应根据压力容器内化学反应可能生成的最大气量以及反应所需的时间来决定。

一、安全泄压装置

压力容器在运行过程中，由于种种原因，可能出现器内压力超过它的最高许用压力（一般为设计压力）的情况。为了防止超压，确保压力容器安全运行，一般都装有安全泄压装置，以自动、迅速地排出容器内的介质，使容器内压力不超过它的最高许用压力。压力容器常见的安全泄压装置有安全阀、防爆片和防爆帽。

1. 安全阀

压力容器在正常工作压力运行时，安全阀保持严密不漏；当压力超过设定值时，安全阀在压力作用下自行开启，使容器泄压，以防止容器或管线的破坏；当容器压力泄至正常值时，它又能自行关闭，停止泄放。

(1) 安全阀的种类 安全阀按其整体结构及加载机构形式来分，常用的有杠杆式和弹簧式两种。它们是利用杠杆与重锤或弹簧弹力的作用，压住容器内的介质，当介质压力超过杠杆与重锤或弹簧弹力所能维持的压力时，阀芯被顶起，介质向外排放，器内压力迅速降低；当器内压力小于杠杆与重锤或弹簧弹力后，阀芯再次与阀座闭合。

弹簧式安全阀的加载装置是一个弹簧，通过调节螺母，可以改变弹簧的压缩量，调整阀瓣对阀座的压紧力，从而确定其开启压力的大小。弹簧式安全阀结构紧凑，体积小，动作灵敏，对振动不太敏感，可以装在移动式容器上，缺点是阀内弹簧受高温影响时，弹性有所降低。

杠杆式安全阀靠移动重锤的位置或改变重锤的质量来调节安全阀的开启压力。它具有结构简单、调整方便、比较准确以及适用温度较高的优点。但杠杆式安全阀结构比较笨重，难以用于高压容器之上。

(2) 安全阀的选用 《压力容器安全技术监察规程》规定，安全阀的制造单位，必须有国家劳动部颁发的制造许可证才可制造。产品出厂应有合格证，合格证上应有质量检查部门的印章及检验日期。安全阀的选用应根据容器的工艺条件及工作介质的特性从安全阀的安全泄放量、加载机构、封闭机构、气体排放方式、工作压力范围等方面考虑。

安全阀的排量是选用安全阀的关键因素，安全阀的排量必须不小于容器的安全泄放量。从气体排放方式来看，对盛装有毒、易燃或污染环境的介质容器应选用封闭式安全阀。选用安全阀时，要注意它的工作压力范围，要与压力容器的工作压力范围相匹配。

(3) 安全阀的安装　安全阀应垂直向上安装在压力容器本体的液面以上气相空间部位，或与连接在压力容器气相空间上的管道相连接。安全阀确实不便装在容器本体上，而用短管与容器连接时，则接管的直径必须大于安全阀的进口直径，接管上一般禁止装设阀门或其他出管。压力容器一个连接口上装设数个安全阀时，则该连接口入口的面积，至少应等于数个安全阀的面积总和。压力容器与安全阀之间，一般不宜装设中间截止阀门，对于盛装易燃而毒性程度为极度、高度、中高度危害或黏性介质的容器，为便于安全阀更换、清洗，可装截止阀，但截止阀的流通面积不得小于安全阀的最小流通面积，并且要有可靠的措施和严格的制度，以保证截止阀在运行中保持全开状态并加铅封。选择安装位置时，应考虑到安全阀的日常检查、维护和检修的方便。安装在室外露天的安全阀要有防止冬天阀内水分冻结的可靠措施。装有排气管的安全阀排气管的最小截面积应大于安全阀内的出口截面积，排气管应尽可能短而直，并且不得装阀。安装杠杆式安全阀时，必须使它的阀杆保持在铅垂的位置。所有进气管、排气管连接法兰的螺栓必须均匀上紧，以免阀体产生附加应力，破坏阀体的同心度，影响安全阀的正常动作。

(4) 安全阀的维护和检验　安全阀在安装前应由专业人员进行水压试验和气密性试验，经试验合格后进行调整校正。安全阀的开启压力不得超过容器的设计压力。校正调整后的安全阀应进行铅封。

要使安全阀动作灵敏可靠和密封性能良好，必须加强日常维护检查。安全阀应经常保持清洁，防止阀体弹簧等被油垢脏物所粘住或被腐蚀。还应经常检查安全阀的铅封是否完好；气温过低时，有无冻结的可能性；检查安全阀是否有泄漏。对杠杆式安全阀，要检查其重锤是否松动或被移动等。如发现缺陷，要及时校正或更换。安全阀要定期检验，每年至少校验一次。定期检验工作包括清洗、研磨、试验和校正。

2. 防爆片

防爆片又称防爆膜、防爆板，是一种断裂型的安全泄压装置。防爆片具有密封性能好、反应动作快以及不易受介质中黏污物的影响等优点。但它是通过膜片的断裂来卸压的，所以卸压后不能继续使用，容器也被迫停止运行，因此它只是在不宜安装安全阀的压力容器上使用。例如：存在爆燃或异常反应而压力倍增，安全阀由于惯性来不及动作；介质昂贵剧毒，不允许任何泄漏；运行中会产生大量沉淀或粉状黏附物，妨碍安全阀动作。

防爆片的结构比较简单。它的主零件是一块很薄的金属板，用一副特殊的管法兰夹持着装入容器引出的短管中，也有把膜片直接与密封垫片一起放入接管法兰的。容器在正常运行时，防爆片虽可能有较大的变形，但它能保持严密不漏。当容器超压时，膜片即断裂排泄介质，避免容器大超压而发生爆炸。

防爆片的设计压力一般为工作压力的 1.25 倍，对压力波动幅度较大的容器，其设计破裂压力还要相应大一些。但在任何情况下，防爆片的爆破压力都不得大于容器设计压力。一般防爆片材料的选择、膜片的厚度以及采用的结构形式，均是经过专门的理论计算和试验测试而定的。

运行中应经常检查爆破片法兰连接处有无泄漏，爆破片有无变形。通常情况下，爆破片应每年更换一次，发生超压而未爆破的爆破片应该立即更换。

3. 防爆帽

防爆帽又称爆破帽，也是一种断裂型安全泄压装置。它的样式较多，但基本作用原理一样。它的主要元件是一个一端封闭、中间具有一薄弱断面的厚壁短管。当容器的压力超过规定时，防爆帽即从薄弱断面处断裂，气体从管孔中排出。为了防止防爆帽断裂后飞出伤人，在它的外面应装有保护装置。

二、压力表

压力表是测量压力容器中介质压力的一种计量仪表。压力表的种类较多，按它的作用原理和结构，可分为液柱式、弹性元件式、活塞式和电量式四大类。压力容器大多使用弹性元件式的单弹簧管压力表。

1. 压力表的选用

压力表应该根据被测压力的大小、安装位置的高低、介质的性质（如温度、腐蚀性等）来选择精度等级、最大量程、表盘大小以及隔离装置。装在压力容器上的压力表，其表盘刻度极限值应为容器最高工作压力的 1.5～3 倍，最好为 2 倍。压力表量程越大，允许误差的绝对值也越大，视觉误差也越大。按容器的压力等级要求，低压容器一般不低于 2.5 级，中压及高压容器不应低于 1.5 级。为便于操作人员能清楚准确地看出压力指示，压力表盘直径不能太小。在一般情况下，表盘直径应不小于 100mm。如果压力表距离观察地点远，表盘直径增大，距离超过 2m 时，表盘直径最好不小于 150mm；距离越过 5m 时，不要小于 250mm。超高压容器压力表的表盘直径应不小于 150mm。

2. 压力表的安装

安装压力表时，为便于操作人员观察，应将压力表安装在最醒目的地方，并要有充足的照明，同时要注意避免受辐射热、低温及振动的影响。装在高处的压力表应稍微向前倾斜，但倾斜角不要超过 30°。压力表接管应直接与容器本体相接。为了便于卸换和校验压力表，压力表与容器之间应装设三通旋塞。旋塞应装在垂直的管段上，并要有开启标志，以便核对与更换。蒸汽容器，在压力表与容器之间应装有存水弯管。盛装高温、强腐蚀及凝结性介质的容器，在压力表与容器连接管路上应装有隔离缓冲装置，使高温或腐蚀介质不和弹簧弯管直接接触，依据液体的腐蚀性选择隔离液。

3. 压力表的使用

使用中的压力表应根据设备的最高工作压力，在它的刻度盘上划明警戒红线，但注意不要涂划在表盘玻璃上，一则会产生很大的视差，二则玻璃转动导致红线位置发生变化使操作人员产生错觉，造成事故。

压力表应保持洁净，表盘上玻璃要明亮透明，使表内指针指示的压力值清楚易见。压力表的接管要定期吹洗。在容器运行期间，如发现压力表指示失灵，刻度不清，表盘玻璃破裂，泄压后指针不回零位，铅封损坏等情况，应立即校正或更换。

压力表的维护和校验应符合国家计量部门的有关规定，一般每 6 个月校验一次。通常压力表上应有校验标记，注明下次校验日期或校验有效期。校验后的压力表应加铅封。未经检验合格和无铅封的压力表均不准安装使用。

三、液面计

液面计是压力容器的安全附件。一般压力容器的液面显示多用玻璃板液面计。石油化工装置的压力容器，如各类液化石油气体的储存压力容器，选用各种不同作用原理、构造和性能的液位指示仪表。介质为粉体物料的压力容器，多数选用放射性同位素料位仪表，指示粉体的料位高度。

不论选用何种类型的液面计或仪表，均应符合《容规》规定的安全要求，主要有以下几方面：

① 应根据压力容器的介质、最高工作压力和温度正确选用。

② 在安装使用前，低、中压容器液面计，应进行 1.5 倍液面计公称压力的水压试验；高压容器液面计，应进行 1.25 倍液面计公称压力的水压试验。

③ 盛装 0℃以下介质的压力容器，应选用防霜液面计。

④ 寒冷地区室外使用的液面计，应选用夹套型或保温型结构的液面计。

⑤ 易燃且毒性程度为极度、高度危害介质的液化气体压力容器，应采用板式或自动液面指示计，并应有防止泄漏的保护装置。

⑥ 要求液面指示平稳的，不应采用浮子（标）式液面计。

⑦ 液面计应安装在便于观察的位置。如液面计的安装位置不便于观察，则应增加其辅助设施。大型压力容器还应有集中控制的设施和警报装置。液面计的最高和最低安全位，应做出明显的标记。

⑧ 压力容器操作人员，应加强液面计的维护管理，保持完好和清晰。应对液面计实行定期检修制度，使用单位可根据运行实际情况，在管理制度中具体规定。

⑨ 液面计有下列情况之一的，应停止使用：超过检验周期；玻璃板（管）有裂纹、破碎；阀件固死；经常出现假液位。

⑩ 使用放射性同位素料位检测仪表，应严格执行国务院发布的《放射性同位素与射线装置放射防护条例》的规定，采取有效保护措施，防止使用现场放射危害。另外，化工生产过程中，有些反应压力容器和储存压力容器还装有液位检测报警、温度检测报警、压力检测报警及联锁等，既是生产监控仪表，也是压力容器的安全附件，都应按有关规定的要求，加强管理。

第四节　压力容器的安全技术

一、压力容器的使用管理

为了确保压力容器的安全运行，必须加强对压力容器的安全管理，消除弊端，防患于未然，不断提高其安全可靠性。

1. 压力容器的安全技术管理

要做好压力容器的安全技术管理工作，首先要从组织上保证，这就要求企业要有专门机构，并配备专业人员即具有压力容器专业知识的工程技术人员负责压力容器的技术管理安全监察工作。

压力容器的技术管理工作内容主要有：贯彻执行有关压力容器的安全技术规程；编制压力容器的安全管理规章制度，依据生产工艺要求和容器的技术性能制定容器的安全操作流程；参与压力容器的入厂检验、竣工验收及试车；检查压力容器的运行、维修和压力附件检验情况；压力容器的校验、修理、改造和报废等技术审查；编制压力容器的年度定期检修计划，并负责组织实施；向主管部门和当地劳动部门报送当年的压力容器的数量和变动情况统计报表、压力容器定期检验的实施情况及存在的主要问题；压力容器的事故调查分析和报告，检验、焊接和操作人员的安全技术培训管理和压力容器使用登记及技术资料管理。

2. 建立压力容器的安全技术档案

压力容器的技术档案是正确使用容器的主要依据，它可以使我们全面掌握容器的情况，摸清容器的使用规律，防止发生事故。容器调入或调出时，其技术档案必须随同容器一起调入或调出。对技术资料不齐全的容器，使用单位应对其所缺项目进行补充。

压力容器的技术档案应包括：压力容器的产品合格证，质量证明书，登记卡片，设计、制造、安装技术等原始的技术文件和资料，检查鉴定记录，验收单，检修方案及实际检修情况记录，运行累计时间表，年运行记录，理化检验报告，竣工图以及中高压反应容器和储压容器的主要受压元件强度计算书等。

3. 对压力容器使用单位及人员的要求

压力容器的使用单位，在压力容器投入使用前，应按劳动部颁布的《压力容器使用登记管理规则》的要求，向地、市劳动部门锅炉压力容器安全监察机构申报和办理使用登记手续。压力容器使用单位，应在工艺操作规程中明确提出压力容器安全操作要求。其主要内容有：

操作工艺指标（含介质状况、最高工作压力、最高或最低工作温度），岗位操作法（含开车、停车操作程序和注意事项），运行中应重点检查的项目和部位，可能出现的异常现象和防止措施，紧急情况的处理、报告程序等。

压力容器使用单位应对其操作人员进行安全教育和考核，操作人员应持安全操作证上岗操作。

压力容器发生下列异常现象之一时，操作人员应立即采取紧急措施，并按规定程序报告本单位有关部门。

① 工作压力、介质急剧变化，介质温度或壁温超过许用值，采取措施仍不能得到有效控制；

② 主要受压元件发生裂缝、鼓包、变形、泄漏等危及安全的缺陷；

③ 安全附件失效；

④ 接管、紧固件损坏，难以保证安全运行；

⑤ 发生火灾，直接威胁到压力容器安全运行；

⑥ 过量充装；

⑦ 液位失去控制；

⑧ 压力容器与管道严重振动，危及安全运行等。

压力容器内部有压力时，不得进行任何修理或紧固工作。对于特殊的生产过程，需在开车升（降）温过程中带压、带温紧固螺栓的，必须按设计要求制定有效的操作和防护措施，并经使用单位技术负责人批准，在实际操作时，单位安全部门应派人进行现场监督。

以水为介质产生蒸汽的压力容器，必须做好水质管理和监测，没有可靠的水处理措施，不应投入运行。

运行中的压力容器，还应保持容器的防腐、保温、绝热、静电接地措施完好。

二、压力容器的破坏形式

压力容器常见的破坏形式有韧性破坏、脆性破坏、疲劳破坏、腐蚀破坏和蠕变破坏等五种。

1. 韧性破坏

韧性破坏是容器在压力作用下，器壁上产生的应力达到材料的强度极限而发生断裂的一种破坏形式。韧性破坏的主要特征：破裂容器具有明显的形状改变和较大的塑性变形。如最大圆周伸长率常为10%以上，容积增大率也往往高于10%，有的甚至达20%，断口呈暗灰色纤维状，无闪烁金属光泽，断口不平齐，呈撕裂状，而与主应力方向成45°角。这种破裂一般没有碎片或有少量碎片，容器的实际爆破压力接近计算爆破压力。

2. 脆性破坏

结构或构件在破坏前无明显变形或其他预兆的破坏类型称为脆性破坏。特点是容器没有明显变形而突然发生破裂，根据破裂时的压力计算，器壁的应力也远远没有达到材料的强度极限，有的甚至还低于屈服极限，这种破裂现象和脆性材料的破坏很相似，称为脆性破坏，又因为它是在较低的应力状态下发生的，故又叫低应力破坏。

脆性破坏的主要特征是：破裂容器一般没有明显的伸长变形，而且大多裂成较多的碎片，常有碎片飞出。如将碎片组拼起来测量，其周长、容积和壁厚与爆炸前相比没有变化或变化很小。脆性破坏大多数在使用温度较低的情况下发生，而且往往在瞬间发生。其断口齐平并与主应力方向垂直，形貌呈闪烁金属光泽的结晶状。

3. 疲劳破坏

容器在反复的加压过程中，壳体的材料长期受到交变载荷的作用，因此出现金属疲劳而产生的破坏形式称为疲劳破坏。

疲劳破坏的主要特征是：破裂容器本体没有产生明显的整体塑性变形，但它又不像脆性破裂那样使整个容器脆断成许多碎片，而只是一般的开裂，使容器泄漏而失效。容器的疲劳破裂必须是在多次反复载荷以后产生，所以只有那些较频繁的间歇操作或操作压力大幅度波动的容器才有条件产生。

4. 腐蚀破坏

腐蚀破坏是指容器壳体由于受到介质的腐蚀而产生的一种破坏形式。钢的腐蚀破坏形式从它的破坏现象，可分为均匀腐蚀、点腐蚀、晶间腐蚀、应力腐蚀和疲劳腐蚀等。

(1) 均匀腐蚀　使容器壁厚逐渐减薄，易导致强度不足而发生破坏。化学腐蚀、电化学腐蚀和冲刷腐蚀是造成设备大面积均匀腐蚀的主要原因。

(2) 点腐蚀　有的使容器产生穿透孔而造成破坏；也有由于点腐蚀而造成腐蚀处应力集中，在反复交变载荷作用下，成为疲劳破裂的始裂点。如果材料的塑性较差，或处在低温使用的情况下，也可能产生脆性破坏。

(3) 晶间腐蚀　是一种局部的、选择性的腐蚀破坏。这种腐蚀破坏沿金属晶粒的边缘进行，金属晶粒之间的结合力因腐蚀受到破坏，材料的强度及塑性几乎完全丧失，在很小的外力作用下即会损坏。这是一种危险性比较大的腐蚀破坏形式。因为它不在器壁表面留下腐蚀的宏观迹象，也不减小厚度尺寸，只是沿着金属的晶粒边缘进行腐蚀，使其强度及塑性大为降低，因而容易造成容器在使用过程中的损坏。

(4) 应力腐蚀　又称腐蚀裂开，是金属在腐蚀性介质和拉伸应力的共同作用下而产生的一种破坏形式。

(5) 疲劳腐蚀　也称腐蚀疲劳，它是金属材料在腐蚀和应力的共同作用下引起的一种破坏形式，它的结果也是造成金属断裂而被破坏。与应力腐蚀不同的是，它是由交变的拉伸应力和介质对金属的腐蚀作用所引起的。

(6) 化工压力容器常见的介质腐蚀

① 液氨对碳钢及低合金钢容器的应力腐蚀；

② 硫化氢对钢制压力容器的腐蚀；

③ 热碱液对钢制压力容器的腐蚀（俗称苛性脆化或碱脆）；

④ 一氧化碳对气瓶的腐蚀；

⑤ 高温高压氢气对钢制压力容器的腐蚀（俗称氢脆）；

⑥ 氯离子引起的不锈钢容器的应力腐蚀。

5. 蠕变破坏

蠕变破坏是指设计选材不当或运行中超温、局部过热而导致压力容器发生蠕变的一种破坏形式。

蠕变破坏的主要特征是：蠕变破坏具有明显的塑性变形，破坏总是发生在高温下，经历的时间较长，破坏时的应力一般低于材料在使用温度下的强度极限。此外，蠕变破坏后进行检验可以发现材料有晶粒长大、钢中碳化物分解为石墨、氮化物或合金组织球化等明显的金相组织变化。

第五节 压力容器的安全操作

严格按照岗位安全操作规程的规定，精心操作和正确使用压力容器，科学而精心地维护是保证压力容器安全运行的重要措施。即使压力容器的设计尽善尽美、科学合理，制造质量优良，如果操作不当同样会发生重大事故。

一、压力容器的注意事项

制作压力容器时要集中精力，勤于监察和调节。操作动作应平稳，应缓慢操作避免压力的骤升骤降，防止压力容器的疲劳破坏。阀门的开启要谨慎，开停车时各阀门的开关的顺序不能搞错。要防止憋压闷烧，防止高压窜入低压系统，防止性质相抵料相混，以及防止液体和高温物料相遇。

操作时，操作人员应严格控制各种工艺指数，严禁超压、超温、超负荷运行，严禁冒险试验。并且要在压力容器运行过程中定时、定点、定线地进行巡回检查，认真、准确地记录原始数据。主要检查操作温度、压力、流量、液位等工艺指标是否正常；检查容器法兰等部位有无泄漏，容器防腐层是否完好，有无变形、鼓包、腐蚀等缺陷现象，容器及连接管道有无振动、磨损；检查安全阀、爆破片、压力表、液位计、紧急以及安全联锁、报警装置等安全附件是否齐全、完好、灵敏、可靠。

若容器在运行中发生故障，出现下列情况之一，操作人员应立即采取措施停止运行，并向有关领导汇报。

① 容器的压力或壁温超过操作规程规定的最高允许值，采取措施后仍不能使压力缓解，并有继续恶化的趋势。

② 容器的主要承压元件产生裂纹、鼓包或泄漏等缺陷，危及容器安全。

③ 安全附件失灵、接管断裂、紧固件损坏，难以保证容器安全运行。

④ 发生火灾，直接影响容器的安全操作。

停止容器运行的操作，一般应切断进料，卸放器内介质，使压力降下来。对于连续生产的容器，紧急停止运行前必须与前后有关工段做好联系工作。

二、压力容器的维护保养

压力容器的维护保养工作一般包括防止腐蚀，消除“跑、冒、滴、漏”和做好停运期间的保养。

化工压力容器内部受工作介质的腐蚀，外部受大气、水或土壤的腐蚀。目前大多数容器采用防腐层来防止腐蚀，如金属涂层、无机涂层、有机涂层、金属内衬和搪瓷玻璃等。检查和维护防腐层的完好，是防止容器腐蚀的关键。如果容器的防腐层自行脱落或受碰撞而损坏，腐蚀材料直接接触，则很快会发生腐蚀。因此，在巡检时应及时清除积附在容器、管道及阀门上面的灰尘、油污、潮湿和有腐蚀性的物质，经常保持容器外表面的洁净和干燥。

生产设备的“跑、冒、滴、漏”不仅浪费化工原料和能源，污染环境，而且往往造成容器、阀门和安全附件的腐蚀。因此要做好日常的维护保养和检修工作，正确选用连接垫片材料、填料等，及时消除“跑、冒、滴、漏”现象，消除振动和摩擦，维护保养压力容器和安全附件。

另外，还要注意压力容器在停运期间的保养。容器停用时，要将内部的介质排空放净。尤其是腐蚀性介质要经排放、置换或中和、清洗等技术处理。根据停运时间的长短以及设备的具体情况，有的在容器内、外表面涂刷油漆等保护层；有的在容器内用专用器皿盛放吸潮剂。对停运容器要定期检查，及时更换失效的吸潮剂。发现油漆等保护层脱落时，应及时补上，使保护层经常保持完好无损。

第六节 气瓶的安全技术

气瓶是指在正常环境下（－40～60℃）可重复充气使用的，公称工作压力（表压）为1.0～30MPa，公称容积为0.4～1000L的盛装压缩气体、液化气体或溶解气体等的移动式压力容器。

一、气瓶的分类

1. 按充装介质的性质分类

（1）压缩气体气瓶 压缩气体因其临界温度小于－10℃，常温下呈气态，所以称为压缩气体，如氢、氧、氮、燃气及氩、氦、氖、氪等。这类气瓶一般都以较高的压力充装气体，目的是增加气瓶的单位容积充气量，提高气瓶利用率和运输效率。

常见的冲装压力为15MPa，也有充装20～30MPa的。

（2）液化气体气瓶 液化气体气瓶充装时都以低温液态灌装。有些液化气体的临界温度较低，装入瓶内后受环境温度的影响而全部汽化。有些液化气体的临界温度较高，瓶内始终保持气液平衡状态，因此可分为高压液化气体和低压液化气体。

① 高压液化气体。临界温度大于或等于－109℃，且小于或等于70℃。常见的有：甲烷、二氧化碳、氧化亚氙、六氟化硫、氯化氢、三氟氯甲烷（F-13）、三氟甲烷、氟乙烷（F-116）、氟己烯等。常见的充装压力有15MPa和12.5MPa等。

② 低压液化气体。临界温度大于70℃。如溴化氢、硫化氢、氨、丙烷、丙烯、1,3-丁二烯、1-丁烯、环氧乙烷、液化石油气等。《气瓶安全监察规程》规定，气瓶的最高工作温度为60℃。低压液化气体在60℃时的饱和蒸气压都在10MPa以下，所以这类气体的充装压力都不高于10MPa。

（3）溶解气体气瓶 是专门用于盛装乙炔的气瓶。由于乙炔气体极不稳定，故必须把它溶解在溶剂（常见的为丙酮）中。气瓶内装满多孔性材料，以吸收溶剂。乙炔瓶充装乙炔气，一般要求分两次进行，第一次充气后静置8h以上，再进行第二次充气。

2. 按制造方法分类

（1）钢制无缝气瓶 以钢坯为原料，经冲压拉伸制造，或以无缝钢管为材料收口收底制造的钢瓶。瓶体材料为采用碱性平炉、电炉或吹氧碱性转炉冶炼的优质碳钢、锰钢、铬钼钢或其他合金钢。这类气瓶用于盛装压缩气体和高压液化气体。

（2）钢制焊接气瓶 以钢板为原料，经冲压卷焊制造的钢瓶。瓶体及受压元件材料为采用平炉、电炉或氧化转炉冶炼的镇静钢，要求有良好的冲压和焊接性能。这类气瓶用于盛装低压液化气体。

(3) 缠绕玻璃纤维气瓶 以玻璃纤维加黏结剂或碳纤维缠绕制造的气瓶。一般有一个铝制内筒，其作用是保证气瓶的气密性，承压强度则依靠外筒。这类气瓶由于绝热性能好、质量轻，多用于盛装呼吸用压缩空气，供消防、毒区或缺氧区域作业人员随身背挎并配以面罩使用。一般容积较小（1～10L），充气压力多为15～30MPa。

3. 按公称工作压力分类

气瓶按公称工作压力分为高压气瓶和低压气瓶。高压气瓶公称工作压力分别为20MPa、15MPa、12.5MPa和8MPa，低压气瓶公称工作压力分别为5MPa、3MPa、2MPa、1.6MPa和1MPa。

二、气瓶的安全附件

1. 安全泄压装置

气瓶的安全泄压装置可以防止气瓶在遇到火灾等高温时，瓶内气体受热膨胀而发生破裂爆炸。

气瓶常见的泄压附件有爆破片和易熔塞。

爆破片装在瓶阀上，其爆破压力略高于瓶内气体的最高温升压力。爆破片多用于高压气瓶上，有的气瓶不装爆破片。《气瓶安全监察规程》对是否必须装设爆破片，未做明确规定。气瓶装设爆破片有利有弊，一些国家的气瓶不采用爆破片这种安全泄压装置。

易熔塞一般装在低压气瓶的瓶肩上，当周围环境温度超过气瓶的最高使用温度时，易熔塞的易熔合金熔化，瓶内气体排出，避免气瓶爆炸。

2. 其他附件（防振圈、瓶帽、瓶阀）

气瓶装有的两个防振圈是气瓶瓶体的保护装置。气瓶在充满、使用、搬运过程中，常常会因滚动、振动、碰撞而损坏瓶壁，以致发生脆性破坏。这是气瓶发生爆炸事故常见的一种直接原因。

瓶帽是瓶阀的防护装置，它可以避免气瓶在搬运过程中因碰撞而损坏瓶阀，保护出气口螺纹不被损坏，防止灰尘、水分或油脂等落入阀内。

瓶阀是控制气瓶出入的装置，一般是用黄铜或钢制造的。充装可燃气体的瓶阀，其出气口螺纹为左旋，盛装助燃气体的气瓶，其出气口螺纹为右旋。瓶阀的这种结构可有效地防止可燃气体与不可燃气体的错装。

【复习思考题】

1. 什么是压力容器？压力容器按用途可分为几类？
2. 压力容器外部检验的内容有哪些？
3. 压力容器内部检验的内容有哪些？
4. 压力容器定期检验的周期为多少？
5. 压力容器的安全泄压装置有哪些？
6. 什么是气瓶？按充装介质的性质气瓶可分为几类？
7. 气瓶的检验周期为多少？
8. 锅炉运行中的安全要点有哪些？

第四章 04 Chapter

化工工艺控制安全技术

学习目标

通过学习，了解影响化工生产安全稳定的因素，熟悉掌握工艺参数温度的安全控制、工艺参数压力的安全控制、工艺参数投料速度和配比的安全控制、工艺参数杂质超标和副反应的安全控制、化工自动控制与安全联锁等控制技术。

在连续生产过程和间歇生产过程中，开车和停车都有自己的一套顺序和操作步骤，特别是大型的石油化工生产过程，开停车要花很长时间。若不按照一定的步骤和顺序进行，就会造成严重的经济损失。对于间歇生产过程，其往复循环操作更频繁。

第一节 影响化工生产安全稳定的因素

作为一个工厂、一个生产流程或一个生产装置，均需按产品品质和数量的要求、原材料供应以及公共设施情况，由工艺设备组建一定的工艺流程，然后组织生产。在生产过程中，产品的品质、产量等都必须在安全条件下实现。而在生产过程中各种扰动（干扰）和工艺设备特性的改变以及操作的稳定性均对安全生产产生影响，这些影响因素包括如下内容。

（1）原材料的组成变化 在工业生产过程中都依一定的原料性质生产一定规格的产品，原料性质的改变则会严重影响生产的安全运行。

（2）产品性能与规格的变化 随着市场对产品性能与规格要求的改变，工业生产企业必须马上能适应市场的需求而改变，安全生产条件必须适应这种变化的情况。

（3）生产过程中设备的安全可靠性 工业生产过程的生产设备都是按照一定的生产规模而设计的。随着市场对产品数量需求的改变，原设计不能满足实际生产的需要，工厂生产设备的损坏或被占用，都会影响生产负荷的变化。

（4）装置与装置或工厂与工厂之间的关联性 在流程工业中，物料流与能量流在各装置之间或工厂之间有着密切的关系，由于前后的联系调度等原因，往往要求生产过程的运行相应地改变，以满足整个生产过程物料与能量的平衡与安全运行的需要。

(5) 生产设备特性的漂移 在工业生产工艺设备中，有些重要的设备其特性随着生产过程的进行会发生变化，如热交换器由于结垢而影响传热效果，化学反应器中的催化剂的活性随化学反应的进行而衰减，有些管式裂解炉随着生产的进行而结焦等。这些特性的漂移和扩展的问题都将严重地影响装置的安全运行。

(6) 控制系统失灵 仪表自动化系统是监督、管理、控制工业生产的关键设备与手段，自动控制系统本身的故障或特性变化也是生产过程的主要扰动来源。例如测量仪表测量过程的噪声、零点的漂移、控制过程特性的改变而控制器的参数没有及时调整以及操作者的操作失误等，这些都是影响装置的安全运行的扰动来源。

由于现代工业生产过程规模大，设备关联严密，强化生产，对于扰动十分敏感。例如，炼油工业中催化裂化生产过程，采用固体催化剂流态化技术，该生产过程不仅要求物料和能量的平衡，而且要求压力保持平衡，使固体催化剂保持在良好的流态化状态。再如芳烃精馏生产过程，各精馏塔之间不仅物料紧密相连，而且采用热集成技术，前后装置的热量耦合在一起。因此，现代工艺生产过程，能量平衡接近于临界状态，一个局部的扰动，就会在整个生产过程传播开来，给安全生产带来威胁。

第二节 工艺参数温度的安全控制

化工生产过程中的工艺参数主要有温度、压力、流量、液位及物料配比等。按工艺要求严格控制工艺参数在安全限度以内，是实现化工安全生产的基本保证。实现这些参数的自动调节和控制是保证生产安全的重要措施。其中温度的控制最为关键。

温度是化工生产中主要控制参数之一，不同的化学反应都有其自己最适宜的反应温度，正确控制反应温度不但对保证产品质量、降低消耗有重要意义，而且也是防火、防爆所必需的。如果超温，反应物有可能着火，造成压力升高，导致爆炸，也可能因温度过高产生副反应，生成新的危险物。升温过快、过高或冷却降温设施发生故障，还可能引起剧烈反应发生爆炸，温度过低有时会造成反应速度减慢或停滞，而且反应温度恢复正常时，则往往会因为未反应的物料过多而发生剧烈反应引起爆炸。温度过低还会使某些物料冻结，造成管路堵塞或破裂，致使易燃物泄漏而发生火灾爆炸。控制反应温度时，常可采取以下措施。

一、移除反应热

化学反应一般都伴随着热效应，放出或吸收一定热量。例如，基本有机合成中的各种氧化反应、氯化反应、水合和聚合反应等均是放热反应；而各种裂解反应、脱氢反应、脱水反应等则是吸热反应。为使反应在一定温度下进行，必须向反应系统中加入或移去一定的热量，以防因过热而发生危险。

温度的控制靠管外“道生”(dowtherm：导热姆，一种加热系统或者设备，有道生炉和道生加热系统）的流通实现。在放热反应中，“道生”从反应器移走热量，通过冷却器冷却；当反应器需要升温时，“道生”则通过加热器吸收热量，使其温度升高，向反应器送热。

移除热量的方法目前有夹套冷却、内蛇管冷却、夹套内蛇管兼用、淤浆循环、液化丙烯循环、稀释剂回流冷却、惰性气体循环等。

此外，还采用一些特殊结构的反应器或在工艺上采取措施移除反应热。例如，合成甲醇是一个强烈的放热反应过程，采用一种特殊结构的反应器，器内装有热交换装置，混合合成气分两路，通过控制一路气体量的大小来控制反应温度。

向反应器内加入其他介质，例如通入水蒸气带走部分热量，也是常见的方法。乙醇氧化制取乙醛时，采用乙醇蒸气、空气和水蒸气的混合气体送入氧化炉，在催化剂作用下生成乙醛，利用水蒸气的吸热作用将多余的反应热带走。

二、防止搅拌中断

化学反应过程中，搅拌可以加速热量的扩散与传递，如果中断搅拌可能造成散热不良，或局部反应剧烈而发生危险。因此，要采取可靠的措施防止搅拌中断，例如双路供电、增设应急人工搅拌装置等。

三、正确选择传热介质

化工生产中常用的热载体有水蒸气、热水、过热水、烃类（如矿物油、二苯醚等）、熔盐、汞和熔融金属、烟道气等。充分掌握、了解热载体的性质并进行正确选择，对加热过程的安全十分重要。

① 避免使用与反应物料性质相抵触的介质。如环氧乙烷很容易与水发生剧烈的反应，甚至极微量的水分渗到液体环氧乙烷中，也会引起自聚发热产生爆炸。又如金属钠遇水即发生反应而爆炸，其加热或冷却可采用液体石蜡。所以，应尽量避免使用与反应物料性质有明显作用的物质作为加热或冷却介质。

② 防止传热面结疤（垢）。结疤不仅影响传热效率，更危险的是因物料分解而引起爆炸。结疤的原因，可以是由于水质不好而结成水垢；物料聚结在传热面上；还可由物料聚合、缩合、凝聚、碳化等原因引起结疤。

对于明火加热的设备，要定期清渣，清洗和检查锅壁厚度，防止锅壁结疤。有的物料在传热面结疤，由于结疤部位过热造成物料分解而引起爆炸。对于这种易结疤并能引起分解爆炸的物料，选择传热方式时，应特别注意改进搅拌形式；对于易分解的乳化层物料的处理尽可能不采用加热方式，而采用别的工艺方法，例如加酸、加盐、吸附等，避免加热处理时发生事故。

换热器内流体宜采用较高流速，不仅可提高传热系数，而且可减少污垢在换热器管表面沉积。当然，预防污垢和结疤的措施涉及工艺路线、机械设计与选型、运行管理、维护保养等各个方面，需要互相密切配合、认真研究。同时要注意对于易分解物料的加热设备，其加热面必须低于液面，操作中不能投料过少；设备设计尽量采用低液位加热面，加热面不够可增设内蛇管，甚至可以采用外热式加热器，也可以在加热室进口增加一个强制循环泵，加大流速，增加传热效果。

③ 安全使用热载体。热载体在使用过程中处于高温状态，所以安全问题十分重要。高温热载体，例如联苯混合物（由 73.5%联苯醚和 26.5%联苯组成），在使用过程中要防止低沸点液体（例如水及其液体）进入。因为低沸点物质进入系统，遇高温热载体会立即汽化超压爆炸。热载体运行系统不能有死角（例如冷凝液回流管高出夹套底，夹套底部就可能造成死角），以防水压试验时积存水或其他低沸点物质。热载体运行系统在水压试验后，一定要有可靠的脱水措施，在运行前，应当进行干燥处理。

④ 妥善处理热不稳定物质。对热不稳定物质要注意降温和采取隔热措施。对能生成过氧化物的物质，加热之前要从物料中除去。

第三节 工艺参数压力的安全控制

压力是生产装置运行过程的重要参数。当管道其他部分阻力发生变化或有其他扰动时，压力将偏离设定值，影响生产过程的稳定，甚至引起各种重大生产事故的发生，因此必须保证生产系统压力的恒定，才能维护化工生产的正常进行。

当今时代，现代工业技术飞速发展，国内外化工生产装置的规模已向着大型化发展，同时生产工艺也正向着高温、高压、深冷、高负荷方向延伸。以川化股份有限公司为例：化工生产装置的规模为合成氨 560×10^{3}t/a、尿素 830×10^{3}t/a、三聚氰胺 64.6×10^{3}t/a，生产合成氨和尿素的反应压力一般都在 10～30MPa。随着高压容器更多地投入到化工生产中，在促进了化工行业的快速发展的同时，也带来了严重的不安全问题。川化股份有限公司，作为一个综合性大型化工企业，生产条件复杂，参加反应的介质具有高温、高压、易燃、易爆、有毒和腐蚀等特性，一旦发生事故，除了容器本身损失外，还会引起重大的人员伤亡事故。因此，必须采取各种有效的措施，对高压容器严加防范。

压力容器的金属腐蚀是材料在受到外界条件的作用后由表及里逐渐被破坏的过程，按腐蚀机理可分为电化学腐蚀和化学腐蚀。而压力容器腐蚀多属于电化学腐蚀，它既可能是单一的电化学作用，也可能是电化学作用与机械、生物作用并存和相互作用的结果。

影响化工压力容器腐蚀的主要因素有两点：一是金属材料本身；二是操作条件（如介质的 pH 值、浓度、化学成分、流速、压力、温度等）。在化工压力容器的腐蚀破坏中，局部腐蚀约占 70%，而且这种腐蚀常常是酿成突发性和灾难性事故的诱发因素。化工压力容器（如反应釜、蒸发器、换热器、蒸馏塔、储罐等）多为金属材料制成，许多酸、碱、硫化物等腐蚀介质均会对金属设备造成腐蚀。腐蚀会使报警、计量、联锁等装置中断，扰乱温度、压力、液位、浓度等工艺条件的控制而引发事故；腐蚀还会使设备材质遭破坏而强度降低，使防静电、防雷装置失效，在特殊的天气下导致事故发生。化工压力容器遭腐蚀破坏后，轻则造成频繁更换设备，重则中断生产，造成人员伤亡，严重地威胁着化工的安全生产。据统计，压力容器发生事故的原因大多是由操作失误（人为过失）和压力容器腐蚀破坏所造成的。我国中型化肥企业压力容器由于人为操作失误所引起的事故约占压力容器事故总数的 50%以上，压力容器腐蚀破坏引发爆炸的事故案例也是屡见不鲜。可见，研讨压力容器的安全操作方法和最佳防范措施已成为当务之急。

一、严把压力容器的设计和操作人员培训关

首先，化工压力容器设计和制造单位必须是有资格认可的定点单位。压力容器设计应严格遵循相关国家标准，严格把握设计质量关，同时在压力容器制造时要由具备资质的厂家按照图纸进行施工，并且在材料的质量上也要严格把关。为减少设备应力腐蚀，在设备设计中应尽量消除可能引起腐蚀介质积聚的缺口和缝隙，并注意设备金属的组织和结构，在设计中合理选择设备和衬里的材料。许多设备材料都以碳钢为主，必要时可选择不锈钢、铜材和钛材，衬里材料可选择橡胶、石墨、玻璃、瓷砖、聚四氟乙烯等耐腐蚀或不腐蚀材料。其次，严格培训操作人员，特别要训练他们处理事故的能力，合格以后才能上岗操作。为了防止误操作，除了设置安全联锁装置外，还应在装置现场设置工艺流程图，在总控制室设置电子模拟装置流程图。容器、管道必须按国家有关部门的统一规定涂刷颜色，标示介质的流动方向，特别要注意对反扣的阀门标明开关方向，以防误操作。另外，做好压力容器安全装置（如安全阀、爆破片、压力表、液面计、温度计、切断阀、减压阀等）的调试工作是确保压力容器安全的重要措施。安全装置不但要在调试时检查好，而且必须装在容器上进行实际调试。值得注意的是，压力表应在刻度盘上画出最高工作压力红线（不允许将红线画在压力表的玻璃面上，因为这样会引起操作人员读取压力出现偏差，从而导致事故的发生）。此外还要确保减压阀的灵敏、安全和可靠。减压阀的低压侧应安装安全阀，在减压阀失灵时，可确保容器的压力不会超过其工作的安全压力。

二、正确操作压力容器

操作人员对压力容器加载或卸载时，操作一定要平稳，升压、降压、升温、降温或加减负荷的操作都应该平稳、缓慢地进行，不得使压力、温度和负荷骤升或骤降。升压时，如果压力突然升高，将使材料受到很高的加载速度，材料的塑性、韧性就会下降；在压力的冲击下，很可能导致容器的脆性破坏。升、降温的速度也宜缓慢，使容器各部位的温度在升、降温过程中大致相近。温差越小，材料因温差而产生的应力也相应较小；反之，温差越大，由此而产生的温差应力也大，降低材料抵抗变形或抗断裂的能力，或使材料中原有的微裂纹快速扩展，缩短容器的使用寿命，甚至导致容器破坏。根据实践经验，升、降压的速度可参照下列数值：中压、低压容器的升压速度可取 0.2～0.4MPa/min，高压、超高压容器可取 0.4～0.6MPa/min；降压时则分别取 0.3～0.6MPa/min 和 0.5～0.7MPa/min；有化学反应的高温压力容器的升、降温速度为 40～50℃/h。压力容器严禁超温、超压、超负荷操作，必须按时巡回检查，不可任意乱动阀门。有的阀门（如进、出口阀）开、关时，要挂上警告牌，以防操作人员误开、误关。有减压阀的容器或管道，应定期检查减压阀和阀后的安全阀是否完好，以防损坏或失效，发生超压爆炸事故。连续生产的化工容器，特别要注意前后各生产岗位之间的紧急联系，如设立事故信号、紧急停车信号和事故直通电话等。严禁对运转中的容器和带压的容器进行修理、紧固和拆卸等作业。

三、加强压力容器的检查和维护

压力容器在发生事故前都有先期征兆，只要勤于检查、仔细观察，是能够及时发现事故隐患的。因此，必须建立巡回检查制度，定时、定点、定线地对压力容器进行检查。巡回检查的内容主要包括工艺、设备和安全附件等方面的检查。工艺方面，主要检查容器的压力、温度、流量、液位以及处理介质的成分等是否符合要求；设备方面，主要检查压力容器的法兰和连接处有无泄漏，外壳有无变形、鼓包、腐蚀等迹象，保温层和防腐层是否完好，连接管道有无振动、磨损等，以及相关的电气、仪表、阀门等情况；安全附件方面，主要检查安全阀、爆破片、压力表、液位计、切断阀、安全联锁、报警信号、安全防护器材等是否齐全、完好、灵敏、可靠等。

化工压力容器必须定期进行检验，为防止漏检和误检，应正确选择和确定检验的重点部位。这些重点检验部位应包括：容易造成液体滞留或固体物质沉积的部位，如容器底部、底封头等；连接结构中容易形成缝隙死角的部位，如胀接结构、容器内支承件等；应力集中部位，如容器开孔、焊接交叉、T 形焊等部位；容器的气液相交界部位，如变换热交换器和饱和热水塔底部；局部温差变化大的部位，如容器内的局部过热点；容器进料口附近和管口对面壁体。加强化工压力容器的日常巡查及维护是抑制腐蚀破坏的重要措施之一，发现液位、温度、压力、浓度等参数不符合工艺要求时，要意识到是否是由于腐蚀原因使计量仪失效。对设备的外壳要经常维护、擦拭，减少大气腐蚀；特别是对停用的压力容器要彻底清洗和排污，认真做好防腐保养。

化工压力容器腐蚀破坏对化工安全生产威胁极大，不容忽视。只要对腐蚀形态进行分析和研究，定期取样分析，弄清压力容器腐蚀破坏的规律和影响因素，采取有效的防范措施，就可以减缓或抑制腐蚀破坏，确保化工装置安全生产。

第四节　工艺参数投料速度和配比的安全控制

对于反应，投料速度不能超过设备的传热能力，否则物料温度将会急剧升高，引起物料的分解突沸，产生事故。投入物料配比，在反应中也十分重要，物料配比适宜，反应既安全又经济，否则，既不安全又增加消耗。因此投料速度和配比必须严格控制。

对于放热反应，投料速度不能超过设备的传热能力，否则，物料温度将会急剧升高，引起物料的分解、突沸而产生事故。加料温度如果过低，往往造成物料积累、过量，温度一旦恢复正常，反应便会加剧进行，如果此时热量不能及时导出，温度及压力都会超过正常指标，造成事故。

对连续化程度较高、危险性较大的生产，要特别注意反应物料的配比关系。例如环氧乙烷生产中乙烯和氧的混合反应，其浓度接近爆炸范围，尤其在开停车过程中，乙烯和氧的浓度都在发生变化，而且开车时催化剂活性较低，容易造成反应器出口氧浓度过高。为保证安全，应设置联锁装置，经常核对循环气的组成，尽量减少开停车次数。

催化剂对化学反应的速率影响很大，催化剂过量，就可能发生危险。可燃或易燃物与氧化剂的反应，要严格控制氧化剂的投料速度和投料量。能形成爆炸性混合物的生产，其配比应严格控制在爆炸极限范围以外。如果工艺条件允许，可以添加水蒸气、氮气等惰性气体进行稀释。

投料速度太快时，除影响反应速率和温度之外，还可能造成尾气吸收不完全，引起毒气或可燃性气体外逸。某农药厂乐果生产硫化岗位，由于投料速度太快，使硫化氢尾气来不及吸收而外逸，引起中毒事故。

当反应温度不正常时，要准确判断原因，不能随意采用补加反应物的办法来提高反应温度，更不能采用增加投料量然后再补热的办法。

另一个值得注意的问题是投料顺序问题。例如氯化氢合成应先投氢后投氯；三氯化磷生产应先投磷后投氯；磷酸酯与甲胺反应时，应先投磷酸酯，再滴加甲胺等。反之就可能发生爆炸。

加料过少也可能引起事故，有两种情况，一是加料量少，使温度计接触不到料面，温度指示出现假象，导致判断错误，引起事故；二是物料的气相与加热面接触（夹套、蛇管加热面）不良，可使易于热分解的物料局部过热分解，同样会引起事故。

第五节 工艺参数杂质超标和副反应的安全控制

许多化学反应，由于反应物料中杂质的增加而导致副反应的发生，无论从哪方面讲，超量杂质的存在和副反应的发生，对生产都是不利的。因此，化工生产原料、成品的质量及包装的标准化是保证生产安全的重要条件。

反应物料中危险杂质超标导致副反应、过反应的发生，造成燃烧或爆炸。因此，化工生产原料、成品的质量及包装的标准是保证生产安全的重要条件。

反应原料气中，如果有害气体不清除干净，在物料循环过程中，就会越积越多，最终导致爆炸。有害气体除采用吸收清除的方法之外，还可以在工艺上采取措施，不使之积累。例如高压法合成甲醇，在甲醇分离器之后的气体管道上设置放空管，通过控制放空量以保证系统中有用气体的比例。这种将部分反应气体放空或进行处理的方法也可以用来防止其他爆炸性介质的积累。

有时为了防止某些有害杂质的存在引起事故，还可以采用加稳定剂的办法。如氰化氢在常温下呈液态，储存中必须使其所含水分低于1%，然后装入密闭容器中，储存于低温处。为了提高氰化氢的稳定性，常加入浓度为0.001%～0.5%的硫酸、磷酸及甲酸等酸性物质作为稳定剂或吸附在活性炭上加以保存。

有些反应过程应该严格控制，使其反应完全、彻底。成品中含有大量未反应的半成品，也是导致事故的原因之一。

有些过程要防止过反应的发生。许多过反应生成物是不稳定的，往往引起事故。如三氯化磷生产中将氯气通入黄磷中，生成的三氯化磷沸点低（75℃），很容易从反应锅中除去。假如发生过反应，生成固体的五氯化磷，在100℃时才升华，但化学活性较三氯化磷高得多。由于黄磷的过氧化而发生的爆炸事故已有发生。

对有较大危险的副反应物，要采取措施不让其在储罐内长久积聚。例如液氯系统往往有三氯化氮存在。目前，液氯包装大多采用液氯加热汽化进行灌装，这种操作不仅使整个系统处于较高压力状态，而且汽化器内也易导致三氯化氮累积，采用泵输送可以避免这种情况。

第六节 化工自动控制与安全联锁

化工作为高危险性行业，在其生产过程中，对于危险环节，操作时实现自动化控制。当出现液位及可燃、有毒气体浓度等工艺指标的超限报警，并且生产装置的安全联锁停车，对于大型和高度危险化工装置，一定要在自动化控制的基础上，实施装备紧急停车系统或者安全仪表系统。

化工危险作业设备的安全基本规范就是建立流量、压力、温度、联锁停车、自动报警装置，以便于自动化控制工艺流程，现阶段主要包括以下几方面自动化控制工艺。第一，可编程控制器（PLC）。一般都是在顺序控制、逻辑控制等方面应用，用来取代继电器，并且也能够合理应用在过程控制中。第二，分布式工业控制计算机系统（DCS）。也可以称为分散控制系统，主要就是合理应用网络通信系统，合理连接分布现场的操作中心、采集点、控制点，从而达到分散控制的目的。第三，现场总线控制系统（FCS）。现场总线控制系统是开放型现场总线自动化系统，已经得到广泛应用，是未来发展工业控制的主要方向，化工、石油等危险工业中适合应用安全型总线，能够达到降低系统危险的目的。第四，总线工业控制机（OEM）。配置工业控制机结构具备十分方便、配置灵活、集中控制、很强适应性等特点。自动化系统按其功能分为四类。

1. 自动检测系统

自动检测系统是对机器、设备及过程自动进行连续检测，把工艺参数等变化情况显示或记录出来的自动化系统。从信号连接关系上看，对象的参数如压力、流量、液位、温度、物料成分等信号送往自动装置，自动装置将此信号变换、处理并显示出来。

2. 自动调节系统

自动调节系统是通过自动装置的作用，使工艺参数保持为定值的自动化系统。工艺系统保持给定值是稳定正常生产所要求的。从信号连接关系上看，欲了解参数是否在给定值上，就需要进行检测，即把对象的信号送往自动装置，与给定值比较后，将一定的命令送往对象，驱动阀门产生调节动作，使参数趋近于给定值。

3. 自动操纵系统

自动操纵系统是对机器、设备及过程的启动、停止及交换、接通等工序，由自动装置进行操纵的自动化系统。操作人员只要对自动装置发出指令，全部工序即可自动完成，可以有效地降低操作人员的工作强度，提高操作的可靠性。

4. 自动信号、联锁和保护系统

自动信号、联锁和保护系统是机器、设备及过程出现不正常情况时，会发出警报或自动采取措施，以防事故、保证安全生产的自动化系统。有一类仅仅是发出报警信号的，这类系统通常由电接点、继电器及声光报警装置组成。当参数超出容许范围后，电接点使继电器动作，利用声光装置发出报警信号。另一类不仅报警，而且自动采取措施。例如，当参数进入危险区域时，自动打开安全阀，或在设备不能正常运行时自动停车，或将备用的设备接入等。这类系统通常也由电接点及继电器等组成。

上述四种系统都可以在生产操作中起到控制作用。自动检测系统和自动操纵系统主要是使用仪表和操纵机构，若需调节则尚需人工操作，通常称为“仪表控制”。自动调节系统，则不仅包括检测和操作，还包括通过参数与给定值的比较和运算而发出的调节作用，因此也称为“自动控制”。

【复习思考题】

1. 简述化工生产安全稳定的因素。
2. 工艺参数温度的安全控制措施有哪些？
3. 工艺参数压力的安全控制措施有哪些？
4. 简述工艺参数投料速度和配比的安全控制。
5. 简述工艺参数杂质超标和副反应的安全控制。
6. 简述化工自动控制与安全联锁控制。

05 Chapter

第五章 化工单元操作安全技术

学习目标

通过本章节学习，对化工单元操作技术进一步复习，熟悉掌握物料输送知识及安全技术，传热知识及安全技术，冷却、冷凝与冷冻知识及安全技术，熔融知识及安全技术，蒸发与蒸馏知识及安全技术，吸收知识及安全技术，萃取知识及安全技术，过滤知识及安全技术，干燥知识及安全技术，粉碎、筛分和混合知识及安全技术。

化工单元操作是化工生产中具有共同的物理变化特点的基本操作，包括物料输送、加热、冷却、冷凝、冷冻、蒸发及蒸馏、气体吸收、萃取、结晶、过滤、吸附、干燥等。这些单元操作遍及各种化工行业。化工单元操作涉及泵、换热器、反应器、蒸发器、各种塔等一系列设备。

化工单元操作既是能量集聚、传输的过程，也是两类危险源相互作用的过程。控制化工单元操作的危险性是化工安全生产工程的重点。

化工单元操作的危险性主要是由所处理物料的危险性所决定的。其中，处理易燃物料或含有不稳定物质物料的单元操作的危险性最大。在进行危险单元操作时，除了要根据物料的理化性质，采取必要的安全对策外，还要特别注意避免以下情况的发生。

（1）防止易燃气体物料形成爆炸性混合体系 处理易燃气体物料时，要防止与空气或其他氧化剂形成爆炸性混合体系。特别是负压状态下的操作，要防止空气进入系统而形成系统内爆炸性混合体系。同时也要注意在正压状态下操作，要防止易燃气体物料泄漏，与环境空气混合形成系统外爆炸性混合体系。

（2）防止易燃固体或可燃固体物料形成爆炸性粉尘混合体系 在处理易燃固体或可燃固体物料时，要防止形成爆炸性粉尘混合体系。

（3）防止不稳定物质的积聚或浓缩 处理含有不稳定物质的物料时，要防止不稳定物质的积聚或浓缩。在蒸馏、蒸发、过滤、筛分、萃取、结晶、搅拌、加热升温、冷凝、回流、再循环等单元操作过程中，有可能使不稳定物质发生积聚或浓缩，进而产生危险，例如以下情况。

① 不稳定物质减压蒸馏时，若温度超过某一极限值，有可能发生分解爆炸。

② 粉末过筛时容易产生静电，而干燥的不稳定物质过筛时，微细粉末飞扬，可能在某些位置积聚而发生危险。

③ 反应物料循环使用时，可能造成不稳定物质的积聚而使危险性增大。

④ 反应液静置中，以不稳定物质为主的相，可能分离而形成分层积聚。不分层时，所含不稳定的物质也有可能在局部地点相对集中。在搅拌含有有机过氧化物等不稳定物质的反应混合物时，如果搅拌停止而处于静置状态，那么，所含不稳定物质的溶液就附在壁上，若溶剂蒸发了，不稳定物质被浓缩，往往成为自燃的火源。

⑤ 在大型设备里进行反应，如果含有回流操作时，危险物在回流操作中有可能被浓缩。

⑥ 在不稳定物质的合成反应中，搅拌是个重要因素。在采用间歇式反应的操作过程中，化学反应速率快。大多数情况下，加料速度与设备的冷却能力是相适应的，这时反应是扩散控制，应使加入的物料马上反应掉；如果搅拌能力差，反应速率慢，加进的原料过剩，未反应的部分积聚在反应系统中，若再强力搅拌，所积存的物料一起反应，使体系的温度迅速上升，往往造成反应无法控制。操作的一般原则是搅拌停止的时候应停止加料。

⑦ 在对含有不稳定物质的物料升温时，控制不当有可能引起突发性反应或热爆炸。如果在低温下将两种能发生放热反应的液体混合，然后再升温引起反应将是十分危险的。在工业生产中，一般将一种液体保持在能起反应的温度下，边搅拌边加入另一种物料进行反应。

第一节 物料输送知识及安全技术

化工生产过程中，经常需要将各种原材料、中间体、产品以及副产品和废弃物，从前一个工段输送到后一个工段，或由一个车间输送到另一个车间，或输送到仓库储存。这些输送过程都是借助于各种输送机械设备来实现的。由于所输送物料的形态不同（块状、粉状、液体、气体），所采用的输送方式和机械也各异，但不论采取何种形式的输送，保证它们的安全运行都是十分重要的。若一处受阻，不仅影响整条生产线的正常运行，还可能导致各种事故。

一、固体物料输送的安全技术

1. 常见输送设备及输送方式

固体物料分为块状物料和粉状物料，在实际生产中多采用皮带输送机、螺旋输送机、刮板输送机、链斗输送机、斗式提升机以及气力输送（风送）等多种方式进行输送。

气力输送凭借真空泵或风机产生的气流动力将物料吹走以实现物料输送。与其他输送方式相比，气力输送系统构造简单、密闭性好、物料损失少、粉尘少、劳动条件好，易实现自动化且输送距离远。但能量消耗大、管道磨损严重，且不适于输送湿度大、易黏结的物料。

2. 不同输送方式的危险性分析及安全控制

(1) 皮带输送机、刮板输送机、螺旋输送机、斗式提升机等输送设备 这类输送设备连续往返运转，在运行中除设备本身会发生故障外，还会造成人身伤害。因此除要加强对机械设备的常规维护外，还应对齿轮、皮带、链条等部位采取防护措施。

① 传动机构。主要有皮带传动和齿轮传动等。

a. 皮带传动。皮带的形式与规格应根据输送物料的性质、负荷情况进行合理选择，要有足够大的强度，皮带胶接应平滑，并要根据负荷调整松紧度。在运行过程中，要防止高温物料烧坏皮带，或斜偏刮挡撕裂皮带的事故发生。

皮带同皮带轮接触的部位，对于操作工人是极其危险的部位，可造成断肢伤害甚至危及生命安全。正常生产时，这个部位应安装防护罩。检修时拆下的防护罩，检修完毕应立即重新安装好。

b. 齿轮传动。齿轮传动的安全运行，取决于齿轮同齿轮，齿轮同齿条、链条的良好啮合，以及具有足够的强度。此外，要严密注意负荷的均匀、物料的粒度以及混入其中的杂物，防止因卡料而拉断链条、链板，甚至拉毁整个输送设备机架。

齿轮同齿轮、齿条、链条相啮合的部位，是极其危险的部位。该处连同它的端面均应采取防护措施，防止发生重大人身伤亡事故。

对于螺旋输送机，应注意螺旋导叶与壳体间隙、物料粒度和混入杂物以防止挤坏螺旋导叶与壳体。

斗式提升机应安装因链带拉断而坠落的防护装置。链式输送机应注意下料器的操作，防止下料过多、料面过高造成链带拉断。

轴、联轴器、键及固定螺钉，这些部位的固定螺钉不准超长，否则在高速旋转中易将人刮倒。这些部位要安装防护罩，并不得随意拆卸。

② 输送设备的开、停车。在生产中有自动开停和手动开停两种系统。为保证输送设备的安全，还应安装超负荷、超行程停车保护装置。紧急事故停车开关应设在操作者经常停留的部位。停车检修时，开关应上锁或撤掉电源。

长距离输送系统，应安装开停车联系信号，以及给料、输送、中转系统的自动联锁装置或程序控制系统。

③ 输送设备的日常维护。日常维护中，润滑、加油和清扫工作是操作者致伤的主要原因。因此，应提倡安装自动注油和清扫装置，以减少发生这类危险的概率。

(2) 气力输送　从安全技术考虑，气力输送系统除设备本身因故障损坏外，最大的问题是系统的堵塞和由静电引起的粉尘爆炸。

① 堵塞。以下几种情况易发生堵塞。

具有黏性或湿性过高的物料较易在供料处、转弯处黏附管壁，造成管路堵塞。

大管径长距离输送管比小管径短距离输送管更易发生堵塞。

管道连接不同心时，有错偏或焊渣突起等障碍处易堵塞。

输料管径突然扩大，或物料在输送状态中突然停车时，易造成堵塞。

最易堵塞的部位是弯管和供料处附近的加速段，由水平向垂直过渡的弯管易堵塞。为避免堵塞，设计时应确定合适的输送速度，选择管系的合理结构和布置形式，尽量减少弯管的数量。

输料管壁厚通常为 3～8mm。输送磨削性较强的物料时，应采用管壁较厚的管道，管内表面要求光滑、不准有褶皱或凸起。

此外，气力输送系统应保持良好的严密性。否则，吸送式系统的漏风会导致管道堵塞。而压送式系统漏风，会将物料带出，污染环境。

② 静电。粉料在气力输送系统中，会同管壁发生摩擦而使系统产生静电，这是导致粉尘爆炸的重要原因之一。必须采取下列措施加以消除。

输送粉料的管道应选用导电性较好的材料，并应良好地接地。若采用绝缘材料管道，且能产生静电时，管外应采取可靠的接地措施。

输送管道直径要尽量大些。管路弯曲和变径应平缓，弯曲和变径处要少。管内壁应平滑、不许装设网格之类的部件。

管道内风速不应超过规定值，输送量应平稳，不应有急剧的变化。

粉料不要堆积在管内，要定期使用空气进行管壁清扫。

二、液体物料输送的安全技术

1. 液体物料输送设备分类

化工生产过程中输送的液体物料种类繁多、性质各异（有高黏度溶液、悬浮液、腐蚀性溶液等），且温度、压强又有高低之分，因此，所用泵的种类较多。生产中常用的有离心泵、往复泵、旋转泵、流体作用泵四类。

2. 液体输送过程危险性分析及安全控制

（1）离心泵 离心泵在开动前，泵内和吸入管必须用液体充满，如在吸液管一侧装一单向阀门，使泵在停止工作时泵内液体不致流空，或将泵置于吸入液面之下，或采用自灌式离心泵都可将泵内空气排尽。

操作前应压紧填料函，但不要过紧、过松，以防磨损轴部或使物料喷出。停车时应逐渐关闭泵出口阀门，使泵进入空转。使用后放净泵与管道内积液，以防冬季冻坏设备和管道。

在输送可燃液体时，管内流速应不大于安全流速，且管道应有可靠的接地措施以防静电。同时要避免吸入口产生负压，使空气进入系统发生爆炸。

安装离心泵时，混凝土基础需稳固，且基础不应与墙壁、设备或房柱基础相连接，以免产生共振。

为防止杂物进入泵体，吸入口应加滤网。泵与电机的联轴节应加防护罩以防绞伤。

在生产中，若输送的液体物料不允许中断，则需要考虑配置备用泵和备用电源。

（2）往复泵 往复泵主要由泵体、活塞（或活柱）和两个单向活门构成。依靠活塞的往复运动将外能以静压力形式直接传给液体物料，借以传送。往复泵按其吸入液体动作可分为单动、双动及差动往复泵。

蒸汽往复泵以蒸汽为驱动力，不用电和其他动力，可以避免产生火花，故而特别适用于输送易燃液体。当输送酸性和悬浮液时，选用隔膜往复泵较为安全。

往复泵开动前，需对各运动部件进行检查。观其活塞、缸套是否磨损，吸液管上的垫片是否适合法兰大小，以防泄漏。各注油处应适当加油润滑。

开车时，将泵体内壳充满水，排除缸内空气。若在出口装有阀门时，需将出口阀门打开。

需要特别注意的是，对于往复泵等正位移泵，严禁用出口阀门调节流量，否则将造成设备或管道的损坏。

（3）旋转泵 旋转泵同往复泵一样，同属于正位移泵。同往复泵的主要区别是泵中没有活门，只有在泵中旋转着的转子。旋转泵依靠旋转排送液体，留出空间形成低压，将液体连续吸入和排出。

因为旋转泵属于正位移泵，故流量不能用出口管道上的阀门进行调节，而采用改变转子转速或回流支路的方法调节流量。

（4）“酸蛋”和空气升液器 在化工生产中，也有用压缩空气为动力来输送一些酸碱等有腐蚀性液体的，俗称“酸蛋”。这些设备也属于压力容器，要有足够的强度。在输送有爆炸性或燃烧性物料时，要采用氮、二氧化碳等惰性气体代替空气，以防造成燃烧或爆炸。

对于易燃液体不能采用压缩空气压送。因为空气与易燃液体混合，可形成爆炸混合物，且有产生静电的可能。

对于闪点很低的易燃液体，应用氮或二氧化碳惰性气体压送。闪点较高及沸点在130℃以上的可燃液体，如有良好的接地装置，可用空气压送。输送易燃液体采用蒸汽往复泵较为安全。如采用离心泵，则泵的叶轮应用有色金属或塑料制造，以防撞击产生火花。设备和管道应良好接地，以防静电引起火灾。

用各种泵输送可燃液体时，其管内流速不应超过安全速度。

另外，虹吸和自流的输送方法比较安全，在工厂中应尽量采用。

三、气体物料输送过程的安全技术

气体物料的输送采用压缩机。输送可燃气体要求压力不太高时，采用液环泵［液环泵是一种输送气体的流体机械，它靠叶轮的旋转将机械能传递给工作液体（旋转液体），又通过液环对气体的压缩，把能量传递给气体，使其压力升高，达到抽吸真空（作真空泵用）或压送气体（作压缩机用）的目的，二者统称为液环泵］比较安全。抽送或压送可燃性气体时，进气吸入口应该经常保持一定余压，以免造成负压吸入空气形成爆炸性混合物（雾化的润滑油或其分解产物与压缩空气混合，同样会产生爆炸性混合物）。

为避免压缩机汽缸、储气罐以及输送管路因压力增高而引起爆炸，要求这些部分要有足够的强度。此外，要安装经校验的压力表和安全阀（或爆破片）。安全阀泄压应将其危险气体导至安全的地方。还可安装压力超高报警器、自动调节装置或压力超高自动停车装置。

压缩机在运行中，冷却水不能进入汽缸，以防发生“水锤”（水锤是在突然停电或者在阀门关闭太快时，由于压力水流的惯性，产生水流冲击波，就像锤子敲打一样，所以叫水锤）。氧压机严禁与油类接触，一般采用含10%以下甘油的蒸馏水作为润滑剂。其中水的含量应以汽缸壁充分润滑而不产生水锤为准（80～100滴/min）。

气体抽送、压缩设备上的垫圈易损坏漏气，应经常检查、及时修换。

对于特殊压缩机，应根据压送气体物料的化学性质的不同，而有不同的安全要求。如乙炔压缩机中，同乙炔接触的部件不允许用铜来制造，以防止产生比较危险的乙炔铜等。

可燃气体的输送管道，应经常保持正压，并根据实际需要安装逆止阀、水封和阻火器等安全装置。

易燃气体、液体管道不允许同电缆一起敷设。可燃气体管道同氧气管一同敷设时，氧气管道应设在旁边，并保持250mm的净距。

管内可燃气体流速不应过高。管道应良好接地，以防止静电引起事故。

对于易燃、易爆气体或蒸气的抽送、压缩设备的电机部分，应全部采用防爆型。否则，应穿墙隔离设置。

第二节　加热知识及安全技术

化学工业与加热的关系尤为密切。加热是控制温度的重要手段，其操作的关键是按规定严格控制温度的范围和升温速度。

一、加热剂与加热方法

1. 水蒸气

水蒸气是最常用的加热剂，通常使用饱和水蒸气。用水蒸气加热的方法有两种：直接蒸汽加热和间接蒸汽加热。直接蒸汽加热时，水蒸气直接进入被加热的介质中并与其混合，这种方法适用于允许被加热介质和蒸汽的冷凝液混合的场合。间接蒸汽加热是通过换热器的间壁传递热量。

水蒸气爆炸的危险以及由水蒸气引起的爆炸事故十分普遍，蒸汽爆炸事故中最常见的是水汽化后引起的爆炸事故。

2. 热水

热水加热一般用于100℃以下的场合，热水通常可使用锅炉热水和从蒸发器或换热器得到的冷凝水。

3. 高温有机物

将物料加热到400℃以下的范围内，可使用液态或气态高温有机物作为加热剂。

常用的有机物加热剂有：甘油、乙二醇、萘、联苯与二苯醚的混合物、二甲苯基甲烷、矿物油和有机硅液体等。高温有机物由于具有燃烧爆炸危险、高温结焦和积炭危险，运行中密闭性和温度控制必须严格。另外联苯与二苯醚的混合物由于具有较高的渗透性，因此系统的密闭问题十分明显。

4. 无机熔盐

当需要加热到550℃时，可用无机熔盐作为加热剂。熔盐加热装置应具有高度的气密性，并用惰性气体保护。

此外，工业生产中还利用液体金属、烟道气和电等来加热。其中，液体金属可加热到300～800℃，烟道气可加热到1100℃，电最高可加热到3000℃。

二、加热过程危险性分析

吸热反应大多需要加热；有的反应必须在较高的温度下进行，因此也需要加热。加热反应必须严格控制温度。一般情况下，随着温度升高反应速率加快。温度过高或升温过快都会导致反应剧烈，容易发生冲料，易燃品大量气化，聚集在车间内与空气形成爆炸性混合物，发生火灾的危险性极大。所以应明确规定和严格控制升温上限和升温速度。

如果是放热反应且反应液沸点低于40℃，或者是反应剧烈、温度容易猛升并有冲料危险的化学反应，反应设备应该有冷却装置和紧急放料装置。紧急放料装置的物料接收器应该导出至生产现场以外没有火源的安全地方。此外，也可以设爆破泄压片。

加热温度如果接近或超过物料的自燃点，应采用氮气保护。

采用硝酸盐、亚硝酸盐等无机盐作加热载体时，要预防与有机物等可燃物接触，因为无机盐混合物具有强氧化性，与有机物接触后会发生强烈的氧化还原反应引起燃烧或爆炸。

与水会发生反应的物料，不宜采用水蒸气或热水加热。采用水蒸气或热水加热时，应定期检查蒸汽夹套和管道的耐压强度，并应安装压力表和安全阀。

采用充油夹套加热时，需将加热炉门与反应设备用砖墙隔绝，或将加热炉设于车间外面。油循环系统应严格密闭，不准热油泄漏。

电加热装置如果电感线圈绝缘破坏、受潮、漏电、短路以及电火花、电弧等均能引起易燃易爆物质着火或爆炸。在加热易燃物质以及受热能挥发可燃性气体或蒸气的物质时，应采用密闭式电加热器。电加热器不能安装在易燃物质附近。导线的负荷能力应满足加热器的要求。为了提高电加热设备的安全可靠性，可采用防潮、防腐蚀、耐高温的绝缘层，增加绝缘层的厚度，添加绝缘保护层等措施。电感线圈应密封起来，防止与可燃物接触。电加热器的电炉丝与被加热设备的器壁之间应有良好的绝缘，以防短路引起电火花，将器壁击穿，使设备内的易燃物质或漏出的气体和蒸气发生燃烧或爆炸。

三、换热器安全运行技术

间接加热是化工生产中应用最广泛的加热方法，它是通过换热器来实现的，因此换热器的安全运行对于加热操作过程尤为重要。为了保证换热器长久正常运转，必须正确操作和使用换热器，并重视对设备的维护、保养和检修，将预防维护摆在首位，强调安全预防，减少任何可能发生的事故，这就要求必须掌握换热器的基本操作方法、运行特点和维护经验。

第三节 冷却、冷凝与冷冻知识及安全技术

一、冷却、冷凝知识及安全技术

冷却与冷凝被广泛应用于化工生产中。两者的主要区别在于被冷却的物料是否发生相的改变。若发生相变（如气相变为液相）则称为冷凝，无相变只是温度降低的则称为冷却。

1. 冷却与冷凝方法

根据冷却与冷凝所用的设备，可分为直接冷却与间接冷却两类。

(1) 直接冷却法 可直接向所需冷却的物料加入冷水或冰等制冷剂，也可将物料置入敞口槽中或喷洒于空气中，使之自然变化而达到冷却的目的（这种冷却方法也称为自然冷却）。在直接冷却中常用的冷却剂为水。直接冷却法的缺点是物料被稀释。

(2) 间接冷却法 此法通常是在具有间壁式换热器中进行的。壁的一边为低温载体，如冷水、盐水、冷冻混合物以及固体二氧化碳等，而壁的另一边为所需冷却的物料。一般冷却水所达到的冷却效果不能低于0℃；20%浓度的盐水，其冷却效果可达－15～0℃；冷冻混合物（以压碎的冰或雪与盐类混合制成），依其成分不同，冷却效果可达45～0℃。间接冷却法在化工生产中应用更广泛。

2. 冷却与冷凝设备

冷却、冷凝所使用的设备统称为冷却、冷凝器。冷却、冷凝器就其实质而言均属于换热器，依其传热面形状和结构可分为以下几种。

① 管式冷却、冷凝器。常用的有蛇管式、套管式和列管式等。

② 板式冷却、冷凝器。常用的有平板式、夹套式、螺旋式、翼片式等。

③ 混合式冷却、冷凝器。包括填充塔、泡沫冷却塔、喷淋式冷却塔、文丘里冷却器、瀑布式混合冷凝器。混合式冷凝器又可分为干式、湿式、并流式、逆流式等。

按冷却、冷凝器材质分为金属与非金属材料。

3. 冷却与冷凝的安全技术

冷却、冷凝的操作在化工生产中容易被人们忽视。实际上它很重要，它不仅涉及原材料的定额消耗以及产品收率，而且严重地影响安全生产。在实际操作中应做到以下几点。

① 根据被冷却物料的温度、压力、理化性质以及所要求冷却的工艺条件，正确选用冷却设备和冷却剂。

② 对于腐蚀性物料的冷却，最好选用耐腐蚀材料的冷却设备。如石墨冷却器、塑料冷却器以及用高硅铁管、陶瓷管制成的套管冷却器和钛材冷却器等。

③ 严格注意冷却设备的密闭性，不允许物料窜入冷却剂中，也不允许冷却剂窜入被冷却的物料中（特别是酸性气体）。

④ 冷却设备所用的冷却水不能中断。否则，反应热不能及时导出，致使反应异常，系统压力增高，甚至发生爆炸。另外，冷却、冷凝器如断水，会使后部系统温度升高，未冷凝的危险气体外逸排空，可能导致燃烧或爆炸。用冷却水控制系统温度时，一定要安装自动调节装置。

⑤ 开车前首先清除冷凝器中的积液，再打开冷却水，然后才能通入高温物料。

⑥ 为保证不凝性可燃气体安全排空，可充氮保护。

⑦ 检修冷凝、冷却器时，应彻底清洗、置换，切勿带料焊接。

二、冷冻知识及安全技术

在某些化工生产过程中，如蒸气、气体的液化，某些组分的低温分离，以及某些物品的输送、储藏等，常需将物料降到比水或周围空气更低的温度，这种操作称为冷冻或制冷。

冷冻操作的实质是不断地由低温物体（被冷冻物）取出热量，并传给高温物体（水或空气），以使被冷冻的物料温度降低。热量由低温物体到高温物体的这一传递过程是借助于冷冻剂实现的。适当选择冷冻剂及其操作过程，可以获得由零度至接近于绝对零度的任何程度的冷冻。一般来说，冷冻程度与冷冻操作的技术有关，凡冷冻范围在－100℃以内的称为冷冻；而在－210～－100℃或更低的温度，则称为深度冷冻。

1. 冷冻方法

化工生产中常用的冷冻方法有以下几种。

① 低沸点液体的蒸发。如液氨在 0.2MPa 压力下蒸发，可以获得－15℃的低温，若在 0.04119MPa 压力下蒸发，则可达－50℃；液态乙烷在 0.05354MPa 压力下蒸发可达－100℃，液态氨蒸发可达－210℃等。

② 冷冻剂于膨胀机中膨胀，气体对外做功，致使内能减少而获得低温。该法主要用于那些难液化气体（空气、氢等）的液化过程。

③ 利用气体或蒸气在节流时所产生的温度降低而获取低温的方法。

2. 冷冻剂

冷冻剂的种类很多。但目前尚无一种理想的冷冻剂能够满足所有的条件。

(1) 冷冻剂的选择 冷冻剂与冷冻机的大小、结构和材质有着密切的关系。冷冻剂的选择一般考虑如下因素。

① 冷冻剂的汽化潜热应尽可能得大，以便在固定冷冻能力下，尽量减少冷冻剂的循环量。

② 冷冻剂在蒸发温度下的比体积以及与该比体积相应的压强均不宜过大，以降低动能的消耗；同时，在冷凝器中与冷凝温度相应的压强亦不宜过大，否则将增加设备费用。

③ 冷冻剂需具有一定的化学稳定性，同时对循环所经过设备应尽可能产生小的腐蚀破坏作用；此外，还应选择无毒（或刺激性）或低毒的冷冻剂，以免因泄漏而使操作者受害。

④ 冷冻剂最好不燃或不爆。

⑤ 冷冻剂应价廉而易于购得。

(2) 常用的冷冻剂 目前广泛使用的冷冻剂是氨。在石油化学工业中，常用石油裂解产品乙烯、丙烯作冷冻剂。丙烯的制冷程度与氨接近，但汽化潜热小，危险性较氨大。乙烯的沸点为－103.7℃，在常压下蒸发即可获得－100～－70℃的低温，乙烯的临界温度为 9.5℃。常用的冷冻剂如下。

① 氨。氨在标准状态下沸点为－33.4℃，冷凝压力不高。它的汽化潜热和单位质量冷冻能力均远超其他冷冻剂，所需氨的循环量小。它的操作压力同其他冷冻剂相比也不高。即使冷却水温较高时，在冷凝器中压力也不超过 1.6MPa。而当蒸发器温度低至－34℃时，其压力也不低于 0.1MPa。因此，空气不会漏入以致妨碍冷冻机正常操作。

氨几乎不溶于油，但易溶于水，1 体积的水可溶解 700 体积的氨，所以在氨系统内无冰塞现象。

氨对于铁、铜不起反应，但若氨中含水时，则对铜及铜的合金具有强烈的腐蚀作用。因此，在氨压缩机中不能使用铜及其合金的零件。

氨有强烈的刺激性臭味，在空气中超过 30mg/m^3，长期作业会对人体产生危害。氨属于易燃、易爆物质，其爆炸下限为 15.5%。氨于 130℃开始明显分解，至 890℃时全部分解。

② 氟里昂。氟里昂冷冻剂有氟里昂 11（CCl_3F）、氟里昂 12（CCl_2F_2）以及氟里昂 13（$CClF_3$）等多种。这类冷冻剂的沸点随其氟原子数的增加而升高，在常温下其沸点范围为 −82.2～40℃。

氟里昂冷冻剂无味，不具有可燃性和毒性，同空气混合无爆炸危险，同时对金属无腐蚀，因此是一种比较安全的冷冻剂。但是由于氟里昂破坏大气臭氧层，已限制使用。

③ 乙烯、丙烯。在石油化学工业中，常用乙烯、丙烯作为冷冻剂进行裂解气的深冷分离。

乙烯沸点较低，能在高压（$30kgf/cm^2$）（$1kgf/cm^2=98066.5Pa$，下同）下于较高的温度（−25℃）冷凝，又能在低压（$0.272kgf/cm^2$）下于较低的温度（−123℃）蒸发。丙烯在 1atm，可于−47.7℃的低温下蒸发，因此可用丙烯作乙烯的冷冻剂。冷水向丙烯供冷使丙烯冷凝，构成乙烯-丙烯复叠式制冷系统。但是乙烯、丙烯均属于易燃、易爆物质。乙烯爆炸极限为 2.75%～34%，丙烯为 2%～11.1%，如空气中乙烯、丙烯含量达到其爆炸浓度，可产生燃烧爆炸的危险。乙烯的毒性在于麻醉作用，而丙烯的毒性是乙烯的两倍，麻醉力较强，其浓度在 110mg/L 时，人吸入 2.5min 即可引起轻度麻醉。因此，对长期从事操作的工人有害。

3. 冷载体

冷冻机中产生的冷效应，通常不用冷冻剂直接作用于被冷物体，而是以一种盐类的水溶液作冷载体传给被冷物。此冷载体往返于冷冻机和被冷物之间，不断自被冷物取走热量，不断向冷冻剂放出热量。

常用的冷载体有氯化钠、氯化钙、氯化镁等溶液。对于一定浓度的冷冻盐水，有一定的冻结温度。所以在一定的冷冻条件下，所用冷冻盐水的浓度应较所需的浓度大，否则有冻结现象产生，使蒸发器蛇管外壁结冰，严重影响冷冻机操作。

盐水对金属有较大的腐蚀作用，在空气存在下，其腐蚀作用更强。因此，一般均采用密闭式的盐水系统，并在盐水中加入缓蚀剂。

4. 冷冻机安全技术

一般常用的压缩冷冻机由压缩机、冷凝器、蒸发器与膨胀阀四个基本部分组成。冷冻设备所用的压缩机以氨压缩机较为多见，在使用氨冷冻压缩机时应注意以下事项。

① 采用不产生火花的防爆型电气设备。

② 在压缩机出口方向，应于汽缸与排气阀间设一个能使氨通到吸入管的安全装置，以防压力超高。为避免管路爆裂，在旁通管路上不装阻气设施。

③ 易于污染空气的油分离器应装于室外，采用低温不冻结且不与氨发生化学反应的润滑油。

④ 制冷系统压缩机、冷凝器、蒸发器以及管路系统，应注意其耐压程度和气密性，防止设备、管路产生裂纹和泄漏，同时要加强安全阀、压力表等安全装置的检查、维护。

⑤ 制冷系统因发生事故或停电而紧急停车时，应注意被冷物料的排空处理。

⑥ 装有冷料的设备及容器，应注意其低温材质的选择，防止金属的低温脆裂。

第四节 熔融知识及安全技术

一、熔融过程

在化工生产中常常需将某些固体物料（苛性钠、苛性钾、萘、磺酸等）熔融之后进行化学反应。常温下是固体的物质，在达到一定温度后熔化成为液态，这个过程称为熔融。

二、熔融过程危险性分析与安全技术

从安全技术角度考虑，熔融这一单元操作的主要危险来源于被熔融物料的化学性质、固体质量、熔融时的黏稠程度、熔融过程中副产品的生成、熔融设备、加热方式以及物料的破碎等方面。

1. 熔融物料的危险性质

被熔融固体物料本身的危险特性对安全操作有很大影响。熔融物若与皮肤接触，会造成难以剥离的严重烫伤。例如，碱熔过程中的碱，它可使蛋白质变为胶状化合物，又可使脂肪变为胶状皂化物质。碱比酸具有更强的渗透能力，且深入组织较快，因此碱对皮肤的灼伤要比酸更为严重。尤其是固碱熔融过程中，碱屑或碱液飞溅至眼部，其危险性更大，不仅使眼角膜、结膜立即坏死糜烂，同时向深部渗入，损坏眼球内部，导致视力严重减退甚至失明。

2. 熔融物中的杂质

熔融物中的杂质种类和数量对安全操作也是十分重要的。例如，在碱熔融过程中，碱和磺酸盐的纯度是该过程中影响安全的最重要因素之一。如果碱和磺酸盐中含有无机盐等杂质，应尽量除掉，否则，这些无机盐杂质不熔融，而是呈块状残留于反应物中，妨碍反应物质的混合，会造成局部过热、烧焦，致使熔融物喷出，烧伤操作人员。因此，必须经常消除锅垢。

3. 物质的黏稠程度

能否安全进行熔融，与反应设备中物质的黏稠程度有密切关系。反应物质流动性越大，熔融过程就越安全。

为了使熔融物具有较大的流动性，可用水将其稀释。例如，苛性钠或苛性钾在有水存在时，其熔点就显著降低，从而使熔融过程可以在危险性较小的低温状态下进行。

在化学反应中，使用40%～50%的碱液代替固碱较为合理，这样可以免去固碱粉碎及熔融过程。在必须用固碱时，也最好使用片碱。

第五节 蒸发与蒸馏知识及安全技术

一、蒸发知识及安全技术

1. 蒸发过程的特点与分类

蒸发是通过加热使溶液中的溶剂不断汽化并被移除，以提高溶液中溶质浓度，或使溶质析出的物理过程。如制糖工业中蔗糖水、甜菜水的浓缩，氯碱工业中的碱液提浓以及海水淡化等采用蒸发的办法。

蒸发过程具有以下特点。

① 蒸发的目的是为了使溶剂汽化，因此被蒸发的溶液应由挥发性的溶剂和不挥发性的溶质组成。整个蒸发过程中溶质的数量是不变的。

② 溶剂的汽化可分别在低于沸点和沸点下进行。在低于沸点时进行，称为自然蒸发。

如海水制盐用太阳晒，此时溶剂的汽化只能在溶液的表面进行，蒸发速率缓慢，生产效率较低。若溶剂的汽化在沸点温度下进行，称为沸腾蒸发，溶剂不仅在溶液的表面汽化，而且在溶液内部的各个部分同时汽化，蒸发速率大大提高。

③ 蒸发操作是一个传热和传质同时进行的过程，蒸发的速率取决于过程中较慢的那一步过程的速率，即热量传递速率，因此工程上通常把它归纳为传热过程。

④ 由于溶液中溶质的存在，在溶剂汽化过程中溶质易在加热表面析出而形成污垢，影响传热效果。当该溶质是热敏性物质时，还有可能因此而分解变质。

⑤ 蒸发操作需在蒸发器中进行。沸腾时，由于液沫的夹带而可能造成物料的损失，因此蒸发器在结构上与一般加热器是不同的。

⑥ 蒸发操作中要将大量溶剂汽化，需要消耗大量的热能，所以，蒸发操作的节能问题将比一般传热过程更为突出。目前工业上常用水蒸气作为加热热源，而被蒸发的物料大多为水溶液，汽化出来的蒸汽仍然是水蒸气，通常将用来加热的蒸汽称为一次蒸汽，将从蒸发器中蒸发出的蒸汽称为二次蒸汽。充分利用二次蒸汽是蒸发操作中节能的主要途径。

2. 蒸发过程的危险性分析

凡蒸发的溶液都具有一定的特性。如溶质在浓缩过程中若有结晶、沉淀和污染产生，会导致传热效率的降低，并且产生局部过热，因此，对加热部分需经常清洗。

对具有腐蚀性溶液的蒸发，需要考虑设备的腐蚀问题，为了防腐蚀，有的设备需要用特种钢材来制造。

对热敏性溶液的蒸发，还需考虑温度的控制。特别是由于溶液的蒸发产生结晶和沉淀，而这些物质又是不稳定的，局部过热可使其分解变质或燃烧、爆炸，则更应注意控制蒸发温度。为防止热敏性物质的分解，可采用真空蒸发的方法，降低蒸发温度；或者使溶液在蒸发器内停留的时间和与加热面接触的时间尽量缩短，例如采用单程循环、快速蒸发等。

3. 安全运行操作

蒸发操作的最终目的是将溶液中大量的水分蒸发出来，使溶液得到浓缩，而要提高蒸发器在单位时间内蒸出的水分，在操作过程中应做到以下几方面。

① 合理选择蒸发器。蒸发器的选择应考虑蒸发溶液的性质，如溶液的黏度、发泡性、腐蚀性、热敏性，以及是否容易结垢、结晶等情况。如热敏性的物料蒸发，由于物料所承受的最高温度有一定极限，因此应尽量降低溶液在蒸发器中的沸点，缩短物料在蒸发器中的滞留时间，所以可选择膜式蒸发器。对于腐蚀性溶液的蒸发，蒸发器的材料应耐腐蚀。

② 提高蒸汽压力。为了提高蒸发器的生产能力，提高加热蒸汽的压力和降低冷凝器中二次蒸汽压力，有助于提高传热温度差。因为加热蒸汽的压力提高，饱和蒸汽的温度也相应提高。冷凝器中的二次蒸汽压力降低，蒸发室的压力变低，溶液沸点也就降低。

③ 提高传热系数 K。提高蒸发器蒸发能力的主要途径是提高传热系数 K。通常情况下，管壁热阻很小，可忽略不计。加热蒸汽膜系数一般很大，若在蒸汽中含有少量不凝性气体，加热蒸汽冷凝膜系数下降。据研究测试，蒸汽中含有 1% 不凝性气体，传热总系数下降 60%，所以在操作中，必须及时排除不凝性气体。

在蒸发操作中，管内壁结垢现象是不可避免的，尤其当处理易结晶和腐蚀性物料时，此时传热总系数 K 变小，使传热量下降。在这些蒸发操作中，一方面应定期停车清洗、除垢；另一方面应积极改进蒸发器的结构，如把蒸发器的加热管加工得光滑些，使污垢不易生成，即使生成也易清洗，这就可以提高溶液循环的速度，从而降低污垢生成的速度。

对于不易结垢、不易结晶的物料蒸发，影响传热总系数 K 的主要因素是管内溶液沸腾的传热膜系数。在此类蒸发中，应提高溶液的循环速度和湍动程度，从而提高蒸发器的蒸发能力。

④ 提高传热量。提高蒸发器的传热量，必须增加它的传热面积。在操作中，必须密切

注意蒸发器内液面的高低。液面过高，加热管下部所受静压强过大，溶液达不到沸腾。

二、蒸馏知识及安全技术

化工生产中常常要将混合物进行分离，以实现产品的提纯和回收或原料的精制。对于均相液体混合物，最常用的分离方法是蒸馏。因为蒸馏过程有加热载体和加热方式的安全问题，又有液相汽化分离及冷凝等相变安全问题，即能量的转换和相态的变化同时在系统中存在。蒸馏过程又是物质被急剧升温浓缩甚至变稠、结焦、固化的过程，安全运行就显得十分重要。

1. 蒸馏过程及分类

蒸馏是利用液体混合物各组分挥发度的不同，使其分离为纯组分的操作。对于大多数混合液，各组分的沸点相差越大，其挥发能力相差越大，则用蒸馏方法分离越容易。反之，两组分的挥发能力越接近，则越难用蒸馏方法进行分离。

蒸馏操作可分为间歇蒸馏和连续蒸馏。按操作压力可分为常压蒸馏、减压蒸馏和加压蒸馏。此外还有特殊蒸馏——蒸汽蒸馏、萃取蒸馏、恒沸蒸馏和分子蒸馏。

蒸汽蒸馏通常用于在常压下沸点较高，或在沸点时容易分解的物质的蒸馏，也常用于高沸点物与不挥发杂质的分离，但只限于所得到的产品完全不溶于水。

萃取蒸馏与恒沸蒸馏主要用于分离由沸点极接近或恒沸的各组分所组成的、难以用普通蒸馏方法分离的混合物。

分子蒸馏是一种相当于绝对真空下进行的一种真空蒸馏。在这种条件下，分子间的相互吸引力减小，物质的挥发度提高，使液体混合物中难以分离的组分容易分开。由于分子蒸馏降低了蒸馏温度，所以可以防止或减少有机物的分解。

2. 不同蒸馏过程的危险性分析

在安全问题上，除了根据加热方法采取相应的安全措施外，还应按物料性质、工艺要求正确选择蒸馏方法和蒸馏设备。在选择蒸馏方法时，应从操作压力及操作过程等方面加以考虑。操作压力的改变可直接导致液体沸点的改变，亦即改变液体的蒸馏温度。

处理难挥发的物料（在常压下沸点 150℃以上）应采用真空蒸馏。这样可以降低蒸馏温度，防止物料在高温下变质、分解、聚合和局部过热现象的产生。

处理中等挥发性物料（沸点为 100℃左右)，采用常压蒸馏较为合适。若采用真空蒸馏，反而会增加冷却的困难。

常压下沸点低于 30℃的物料，则应采用高压蒸馏，但是应注意设备密闭。

① 常压蒸馏。在常压蒸馏中必须注意，易燃液体的蒸馏不能采用明火作热源，采用蒸汽或过热水蒸气加热较为安全。

蒸馏腐蚀性液体时，应防止塔壁、塔盘腐蚀泄漏，导致易燃液体或蒸气泄漏，遇明火或灼热的炉壁而燃烧。

蒸馏自燃点很低的液体时，应注意蒸馏系统的密闭，防止因高温泄漏遇空气自燃。

对于高温的蒸馏系统，应防止冷却水突然窜入塔内，否则水迅速汽化，导致塔内压力突然增高，将物料冲出或发生爆炸。故在开车前应将塔内和蒸汽管道内的冷凝水除尽。

在常压蒸馏系统中，还应注意防止凝固点较高的物质凝结堵塞管道，导致塔内压力增高而引起爆炸。

蒸馏高沸点物料时，可以采用明火加热，这时应防止产生自燃点很低的树脂油状物遇空气而自燃。同时应防止蒸干，使残渣转化为结垢，引起局部过热而着火、爆炸。油焦和残渣应经常清除。

冷凝器中的冷却水或冷冻盐水不能中断。否则，未冷凝的易燃蒸气逸出使系统温度升高，或窜出遇明火而燃烧。

② 真空蒸馏。真空蒸馏是一种较安全的蒸馏方法。对于沸点较高、在高温下蒸馏时又能引起分解、爆炸或聚合的物质，采用真空蒸馏较为合适。如苯乙烯在高温下易聚合，而硝基甲苯在高温下易分解爆炸，这些物质的蒸馏，必须采用真空蒸馏的方法。

真空蒸馏设备的密闭性是非常重要的。蒸馏设备一旦吸入空气，与塔内易燃气混合形成爆炸性混合物，就有引起爆炸或者着火的危险。因此，真空蒸馏所用的真空泵应安装单向阀，以防止突然停泵而使空气倒入设备。

当易燃易爆物质蒸馏完毕，应在充入氮气后，再停真空泵，以防止空气进入系统，引起燃烧或爆炸。

真空蒸馏应注意其操作程序。先打开真空活门，然后开冷却器活门，最后打开蒸汽阀门。否则，物料会被吸入真空泵，并引起冲料，使设备受压甚至发生爆炸。真空蒸馏易燃物质的排气管应通至厂房外，管道上要安装阻火器。

③ 加压蒸馏。在加压蒸馏中，气体或蒸气容易泄漏造成燃烧、中毒的事故。因此，设备应严格进行气密性和耐压试验、检查，并应安装安全阀和温度、压力的调节控制装置，严格控制蒸馏温度与压力。在石油产品的蒸馏中，应将安全阀的排气管与火炬系统相连接，安全阀起跳即可将物料排入火炬烧掉。

此外，在蒸馏易燃液体时，应注意系统的静电消除。特别是苯、丙酮、汽油等不易导电液体的蒸馏，更应将蒸馏设备、管道良好接地。室外蒸馏塔应安装可靠的避雷装置。

应对蒸馏设备经常检查、维修，认真搞好停车后、开车前的系统清洗、置换，避免发生事故。

对易燃易爆物质的蒸馏，厂房要符合防爆要求，有足够的泄压面积，室内电机、照明等电气设备均应采用防爆产品，并且灵敏可靠。

第六节 吸收知识及安全技术

一、工业气体吸收过程

气体吸收是指气体混合物在溶剂中选择性溶解来实现气体混合物组分的分离，它是利用气体混合物各组分在液体溶剂中溶解度的差异来分离气体混合物的单元操作。其逆过程是脱吸或解吸。吸收过程是使混合气中的溶质溶解于吸收剂中而得到一种溶液，即溶质由气相转移到液相的相际传质过程。

气体吸收可分为以下三类。

① 按溶质与溶剂是否发生显著的化学反应，可分为物理吸收和化学吸收。如用水吸收二氧化碳、用洗油吸收芳烃均属于物理吸收；用硫酸吸收氨及用碱液吸收二氧化碳属于化学吸收。

② 按吸收组分的不同，分为单组分吸收和多组分吸收。

③ 按吸收体系（主要是液相）的温度是否显著变化，分为等温吸收和非等温吸收。

最常用于吸收的设备是填料塔、喷雾塔或筛板塔，气体与溶剂在塔内逆流接触进行吸收操作。

二、吸收过程危险性分析与安全运行

气体吸收过程要使用不同特性、危险性大的有机溶剂。溶剂在高速流动过程中不仅存在大量汽化扩散的危险，而且还会产生大量静电，导致静电火花的危险。为了安全操作，必须做到以下几方面。

① 控制溶剂的流量和组成，如洗涤酸气的溶液的碱性；如果吸收剂是用来排除气流中的毒性气体，而不是向大气排放，如用碱溶液洗涤氯气，用水排除氨气，液流的失控会造成严重事故。

② 在设计限度内控制入口气流，检测其组成。

③ 控制出口气的组成。

④ 适当选择适于与溶质和溶剂的混合物接触的结构材料。

⑤ 在进口气流速、组成、温度和压力的设计条件下操作。

⑥ 避免潮气转移至出口气流中，如应用严密筛网或填充床除雾器等。

一旦出现控制变量不正常的情况，应能自动启动报警装置。控制仪表和操作程序应能防止气相中溶质载荷的突增以及液体流速的波动。

第七节 萃取知识及安全技术

一、萃取过程及危险性分析

萃取操作是分离液体混合物的常用单元操作之一，在石油化工、精细化工、原子能化工等方面被广泛应用。液-液萃取也称溶剂萃取，它是指在欲分离的液体混合物中加入一种适宜的溶剂，使其形成两液相系统，利用液体混合物中各组分分配系数差异的性质，易溶组分较多地进入溶剂相从而实现混合液的分离。在萃取过程中，所用的溶剂称为萃取剂，混合液体为原料，原料液中欲分离的组分称为溶质，其余组分称为稀释剂。萃取操作中所得到的溶液称为萃取相，其成分主要是萃取剂和溶质；剩余的溶液称为萃余相，其成分主要是稀释剂，还含有残余的溶质等组分。

单级萃取过程应该特别注意产生的静电积累，若是搪瓷反应釜，液体表层积累的静电很难被消散，会在物料放出时产生放电火花。

萃取过程常常有易燃的稀释剂或萃取剂的使用。除去溶剂储存和回收的适当设计外，还需要有效的界面控制。因为包含相混合、相分离以及泵输送等操作，消除静电的措施变得极为重要。对于放射性化学物质的处理，可采用无须机械密封的脉冲塔。在需要最小持液量和非常有效的相分离的情形下，则应该采用离心式萃取器。

溶剂的回收一般采用蒸发或蒸馏操作，所以萃取全过程包含这些操作所具有的危险。

二、萃取剂的安全选择

萃取时溶剂的选择是萃取操作的关键，它直接影响到萃取操作能否进行，对萃取产品的产量、质量和过程的经济性也有重要的影响。萃取剂的性质决定了萃取过程的危险性大小和特点。因此，萃取操作首要的问题就是萃取溶剂的选择。一种溶剂要能用于萃取操作，首要条件是它与料液混合后，要能分成两个液相。要选择一种安全、经济有效的溶剂，必须做到以下几点。

① 萃取剂的选择性。萃取剂必须对原溶液中欲萃取出来的溶质有显著的溶解能力，而其他组分应不溶或少溶，即萃取剂应有较好的选择性。

② 萃取剂的物理性质。萃取剂的某些物理性质也对萃取操作产生一定的影响，例如密度、界面张力、黏度等，都需要加以考虑。

③ 萃取剂的化学性质。萃取剂需有良好的化学稳定性，不易分解、聚合，并应有足够的热稳定性和抗氧化稳定性，对设备的腐蚀性要小。萃取剂的化学性质决定了萃取过程中可能会出现的事故类型。

④ 萃取剂回收的难易。

⑤ 萃取剂的安全问题。萃取剂的毒性以及是否易燃、易爆等，均为选择萃取剂时需要特别考虑的问题，并应设计相应的安全措施。

三、萃取操作过程安全控制

萃取操作过程系由混合、分层、萃取相分离、萃余相分离等所需的一系列过程及设备组成。工业生产中所采用的萃取流程主要有单级和多级之分。

对于萃取过程，选择适当的萃取设备是十分重要的。

对于腐蚀性强的物质，宜选取结构简单的填料塔，或采用由耐腐蚀金属或非金属材料如：塑料、玻璃钢内衬或内涂的萃取设备。对于放射性系统，应用较广的是脉冲塔。如果物系有悬浮物存在，为避免设备堵塞，可选用转盘塔或混合澄清器。

对某一萃取过程，当所需的理论级数为 2～3 级时，各种萃取设备均可选用；当所需的理论级数为 4～5 级时，一般可选择转盘塔、往复振动筛板塔和脉冲塔；当需要的理论级数多时，一般只能采用混合澄清器。

根据生产任务和要求，如果需要设备的处理量较小时，可用填料塔、脉冲塔；处理量较大时，可选用筛板塔、转盘塔以及混合澄清器。

在选择设备时还要考虑物质的稳定性与停留时间。若萃取物系中伴有慢的化学反应，要有足够的停留时间，选用混合澄清器较为合适。

另外对萃取塔的正确操作也是安全生产的重要环节。

第八节 过滤知识及安全技术

一、过滤方法

在化工生产中，将悬浮液中的液体与固体微粒分离，通常采用过滤的方法。过滤操作是指悬浮液中的液体在重力、加压、真空及离心力的作用下，通过多孔物质层，而将固体悬浮微粒截流进行分离的操作。

过滤操作过程一般包括悬浮液的过滤、滤饼洗涤、滤饼干燥和卸料四个组成部分。按操作方法可分为间歇过滤和连续过滤。依其推动力过滤可分为以下几种。

① 重力过滤。依靠悬浮液本身的液柱压差进行过滤。

② 加压过滤。在悬浮液上面施加压力进行过滤。

③ 真空过滤。在过滤介质下面抽真空进行过滤。

④ 离心过滤。借悬浮液高速旋转所产生之离心力进行过滤。

悬浮液的化学性质对过滤操作影响很大。如果液体有强烈腐蚀性，则滤布与过滤设备的各部件要选择由耐腐蚀的材料制造。如果滤液的挥发性很强，或其蒸气具有毒性，则整个过滤系统必须密闭。

重力过滤的速度不快，一般仅用于处理固体含量少而易于过滤的悬浮液。加压过滤可提高推动力，但对设备的强度和严密性有较高的要求，其所加压力要受到滤布强度、堵塞、滤饼可压缩性以及对滤液清洁度要求程度的限制。真空过滤的推动力较重力过滤强，能适应很多过滤过程的要求，因而应用较广，但它要受到大气压力与溶液沸点的限制，且需要设置专门的真空装置。离心过滤效率高、占地面积小，因而在生产中得到广泛应用。

二、过滤材料介质的选择

化工生产上所用的过滤介质需具备下列基本条件。

① 必须具有多孔性，使滤液易通过，且空隙的大小应能截留悬浮液粒；

② 必须具有化学稳定性，如耐腐蚀性、耐热性等；

③ 有足够的机械强度。

常用的过滤介质种类比较多，一般可归纳为粒状介质（如细砂、石砾、玻璃碴、木炭、骨灰、酸性白土等，适于过滤固相含量极少的悬浮液）、织物介质（可由金属或非金属丝织成）、多孔性固体介质（如多孔陶瓷板及管、多孔玻璃、多孔塑料等）。

三、过滤过程安全技术

固体可能的毒性或可燃性以及易燃溶剂的应用，使得过滤操作有着固有的危险。必须认真考虑液压及介质故障的影响，如滤布迸裂使得未过滤的悬浮液通过等。如果过滤出的物质在工厂条件下可以发生反应，在过滤机的设计和定位中必须格外小心，因为过滤机壳体中物质的浓度比物料或滤液的大。

过滤机按操作方法分为间歇式和连续式。从操作方式看，连续式过滤比间歇式过滤安全。连续式过滤循环周期短，能自动洗涤和自动卸料，其过滤速度比间歇式过滤高，并且操作人员脱离了与有毒物料的接触，因此比较安全。间歇式过滤由于卸料、装合过滤机、加料等各项辅助操作的经常重复，所以较连续式过滤周期长，并且人工操作，劳动强度大，直接接触毒物，因此不安全。

(1) 加压过滤 当过滤过程中能散发有害或爆炸性气体时，不能采用敞开式过滤机操作，要采用密闭式过滤机，并且以压缩空气或惰性气体保持压力。在取滤渣时，应先放压力，否则会发生事故。

(2) 离心过滤 应注意其选材和焊接质量，并且应限制其转鼓直径与转速，以防止转鼓承受高压而引起爆炸。因此，在有爆炸危险的生产中，最好不使用离心过滤机，而采用真空过滤机。

离心过滤机超负荷运转、时间过长，转鼓磨损或腐蚀、启动速度过高均有可能导致事故的发生。对于上悬式离心机，当负荷不均匀时，运转会发生剧烈振动，不仅磨损轴承，而且能使转鼓撞击外壳而发生事故。转鼓高速运转，也可能由外壳中飞出而造成重大事故。当离心机无盖或防护装置不良时，工具或其他杂物有可能落入其中，并以很高速度飞出伤人。即使杂物留在转鼓边缘，也很可能引起转鼓振动造成其他危险。

不停车或未停稳时清理器壁，铲勺会从手中脱飞，使人受伤。在开停离心机时，不要用手帮忙以防发生事故。

当处理具有腐蚀性的物料时，不应使用铜质转鼓而应采用钢质衬铅或衬硬橡胶的转鼓。并应经常检查衬里有无裂缝，以防腐蚀性物料由裂缝腐蚀转鼓。镀锌、陶瓷或铝制转鼓，只能用于速度较慢、负荷较低的情况下，为了安全，还应有特殊的外壳保护。此外，操作过程中加料不匀，也会导致剧烈振动，应引起注意。

离心机应装有限速装置，在有爆炸危险的厂房中，其限速装置不得因摩擦、撞击而发热或产生火花；同时，注意不要选择临界速度操作。

第九节　干燥知识及安全技术

一、干燥过程及危险性分析

化工生产中的固体物料，总是或多或少含有湿分（水或其他液体），为了便于加工、使用、运输和储藏，往往需要将其中的湿分除去。除去湿分的方法有多种，如机械去湿、吸附去湿、供热去湿，其中用加热的方法使固体物料中的湿分汽化并除去的方法称为干燥，干燥能将湿分去除得比较彻底。

1. 干燥过程

干燥按操作压强可分为常压干燥和减压干燥，其中减压干燥主要用于处理热敏性、易氧化或要求干燥产品中湿分含量很低的物料；按操作方式可分为间歇式干燥与连续式干燥，间歇式干燥用于小批量、多品种或要求干燥时间很长的场合；按干燥介质类别可划分为空气、烟道气或其他介质的干燥；按干燥介质与物料流动方式可分为并流、逆流和错流干燥。

干燥在生产过程中的作用主要有以下两个方面。

① 对原料或中间产品进行干燥，以满足工艺要求。如以湿矿生产硫酸时，为满足反应要求，先要对尾砂进行干燥，尽可能除去其水分。

② 对产品进行干燥，以提高产品中的有效成分，同时满足运输、储藏和使用的需要。如化工生产中的聚氯乙烯、碳酸氢铵、尿素，其生产的最后一道工序都是干燥。

干燥按其热量供给湿物料的方式，可分为以下几种。

① 传导干燥。湿物料与加热介质不直接接触，热量以传导的方式通过固体壁面传给湿物料。此法热能利用率高，但物料湿度不宜控制，容易过热变质。

② 对流干燥。热量通过干燥介质（某种热气流）以对流方式传给湿物料。干燥过程中，干燥介质与湿物料直接接触，干燥介质供给湿物料汽化所需要的热量，并带走汽化后的湿分蒸气。所以，干燥介质在干燥过程中既是载热体又是载湿体。在对流干燥中，干燥介质的温度容易调控，被干燥的物料不易过热，但干燥介质离开干燥设备时，还带有相当一部分热能，故对流干燥的热能利用程度较差。在对流干燥过程中，最常用的干燥介质是空气，湿物料中的湿分大多为水。

③ 辐射干燥。热能以电磁波的形式由辐射器发射至湿物料表面，被湿物料吸收后再转变为热能将湿物料中的湿分汽化并除去，如红外线干燥器。辐射干燥生产强度大，产品洁净且干燥均匀，但能耗高。

④ 介电加热干燥。将湿物料置于高频电场内，在高频电场的作用下，物料内部分子因振动而发热，从而达到干燥目的。电场频率在300MHz以下的称为高频加热，频率在300～300×10^3MHz的称为微波加热。

2. 干燥过程的危险性分析

干燥过程中要严格控制温度，防止局部过热，以免造成物料分解爆炸。在干燥过程中散发出来的易燃易爆气体或粉尘，不应与明火和高温表面接触，防止燃爆。

在干燥方法中，间歇式干燥比连续式干燥危险。因为在间歇式干燥操作过程中，操作人员不但劳动强度大，而且还需在高温、粉尘或有害气体的环境下操作，工艺参数的可变性也增加了操作的危险性。

① 间歇式干燥。间歇式干燥的物料大部分靠人力输送，热源采用热空气自然循环或鼓风机强制循环，温度较难控制，易造成局部过热引起物料分解，造成火灾或爆炸。干燥过程

中所产生的易燃气体和粉尘，同空气混合达到爆炸极限时，遇明火、炽热表面和高温即燃烧爆炸。因此，在干燥过程中，应严格控制温度。根据具体情况，应安装温度计、温度自动调节装置、自动报警装置以及防爆泄压装置。

当干燥物料中含有自燃点很低或含有其他有害杂质时，必须在干燥前彻底清除掉。干燥室内也不得放置容易自燃的物质。

在用电烘箱烘烤能够蒸发易燃蒸气的物质时，电炉丝应完全封闭，箱上应加防爆门。

干燥室与生产车间应用防火墙隔绝，并安装良好的通风设备，一切电气设备开关（非防爆的）应安装在室外。电热设备应与其他设备隔离。

在干燥室或干燥箱内操作时，应防止可燃的干燥物直接接触热源，以免引起燃烧。

② 连续式干燥。连续式干燥采用机械化操作，干燥过程连续进行，因此物料过热的危险性较小，且操作人员脱离了有害环境，所以连续式干燥较间歇式干燥安全。在洞道式、滚筒式干燥中，主要是防止产生机械伤害。因此，应有联系信号及各种防护装置。

在气流干燥、喷雾干燥、沸腾床干燥以及滚筒式干燥中，多以烟道气、热空气为干燥热源。干燥过程中所产生的易燃气体和粉尘同空气混合易达到爆炸极限，必须严加防止。在气流干燥中，物料由于迅速运动，相互激烈碰撞、摩擦易产生静电。滚筒式干燥中的刮刀，有时和滚筒壁摩擦产生火花，这些都是很危险的。因此，应该严格控制干燥气流风速，并将设备接地；对于滚筒式干燥应适当调整刮刀与筒壁间隙，并将刮刀牢牢固定，或采用有色金属材料制造刮刀，防止产生火花。利用烟道气直接加热可燃物时，在滚筒或干燥器上应安装防爆片，以防烟道气混入一氧化碳而引起爆炸。同时注意加热均匀，绝对不可断料，滚筒不可中途停止运转。若有断料或停转，应切断烟道气并通入氮气。对性质不稳定、容易氧化分解的物料进行干燥时，滚筒转速宜慢，要防止物料落入转动部分；转动部分应有良好的润滑和接地措施。含有易燃液体的物料不宜采用滚筒干燥。

在干燥中注意采取措施，防止易燃物料与明火直接接触。对易燃易爆物质采用流速较大的热空气干燥时，排气用的设备和电动机应采用防爆的，并定期清理设备中的积灰和结疤。

③ 真空干燥。在干燥易燃、易爆的物料时，最好采用连续式或间歇式真空干燥比较安全。因为在真空条件下，易燃液体蒸发速度快，干燥温度可适当控制得低一些，从而可以防止由于高温引起物料局部过热和分解，以降低火灾、爆炸的可能性。

当干燥后消除真空时，一定要等到温度降低后才能放进空气，否则，空气过早进入，有可能引起干燥物着火或爆炸。

二、干燥过程安全控制

1. 物料控制

（1）物料的性质和形状 湿物料的化学组成、物理结构、形状和大小、物料层的厚薄，以及与物料的结合方式等，都会影响干燥速率。在干燥第一阶段，尽管物料的性质对于干燥速率影响很小，但物料的形状、大小、物料层的厚薄等将影响物料的临界含水量。在干燥第二阶段，物料的性质和形状对于干燥率有着决定性的影响。

（2）物料的湿度 物料的湿度越高，干燥速率越快。但干燥过程中，物料的温度与干燥介质的温度和湿度有关。

（3）物料的含水量 物料的最初、最终和临界含水量决定干燥各阶段所需时间的长短。

（4）干燥介质的温度和湿度 干燥介质温度越高、湿度越低，则干燥第一阶段的干燥速率越快，但应以不损坏物料为原则，特别是对热敏性物料，更应注意控制干燥介质的温度。有些干燥设备采用分段中间加热的方式，可以避免介质温度过高。

（5）干燥介质的流速和流向 在干燥第一阶段，提高气速可以提高干燥速率。介质的流动方向垂直于物料表面时的干燥速率比平行时要大。在干燥第二阶段，气速和流向对干燥速率影响很小。

2. 安全运行操作条件

有了合适的干燥器，还必须确定最佳的工艺条件，在操作中注意安全控制和调节，才能完成干燥任务。

工业生产中的对流干燥，由于所采用的干燥介质不一，所干燥的物料多种多样，且干燥设备类型很多，加之干燥机理复杂，至今仍主要以实验手段和经验来确定干燥过程的最佳条件。

对于一个特定的干燥过程，干燥器一定，干燥介质一定，同时湿物料的含水量、水分性质、温度以及要求的干燥质量也一定。这样，能调节的参数只有干燥介质的流量，进、出干燥器的温度，出干燥器时废气的湿度。但这四个参数是相互关联和影响的，当任意规定其中的两个参数时，另外两个参数也就确定了，即在对流干燥操作中，只有两个参数可以作为自变量而加以调节。在实际操作中，主要调节的参数是进入干燥器的干燥介质的温度和流量。

为强化干燥过程，提高其经济性，干燥介质预热后的温度应尽可能高一些，但要保持在物料允许的最高温度范围内，以避免物料发生质变。

同一物料在不同类型的干燥器中干燥时，允许的介质进口温度不同。例如，在箱式干燥器中，由于物料静止，只与物料表面直接接触，容易过热，因此应控制介质的进口温度不能太高；而在转筒、沸腾、气流等干燥器中，由于物料在不断翻动，表面更新快，干燥过程均匀、速率快、时间短，因此，介质的进口温度可较高。

增加空气的流量可以增加干燥过程的推动力，提高干燥速率。但空气流量的增加，会造成热损失增加，热量利用率下降，同时还会使动力消耗增加；气速的增加，会造成产品回收负荷增加。生产中，要综合考虑温度和流量的影响，合理选择。

当干燥介质的出口温度升高时，废气带走的热量多，热损失大；如果介质的出口温度太低，则含有相当多水汽的废气可能在出口处或后面的设备中析出水滴（达到露点），这将破坏正常的干燥操作。实践证明，对于气流干燥器，要求介质的出口温度较物料的出口温度高10～30℃或较其进口时的绝热饱和温度高20～50℃，否则，可能会导致干燥产品返潮，并造成设备的堵塞和腐蚀。

干燥介质出口时的相对湿度增加，可使一定量的干燥介质带走的水汽量增加，降低操作费用。但相对湿度增加，会导致过程推动力减小，完成相同干燥任务所需的干燥时间增加或干燥器尺寸增大，可能使总的费用增加。因此，必须全面考虑，并根据具体情况，分别对待。对气流干燥器，由于物料在设备内的停留时间短，为完成干燥任务，一般控制出口介质中的水汽分压低于出口物料表面水汽分压的50%；对转筒干燥器，则出口介质中的水汽分压可高些，可达与之接触的物料表面水汽分压的50%～80%。

对于一台干燥设备，干燥介质的最佳出口温度和湿度应通过操作实践来确定，并根据生产中的饱和温度及时调节。生产上控制、调节介质的出口温度和湿度主要是通过控制、调节介质的预热温度和流量来实现的。例如，对同样的干燥任务，加大介质的流量或提高其预热温度，可使介质的相对湿度降低，出口温度上升。

在有废气循环使用的干燥装置中，通常将循环的废气与新鲜空气混合后进入预热器加热，再送入干燥器，以提高传热和传质系数，减少热损失，提高热能的利用率。但空气量大时，使进入干燥器的湿度增加，将使过程的传质推动力下降。因此，采用循环废气操作时，应根据实际情况，在保证产品质量和产量的前提下，调节适宜的循环比。

干燥操作的目的是将物料的含水量降至规定的指标之下，且不出现龟裂、焦化、变色、氧化和分解等物理和化学性质上的变化；干燥过程的经济性主要取决于热能消耗及热能的利用率。因此，生产中应从实际出发，综合考虑，选择适宜的操作条件，以达到优质、高产、低耗的目标。

第十节 粉碎、筛分和混合知识及安全技术

一、粉碎知识及安全技术

在化工生产中，为了满足生产工艺的要求，常常需将固体物料粉碎或研磨成粉末以增加其表面积，进而缩短化学反应的时间。将大块物料变成小块物料的操作称为粉碎或破碎；而将小块变成粉末的操作称为研磨。

1. 粉碎方法

粉碎分为湿法与干法两类。干法粉碎是最常用的方法，按被粉碎物料的直径尺寸可分为粗碎（直径范围为50～1500mm）、中碎（直径范围为5～50mm）和细碎（直径范围为＜5mm）。

粉碎方法按实际操作时的作用力可分为挤压、撞击、研磨、劈裂等。根据被粉碎物料的物理性质和其块度大小，以及所需的粉碎度进行粉碎方法的选择。一般对于特别坚硬的物料，挤压和撞击有效，对于韧性物料用研磨较好，而对脆性物料以劈裂为宜。

2. 粉碎过程危险性与安全控制技术

粉碎的危险主要由机械故障、机械及其所在的建筑物内的粉尘爆炸、精细粉料处理伴生的毒性危险以及高速旋转元件的断裂引起。

机械危险可由充分的防护以及严格的“允许工作”系统的维修控制降至最低限度。高速运转机械的设计应该有足够的安全余量解决可以预见的误操作问题。物质经过研磨，其温度的升高可以测定出来，一般约40℃，但局部热点的温度很高，可以起火源的作用。静电的产生和轴承的过热也是问题。内部的粉尘爆炸在一定的条件下会引起二次爆炸。

粉碎过程中，关键部分是粉碎机，对于粉碎机必须符合以下安全条件。

① 加料、出料最好是连续化、自动化；

② 具有防止粉碎机损坏的安全装置；

③ 产生粉末应尽可能少；

④ 发生事故能迅速停车。

对于各类粉碎机，必须有紧急制动装置，必要时可迅速停车。运转中的粉碎机严禁检查、清理、调解和检修。如果粉碎机加料口与地面一般平，或低于地面不到1m，均应设安全格子。

为了保证安全操作，破碎装置周围的过道宽度必须大于1m，如果粉碎机安装在操作台上，则操作台与地面之间的高度应在1.5～2.0m。操作台必须坚固，沿台周边应设高1m的安全护栏。

为防止金属物件落入破碎装置，必须装设磁性分离器。

圆锥式破碎面应装设防护板，以防固体物料飞出伤人。还要注意加入粉碎机的物料块度不应大于其破碎性能。

球磨必须具有一个带抽风管的严密外壳。如研磨具有爆炸性的物质，则内部需衬以橡皮或其他柔性材料，同时需采用青铜球。

对于各类粉碎、研磨设备要密闭，操作室要有良好通风，以减少空气中粉尘含量。必要

时，室内可装设喷淋设备。

加料斗需用耐磨材料制成，应严密。在粉碎时料斗不得卸空，盖子要盖严。

对于能产生可燃粉尘的研磨设备，要有可靠的接地装置和爆破片。要注意设备润滑，防止摩擦发热。对于研磨易燃、易爆物质的设备，要通入惰性气体进行保护。

为确保安全，对初次研磨的物料，应事先在研钵中进行试验，以了解是否黏结、着火，然后正式进行机械研磨。可燃物料研磨后，应先行冷却，然后装桶，以防止发热引起燃烧。

粉末输送管道应消除粉末沉积的可能，为此，输送管道与水平方向夹角不得小于45°。

当发现粉碎系统中的粉末阴燃或燃烧时，必须立即停止送料，并采取措施断绝空气来源，必要时充入氮气、二氧化碳以及水蒸气等惰性气体。但不宜使用加压水流或泡沫进行补救，以免可燃粉尘飞扬，使事故扩大。

二、筛分知识及安全技术

1. 筛分操作

在化工生产中，为满足生产工艺要求，常常将固体原材料、产品进行颗粒分级。通常用筛子按固体颗粒度（块度）分级，选取符合工艺要求的粒度，这一操作过程称为筛分。

筛分分为人工筛分和机械筛分。筛分所采用的设备是筛子，筛子分固定筛及运动筛两类。若按筛网形状又可分为转筒式和平板式两类。在转筒式运动筛中又有圆盘式、滚筒式和链式等；在平板式运动筛中，则有摇动式和簸动式。

物料粒度是通过筛网孔眼尺寸控制的。在筛分过程中，有的是筛下部分物料符合工艺要求；有的是筛余物符合工艺要求。根据工艺要求还可进行多次筛分，去掉颗粒较大和较小部分而留取中间部分。

2. 筛分过程危险性分析及安全技术

人工筛分劳动强度大，操作者直接接触粉尘，对呼吸器官和皮肤都有很大危害。而机械筛分大大减轻体力劳动，减少与粉尘接触机会，如能很好密闭，实现自动控制，操作者将摆脱粉尘危害。

从安全技术角度考虑，筛分操作要注意以下几个方面。

① 在筛分过程中，粉尘如果具有可燃性，应注意因碰撞和静电而引起粉尘燃烧、爆炸；如粉尘具有毒性、吸水性或腐蚀性，要注意呼吸器官及皮肤的保护，以防引起中毒或皮肤伤害。

② 要加强检查，注意筛网的磨损和筛孔堵塞、卡料，以防筛网损坏和混料。

③ 筛分操作是大量扬尘过程，在不妨碍操作、检查的前提下，应将其筛分设备最大限度地进行密闭。

④ 振动筛会产生大量噪声，应采用隔离等消声措施。

⑤ 筛分设备的运转部分要加防护罩以防铰伤人体。

三、混合知识及安全技术

1. 混合过程

凡使两种以上物料相互分散，从而达到温度、浓度以及组成一致的操作，均称为混合。混合分液态与液态物料的混合、固态与液态物料的混合和固态与固态物料的混合。混合操作是用机械搅拌、气流搅拌或其他混合方法完成的。

2. 混合过程的危险性及安全技术

混合依据不同的相及其固有的性质，有着特殊的危险，还有与动力机械有关的普通的机械危险，所以混合操作也是一个比较危险的过程。要根据物理性质（如腐蚀性、易燃易爆性、粒度、黏度等）正确选用设备。

对于利用机械搅拌进行混合的操作过程，其桨叶的强度是非常重要的。首先桨叶制造要符合强度要求，安装要牢固，不允许产生摆动。在修理或改造桨叶时，应重新计算其坚牢度。加长桨叶时，还应重新计算所需功率。因为桨叶消耗能量与其长度的五次方成正比。若忽视这一点，可能导致电机超负荷以及桨叶折断等事故发生。

搅拌器不可随意提高转速，尤其当搅拌非常黏稠的物料时。随意提高转速也可造成电机超负荷、桨叶断裂以及物料飞溅等。因此，对黏稠物料的搅拌，最好采用推进式及透平式搅拌机。为防止超负荷造成事故，应安装超负荷停车装置。

对于混合操作的加料、出料，应实现机械化、自动化。

当搅拌过程中物料产生热量时，如因故停止搅拌，会导致物料局部过热。因此，在安装机械搅拌的同时，还要辅以气流搅拌，或增设冷却装置。有危险的气流搅拌的尾气应加以回收处理。

当混合能产生易燃、易爆或有毒物质时，混合设备应很好密闭，并且充入惰性气体加以保护。

对于可燃粉料的混合，设备应良好接地以消除静电，并在设备上安装爆破片。

混合设备中不允许落入金属物件，以防卡住叶片，烧毁电机。

① 液-液混合。液-液混合一般是在有电动搅拌的敞开或密闭容器中进行的。应依据液体的黏度和所进行的过程，如分散、反应、除热、溶解或多个过程的组合，设计搅拌。还需要有仪表测量和报警装置强化的工作保证系统。装料时就应开启搅拌，否则，反应物分层或偶尔结一层外皮会引起危险反应。为使夹套或蛇管有效除热，在必须开启搅拌的情况下，在设计中应充分估计到失误，如机械、电器和动力故障的影响以及与过程有关的危险也应该考虑到。

对于低黏度液体的混合，一般采用静止混合器或某种类型的高速混合器，除去与旋转机械有关的普通危险外，没有特殊的危险。对于高黏度流体，一般是在搅拌机或碾压机中处理，必须排除混入的固体，否则会构成对人员和机械的伤害。对于爆炸混合物的处理，需要应用软墙或隔板隔开，远程操作。

② 气-液混合。有时应用喷雾器把气体喷入容器或塔内，借助机械搅拌实现气体的分配。很显然，如果液体是易燃的，而喷入的是空气，则可在气液界面之上形成易燃蒸气-空气的混合物、易燃烟雾或易燃泡沫。需要采取适当的防护措施，如整个流线的低流速或低压报警、自动断路、防止静电产生等，才能使混合顺利进行。如果是液体在气体中分散，可能会形成毒性或易燃性悬浮微粒。

③ 固-液混合。固-液混合可在搅拌容器或重型设备中进行。如果是重质混合，必须移除一切坚硬的无关物质。在搅拌容器内固体分散或溶解操作中，必须考虑固体在器壁的结垢和出口管线的堵塞。

④ 固-固混合。固-固混合用的总是重型设备，此操作最突出的是机械危险。如果固体是可燃的，必须采用防护措施把粉尘爆炸危险降至最低程度，如在惰性气氛中操作，采用爆炸卸荷防护墙设施，消除火源，要特别注意静电的产生或轴承的过热等。应该采用筛分、磁分离、手工分类等移除杂金属或过硬固体等。

⑤ 气-气混合。无须机械搅拌，只要简单接触就能达到充分混合。易燃混合物和爆炸混合物需要惯常的防护措施。

第十一节　化工单元操作安全事故案例分析

一、物料输送事故

1995 年 11 月 4 日，某市造漆厂树脂车间发生火灾。

1. 事故经过

11 月 4 日 21 时 50 分，某市造漆厂树脂车间工段 B 反应釜加料口突然发生爆炸，并喷出火焰，烧着了加料口的帆布套，并迅速引燃堆放在加料口旁的 2176kg 松香，松香被火熔化后，向四周及一楼流散，使火势顷刻间扩大。当班工人一边用灭火器灭火，一边向消防部门报警。市消防队于 22 时 10 分接警后迅速出动，经过消防官兵的奋战，于 23 时 30 分将大火扑灭。

这起火灾烧毁厂房 756m^3，仪器仪表 240 台，化工原料产品 186t 以及设备、管道，造成直接经济损失 120.1 万元。

2. 事故原因

造成这起火灾事故的直接原因，是 B 反应釜内可燃气体受热媒加热到引燃温度，被引燃后冲出加料口而蔓延成灾。

造成事故的间接原因，一是工艺、设备存在不安全因素，在树脂生产过程中，按规定投料前要用 200 号溶剂汽油对反应釜进行清洗，然后必须将汽油全部排完，但在实际操作中操作人员仅靠肉眼观察是否将汽油全部排完，且观察者与操作者分离，排放不净的可能性随时存在，在以前曾经发生过两次喷火事件，但均未引起领导重视，也没有认真分析原因和提出整改措施，致使养患成灾；二是物料堆放不当，导致小火酿大灾，按规定树脂反应釜物料应从 3 层加入，但由于操作人员图方便，将松香堆放在 2 层反应釜旁并改从 2 层投料，反应釜喷火后引燃松香，并大量熔化流散，使火势迅速蔓延；三是消防安全管理规章制度不落实、措施不到位，而且具体生产中的安全操作要求、事故防范措施及异常情况下的应急处置都没有落到实处。

二、加热事故

1995 年 1 月 13 日，陕西省某化肥厂发生再生器爆炸事故，造成 4 人死亡、多人受伤。

1. 事故经过

陕西省某化肥厂铜氨液再生由回流塔、再生器和还原器完成。1 月 13 日 7 时，再生系统清洗置换后打开再生器人孔和顶部排气孔。当日 14 时采样分析再生器内氨气含量为 0.33%、氧气含量为 19.8%，还原器内氨气含量为 0.66%、氧气含量为 20%。14 时 30 分，用蒸汽对再生器下部的加热器试漏，技术员徐某和陶某戴面具进入再生器检查。因温度高，用消防车向再生器充水降温。15 时 30 分，用空气试漏，合成车间主任熊某等二人戴面具再次从再生器人孔进入检查。17 时 20 分，在未对再生器内采样分析的情况下，车间主任李某决定用 0.12MPa 蒸汽第三次试漏，并四人一起进入，李某用哨声对外联系关停蒸汽，工艺主任王某在人孔处进行监护。17 时 40 分再生器内混合气发生爆炸。除一人负重伤从器内爬出外，其余三人均死在器内，人孔处王某被爆炸气浪冲击到氨洗塔平台死亡。生产副厂长赵某、安全员蔡某和机械员魏某均被烧伤。

2. 事故原因分析

(1) 直接原因　经调查认为，这起事故的直接原因主要是在再生器系统清洗、置换不彻底的情况下，用蒸汽对再生器下部的加热器试漏（等于用加热器加热），使残留和附着在器壁等部件上的铜氨液（或沉积物）解析或分解，析出一氧化碳、氨气等可燃气体与再生器内空气形成混合物达到爆炸极限，遇再生器内试漏作业产生的机械火花（不排除内衣摩擦静电火花）引起爆炸。

（2）间接原因 事故暴露出作业人员有章不循，没有执行容器内作业安全要求中关于“作业中应加强定时监测”“做连续分析并采取可靠通风措施”的规定，在再生器内作业时间长达3h40min，未对其内进行取样分析，也未采取任何通风措施，致使容器内积累的可燃气体混合物达到爆炸极限，说明这起事故是由该单位违反规定而引起的责任事故。

三、蒸发事故

2004年9月9日，江苏省某化工厂蒸发岗位发生尿液喷发事故，造成人员烫伤。

1. 事故经过

2004年9月9日7时30分左右，化工厂四车间蒸发岗位，由于蒸汽压力波动，导致造粒喷头堵塞，当班车间值班主任王某迅速调集维修工4人上塔处理。操作工李某看看将到8时下班交班时间，手里拿一套防氨过滤式防毒面具，一路来到64m高的造粒塔上，查看检修进度。维修工们用撬杠撬离喷头，李某站在维修工们的身后仔细观察。当法兰刚撬开一个缝，这时一股滚烫的尿液突然直喷出来，维修工们眼尖腿快迅速躲闪跑开。李某躲闪不及，尿液扑了他满脸半身，当即昏倒在地，并造成裸露在外面的脸、脖颈、手臂均受到伤害，面额局部Ⅱ度烫伤。

2. 事故原因

李某防护技能差。在他上塔查看维修工的检修进度时，只一味地想看个究竟，位置站得太靠前。当法兰撬开时，反应迟钝、躲闪慢，是导致他烫伤的直接原因。李某自我防范意思淡薄，疏于防范。当他提醒别人注意安全的同时，完全忘记了自己也处在极度危险的环境中。虽然他手里拿有防氨过滤式防毒面具，但未按规定佩戴，只是把防护器材当作一种摆设，思想麻痹大意不重视，缺乏防范警惕性，是导致他烫伤的主要原因。

该车间安全管理不到位。在一个不足$6m^3$的狭窄检修现场，却集中6人，人员拥挤，不易疏散开。更严重的是，检修现场进入了与检修无关的人员，实属不应该，是事故发生的一个重要原因。

该车间安全技术培训不到位，维修工人们自顾自地检修而没有考虑周围环境情况是否发生了不利于检修的变化；检修现场人员自我防范意识太差，拿着防护用具不用。总结为检修前安全教育不到位，检修的维修工缺乏严格的检查，安全措施未严格的落实到位，执行力差。

四、蒸馏事故

2002年10月16日，江苏某农药厂在试生产过程中，发生逼干釜爆炸事故，造成逼干釜报废，厂房结构局部受到损坏，4名在现场附近的作业人员被不同程度地灼伤。

1. 事故经过

亚磷酸二甲酯（以下简称二甲酯）属于有机化合物，广泛应用于生产草甘膦、氧化乐果、敌百虫农药产品，也可作脂肪产品的阻燃剂、抗氧化剂的原料。工业化生产是用甲醇和三氯化磷直接反应脱酸蒸馏制得，此工艺的副反应物为亚磷酸、氯甲烷、氯化氢，氯甲烷经水洗、碱洗、压缩后回收利用或作为成品出售，氯化氢经吸收后也可作为商品盐酸出售，而亚磷酸则存于二甲酯蒸馏残液中，残液中二甲酯含量一般在20%左右。为了回收残液中的二甲酯，在蒸馏釜中习惯采用长时间减压蒸馏的方法，俗称“逼干”蒸馏。尽管采用了这种比较温和的蒸馏方法，但是由于系统中残液沸点比较高，加上残液的密度、黏度较大，釜内物料流动性比较差，物料容易分解，因此，在蒸馏过程中容易发生火灾、鸣爆事故。

该农药厂在试生产过程中，发生了逼干釜爆炸事故。“逼干”蒸馏了20多个小时的残液，在关闭热蒸汽1h后突然发生爆炸，伴生的白色烟气冲高20多米，爆炸导致连续锅盖法兰的48根内径为18mm螺栓被全部拉断，爆炸产生拉力达3.9×10^6N以上，釜身因爆炸反作用力陷入水泥地面50cm左右，厂房结构局部受到损坏，4名在现场附近的作业人员被不同程度地灼伤。

2. 事故原因

(1)“逼干釜”连续加热，造成系统温度异常升高　由于降温减压操作不当，压力控制过高，特别是“逼干釜”经过连续长时间的加热，蒸汽温度超过了170℃，导致相当一部分有机磷物质分解。而且在分解时，由于加热釜热容量大，物料流动性差，加热面和反应界面上物料会首先发生分解，分解的结果又会使局部温度上升，引起更大范围的物料分解，从而促使系统内温度进一步上升。

(2)仪表检测误差和反应迟缓，使系统高温不能及时察觉　除了仪表本身的固有误差即仪表精度外，更主要的取决于被测物料的性质和检测点插入的位置等因素。看起来仪表检测到系统的最高温度为178℃，其实对于这样一个测温滞后时间较长的系统来说，实际温度早已大大超过了178℃，特别是对于一个温度急剧上升的系统，可能测温仪表还没有来得及完全反应爆炸就发生了，因此，仪表记录到的温度与系统内真实温度的误差至少有数十度，从这一点也可说明系统物质已长时间处于过热状态，为系统内物料发生分解提供了条件。

五、过滤事故

1998年5月30日，黑龙江省某化工厂，发生一起氧气压缩机（简称氧压机）过滤器爆炸事故，过滤器烧毁，仪表、控制电缆全部烧坏，迫使氧压机停车1个月。

1. 事故经过

5月30日某时，操作人员突然听到一声巨响，看到大量浓烟从氧压机防爆间内冒出。操作工立即停氧压机并关闭入口阀和出口阀，灭火系统自动向氧压机喷氮气，消防人员立刻赶到现场对爆炸引燃的仪表、控制电缆进行灭火，防止了事故进一步扩大。事后对氧压机进行检查发现，中间冷却器过滤器被烧毁，并引燃了仪表、控制电缆。

2. 事故原因

从现场检查发现，被烧毁的过滤器外壳呈颗粒状，系燃烧引起的爆炸，属化学爆炸。经分析最后确定为铁锈和焊渣在氧气管道中受氧气气流冲刷，积聚在中间冷却器过滤网处，反复摩擦产生静电，当电荷积聚至一定量时发生火花放电，引燃了过滤器发生爆炸。

燃烧应具备三个条件即可燃物、助燃物、引燃能量。这三个条件要同时具备，也要有一定的量相互作用，燃烧才会发生。铁锈和焊渣即可燃物，而铁锈和焊渣的来源是设备停置时间过长没有采取有效保护措施而产生锈蚀，安装后设备没有彻底清除焊渣。能量来源是铁锈和焊渣随氧气高速流动时产生静电，静电电位可高达数万伏。当铁锈和焊渣随氧气流到过滤器时被滞留下来，铁锈和焊渣越积越多，静电能也随之增大。铁锈的燃点和最小引燃能量均低。如铁锈粉尘的平均粒径为100～150mm时，燃点温度为240～439℃，较金属本身的熔点低很多，当发生火花放电且氧浓度高时，就发生了燃烧爆炸。

六、干燥事故

1991年12月6日，河南某制药厂一分厂干燥器内烘干的过氧化苯甲酰发生化学分解强力爆炸，死亡4人，重伤1人，轻伤2人，造成直接经济损失15万元。

1. 事故经过

该厂的最终产品是面粉改良剂，过氧化苯甲酰是主要配入药品。这种药品属危险化学物品，遇过热、摩擦、撞击等会引起爆炸，为避免外购运输中发生危险，故自己生产。

1991年12月4日8时，工艺车间干燥器的第五批过氧化苯甲酰105kg，按工艺要求，需干燥8h，至下午停机。由化验室取样化验分析，因含量不合格，需再次干燥。次日9时，将干燥不合格的过氧化苯甲酰装入干燥器。恰遇5日停电，一天没开机。12月6日上午8时，当班干燥工马某对干燥器进行检查后，由干燥工苗某和化验员胡某二人去锅炉房通知锅炉工杨某送热汽，又到制冷房通知王某开真空，后胡、苗二人又回到干燥房。9时左右，张某喊胡某去化验。下午2时停抽真空，在停抽真空15min左右，干燥器内的干燥物过氧化苯甲酰发生化学爆炸，共炸毁车间上下两层5间、粉碎机1台、干燥器1台，干燥器内蒸汽排管在屋内向南移动约3m，外壳撞到北墙飞出8.5m左右，楼房倒塌，造成重大人员伤亡事物。

2. 事故原因

第一分蒸汽阀门没有关，第二分蒸汽阀门差一圈没关严，显示第二分蒸汽阀门进汽量的压力表是0.1MPa。据此判断干燥工马某、苗某没有按照《干燥器安全操作法》要求“在停机抽真空之前，应提前1h关闭蒸汽”的规定执行。在没有关闭两道蒸汽阀门的情况下，下午2时通知停抽真空，造成停抽后干燥器内温度急剧上升，致使干燥物过氧化苯甲酰因遇热引起剧烈分解发生爆炸。

该厂在试生产前对其工艺设计、生产设备、操作规程等未按危险化学物品规定报经安全管理部门鉴定验收。

该厂用的干燥器是仿照许昌制药厂的干燥器自制的，该干燥器适用于干燥一般物品，但干燥危险化学物品过氧化苯甲酰就不一定适用。

七、混合事故

2000年7月17日，河南省某化肥厂合成车间发生爆炸，被迫停产20多个小时，造成一人轻伤，直接经济损失11.5万元。

1. 事故经过

7月17日7时5分，合成车间净化工段一台蒸汽混合器系统运行压力正常，系统中一台蒸汽混合器突然发生爆炸，设备本体倾倒在其附近的另一设备上，上筒节一块900mm×1630mm拼板连同撕裂下的封头部分母材被炸飞至60m外与设备相对高差15m多的车间房顶上，被砸下的房顶碎块，将一职工手臂砸成轻伤。

该设备1997年7月制造完成，1999年2月投入使用，有产品质量证明书、监督检验证明书、竣工图；主体材质：0Cr19Ni9；厚度：14mm；技术参数如表5-1所示。筒体有两个筒节，上筒节由两块900mm×1630mm和900mm×500mm的板拼焊制成；主要进气(汽)、出气(汽)接管材质不详，与管道为焊接连接，结构不尽合理；封头、筒体和焊材选用符合图样和标准规定。

表5-1 工艺操作条件

设计压力/MPa	设计温度/℃	操作压力/MPa	操作温度/℃	介质	焊缝系数
2.4	245	2.2	245	蒸汽伴水汽	1.0

2. 事故原因

经调查，设备破坏的主要原因是硫化氢应力腐蚀。表现为：

① 蒸汽发生器发生爆炸是在低应力情况下发生的。

② 流体介质中含有较高浓度的硫化氢及其他腐蚀性化合物，具有硫化氢应力腐蚀条件。

③ 具备一定的拉应力，蒸汽混合器在系统压力正常运行时突然发生爆炸。

④ 具备一定的温度条件，设备运行温度 245℃。

⑤ 从其断裂特征分析，符合硫化氢应力腐蚀特征；应力腐蚀裂纹缓慢伸展，一旦达到瞬断截面立即快速断裂，是完全脆性的；裂纹扩展的宏观方向与拉应力方向大体垂直；瞬断截面瞬断区有可见的塑性剪切唇。

⑥ 未按图样要求进行钝化处理是产生应力腐蚀的又一重要原因。

【复习思考题】

一、简答题

1. 冷却与冷凝的安全技术有哪些？
2. 如何实现蒸发过程的安全运行操作？
3. 实现吸收过程安全操作应注意哪些事项？
4. 萃取过程危险性因素有哪些？
5. 选择安全的萃取剂，必须注意哪些事项？
6. 简述不同过滤过程的安全操作技术。
7. 简述干燥过程的危险性因素。
8. 简述干燥过程的安全控制技术。
9. 简述筛分过程的安全控制技术。
10. 储存过程的安全注意事项有哪些？

二、分析论述题

1. 分析加热过程的危险性。
2. 试分析蒸发过程的危险性。
3. 简单分析不同蒸馏过程的危险性。
4. 分析粉碎过程的危险性。
5. 分析混合过程的危险性有哪些？

第六章 06 Chapter

典型化工工艺安全技术

学习目标

熟悉掌握合成氨生产过程安全技术，合成尿素工艺安全技术，磷肥生产过程安全技术，煤制气生产过程安全技术，氯碱工业生产安全技术，石油炼制过程安全技术，乙烯生产工艺安全技术，氯乙烯生产及聚合工艺安全技术，己二酸生产过程安全技术，苯酚、丙酮生产过程安全技术。

第一节 合成氨生产过程安全技术

氨合成的主要任务是将脱硫、变换、净化后送来的合格的氢氮混合气，在高温、高压及催化剂存在的条件下直接合成氨。

分析以往大型合成氨装置开停车和操作过程中发生的事故案例，其中设计错误占事故总数的比例为10%～15%；施工安装等错误占总数的14%～16%；设备、机械、管件、控制仪表等方面的缺陷占56%～61%；操作人员错误占13%～15%。大多数的事故、火灾和爆炸是由于各种工艺设备泄漏出可燃气体造成的。

一、氨合成生产过程

工业上合成氨的各种工艺流程，一般都以压力的高低来分类。

高压法压力为70～100MPa，温度为550～650℃；中压法压力为40～60MPa，低者也有用15～20MPa，一般采用30MPa左右，温度为450～550℃；低压法压力为10MPa，温度为400～450℃。中压法是当前世界各国普遍采用的方法，它不论在技术上还是能量消耗、经济效益方面都较优越。国内中型合成氨厂一般采用中压法进行氨的合成，压力一般采用32MPa左右。从国外引进的30万吨大型合成氨厂，压力多为15MPa。合成氨工艺流程如图6-1所示。

从化学平衡和化学反应速率两方面考虑，提高操作压力可以提高生产能力。而且压力高

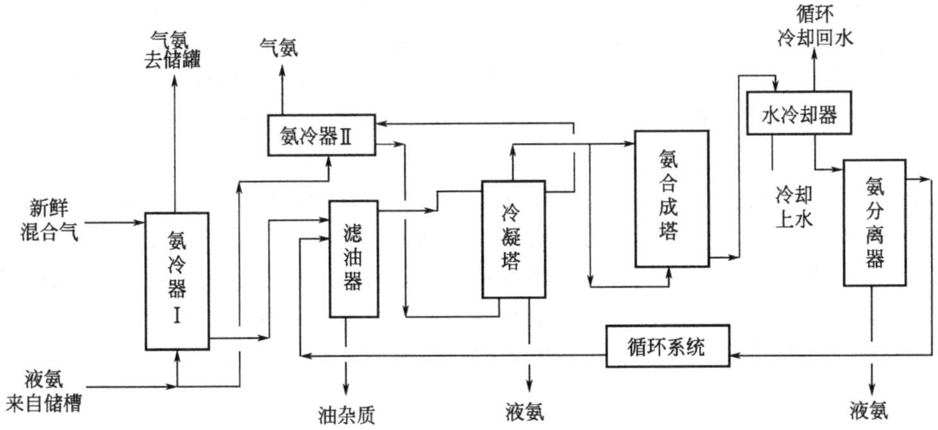

图 6-1　合成氨工艺流程

时，氨的分离流程简单。高压下分离氨，只需水冷却就足够，设备较为紧凑，占地面积也较小。但是，压力高时，对设备材质、加工制造的要求均高。同时，高压下反应温度一般较高，催化剂使用寿命缩短，所有这些都给安全生产带来了困难。

工业上氨的合成有多种流程，但总包括以下步骤。

① 精制的氢氮混合气由压缩机压缩到合成需要的压力。

② 原料气经过最终精制。

③ 净化的原料气升温并合成。

④ 出口气体经冷冻系统分离出液氨，剩下的氢氮混合气用循环压缩机升压后重新导往合成塔。

⑤ 弛放部分循环气以维持气体中惰性气含量在规定值以下。

国内大多数合成氨厂采用两级分氨流程。出合成塔的含氨量为14%～18%的气体经过热量回收后，进入水冷器，水冷器是由无缝钢管做成的耐压排管，外壁喷淋冷却水间接冷却，使气体温度降低到20～30℃，过程中有一部分氨（约占50%）冷凝。气体随即进入第一氨分离器，氨分离器是耐压的圆筒，内有填料或挡板，气体在分离器中曲折流动时液氨雾滴受阻而分离。从氨分离器出来的气体有少量弛放，大部分经过循环机升压。升压的循环气与新鲜原料气汇合入油过滤器，分出往复式循环机带入的油滴，再进入氨冷凝器，氨冷凝器是内装耐压无缝钢管的蛇形盘管或排管的换热器，管内外分别流过气体和液氨，借液氨蒸发而吸收热量，使气体冷冻至−8～0℃，将气体中残余的氨大部分冷凝，冷凝的液氨在冷凝器中被挡板阻拦而分离。新鲜气在氨冷器前汇合进入，使新鲜气中的少量水分、油分、CO、CO_2 以及其他微量催化毒物溶于液氨而得到清除。之后气体送入合成塔再次合成。

此流程的特点是循环压缩机位于氨分离器和氨冷凝器之间，循环气温度较低，有利于压缩机的压缩；新鲜气在油过滤器前加入，使第二次氨分离进一步达到净化目的；放空管线设在循环机的进口，这里惰性气体含量高而氨含量较低，减少了原料气和氨的损失。此外，在15MPa下操作的小型合成氨厂，只是因为压力低，水冷后很少有氨冷凝下来，为保证合成塔入口氨含量的要求，通常设两个串联的氨冷凝器和氨分离器。

凯洛格合成氨流程中新鲜气在离心压缩机的第一缸中压缩，新鲜气经甲烷化换热器、水冷却器及氨冷却器逐步冷却到8℃。除去水分后，新鲜气体进入压缩机第二缸继续压缩，并与循环气在缸内混合，压力升到15.5MPa，温度为69℃，经过水冷却器，气体温度降至38℃。然后气体分为两路，一路约50%的气体经过两级串联的氨冷却器冷却至10℃，另一路气体与高压氨分离器来的−23℃的气体在冷热交换器内换热，降温至−9℃，而来自高压氨分离器的冷气体则升温到24℃。两路气体汇合后温度为－4℃。再经过氨冷却器将气体进一步冷却到－23℃，然后送往高压氨分离器。分离液氨后，含氨2%的循环气经冷热交换器和热热交换器预热到141℃进入轴向冷激式合成塔。高压氨分离器中的液氨经减压后进入低压氨分离器，液氨送去冷冻系统，从低压氨分离器内闪蒸出的弛放气与回收氨后的放空气一起作燃料。

此流程具有以下特点：采用离心式压缩机回收合成氨的反应热，预热锅炉给水；采用三级氨冷、三级闪蒸，将三种不同压力的氨蒸气分别返回离心式压缩机相应的压缩级中，这比全部氨气一次压缩至高压、冷凝后一次蒸发到同样压力的冷冻系数大，功耗少；放空管线位于压缩机循环段之前，此处惰性气体含量最高，但氨含量也最高，由于放空气回收氨，故对氨损失影响不大；氨冷凝在压缩机循环段之后，能够进一步清除气体中夹带的密封油、CO_2等杂质。缺点是循环功耗较大。

与凯洛格流程比较，托普索氨合成工艺流程在压缩机循环段前冷凝分离氨，循环功耗较低；但操作压力较高，仅采用二级氨冷；采用径向合成塔，系统压力降低；由于压力较高，对离心压缩机的要求提高。

新鲜气经过三缸式离心机加压，每缸后均有水冷却器及分离器，以冷却加压后的气体并分离出冷凝水，然后新鲜气与经过第一氨冷器的循环气混合通过第二氨冷器，温度降低到0℃左右，进入氨分离器分离出液氨，从氨分离器出来的气体中约含氨3.6%，通过冷热交换器升温至30℃，进入离心压缩机第三缸所带循环段补充压力，而后经预热进入径向冷激式合成塔。出塔气体通过锅炉给水预热器及各种换热器温度降至10℃左右与新鲜气混合，从而完全循环。

氨合成工艺条件主要包括压力、温度、空间速度、气体组成等。实际生产中，希望合成塔催化剂层中的温度分布尽可能接近最适宜温度曲线。由于催化剂只有在一定的温度条件下才具有较高的活性，还要使最适宜温度在催化剂的活性范围内。如果温度过高，会使催化剂过早地失去活性；而温度过低，达不到活性温度，催化剂起不到加速反应的作用。不同的催化剂有不同的活性温度。同一种催化剂在不同的使用时期，其活性温度也有所不同。

空间速度的大小意味着处理量的大小，在一定的温度、压力下，增大气体空间速度，就加快了气体通过催化剂床层的速度，气体与催化剂接触时间缩短，在确定的条件下，出塔气体中氨含量要降低。对应于每个空间速度，有一个最适宜温度和氨含量。

压力为30MPa的中压法合成氨，空间速度（简称空速）选择2000～3000h^{-1}，氨净值为10%～15%。因合成氨是连续生产工艺，空速可以提高。空速大，处理的气量大，虽然氨净值有所降低但能增加产量。但空速过大，氨分离不完全，增大设备负荷，不利于安全生产。因此，空速也有一个最适宜范围，这不仅决定着氨的产量，也关系着装置的安全生产。

除对压力、温度、空速进行控制外，还应控制进塔气体组成，即不仅要控制进塔氢氮比，还应根据操作压力、催化剂活性等条件对循环气中惰性气体含量加以控制。

二、合成氨过程危险性分析及安全控制技术

合成塔安全操作控制指标见表6-1。

氨合成工序使用的设备有合成塔、分离器、冷凝器、氨蒸发器、预热器、循环压缩机等。可燃气体和氨蒸气与空气混合时有爆炸危险，氨有毒害作用，液氨能烧伤皮肤，生产还采用高温、高压工艺技术条件，所有这些都使装置运行过程具有很大危险性。严格遵守工艺流程，尤其是控制温度条件，它是安全操作的最重要因素。设备和管道内温度剧烈波动时，个别部件会变形，破坏设备。

表 6-1　合成塔安全操作控制指标

控制类别	控制点	控制指标	备　注
温度/℃	催化剂热点 出口气体 一次出口气体 二次出口气体 塔壁 水冷器出口气体	460～520 ≤235 ≤380 ≤130 ≤120 ≤40	碳钢材料带中置锅炉
压力/MPa	进口 进出口压差(轴向塔) 进出口压差(径向塔) 氨气总管	≤31.4 ≤1.77 ≤1.18 ≤0.29	
气体成分	$n(H_2)/n(N_2)$ 循环气中惰性气体含量/%	2.8～3.2 12～22	
其他	电加热器最高电压/V 电加热器电流/A	按设计值 按设计值	

氨合成过程的主要危险性及安全措施如下。

(1) 催化剂一氧化碳中毒　当新鲜空气中一氧化碳和二氧化碳（微量）总含量超过安全指标时，会使合成塔催化剂床层温度波动。其原因是一氧化碳与氢反应生成了水蒸气，它氧化了催化剂中的 α-Fe 使其活性下降。如不及时处理，整个催化剂层温度下跌，使生产无法进行。

催化剂中毒后，合成塔催化剂层温度会出现“上掉下涨”的情况，整个反应下移，系统压力升高等。

一般当一氧化碳、二氧化碳含量在 25～50cm^3/m^3 时，可根据不同含量通知（信号）压缩工段减负荷处理，以减少进入合成塔的有毒气量，并关小塔副阀或调节冷激气量，相应减少循环气量，尽量维持合成塔温度，争取做到“上不掉、下不涨”，同时要联系有关岗位；采取措施，把有毒气的含量降至指标以内。若一氧化碳、二氧化碳含量达到 50～70cm^3/m^3 时，中毒情况加剧，操作情况恶化，催化剂层温度迅速下降，热平衡不能维持时必须快速停止新鲜空气的导入，如遇压缩工段切气不及时，可先打开新鲜空气放空阀，打开阀门的开度要避免新鲜空气压力的大幅度波动，造成临时停车。当精炼气合格，塔导气后上部温度复升，为了不使下部温度在增加循环量时继续上升，可用氨分离器的放空阀排放，适当降低系统压力以减少热点处的氨反应，再视上、下部温度情况加大循环量，亦可采取短时适当提高催化剂层温度 5～10℃等办法使毒物更好解析。另外，在处理中要注意维持氨分离器和冷凝塔液位，尤其对氨分离器液位因氨发生反应的变化而升降明显，需及时注意。

(2) 铜液带入合成塔精炼工段　铜液塔生成负荷重、塔内堵塞、液位计失灵或操作不当等能导致塔后气体大量带铜液。由于夹带铜液在碱洗塔、滤油器等设备内不能彻底分离，就与新鲜空气补入循环气一起进入合成塔内。

铜液带入合成塔对生产危害较大，这是因为铜液中的一氧化碳、二氧化碳和水分会使催化剂暂时中毒，铜液带入合成塔内会使铜液附着在催化剂表面使其失去活性；还会导致使用电炉时短路烧坏电炉丝。一般当冷凝温度、循环氢含量、补充气、循环气量等正常时，发生塔温剧降、系统压力升高等现象，有可能是铜液带入塔内。有效的处理方法是紧急停塔，立即切断新鲜气源，使毒物不再进入系统。具体操作与一氧化碳中毒时基本相同。

此外尚需排放滤油器内铜液并做塔前吹净以彻底清除系统内铜液，还要通知压缩机岗位分离器排除铜液。

(3) 液氨带入合成塔 由于冷凝塔下部氨分离器的液位调节不当或失灵等，就会使液氨带入合成塔。带氨严重时会造成合成塔垮温，甚至还会损坏内件。

液氨带入合成塔时，入塔气体温度下降，进口氨含量升高，催化剂上层温度剧降，系统压力会升高。处理上要通知液位计岗位检查冷凝塔放液阀，降低液位，设法排除液位计失灵故障；本岗位立即减少循环量和关小塔副阀、冷激阀等，以抑制催化剂温度继续下降。当出现系统压力上升情况时，可采用减量和塔后放空的方法。如催化剂层温度降至反应点以下，温度已不能回升，只能停止新鲜气的导入，按升温操作规定，降压开电炉进行升温，待温度上升至反应点后逐步补入新鲜气，当温度回升正常时，应适当加大循环量，防止温度猛升，一般带液氨消除后，温度恢复较快，要提前加以控制。合成塔开始少量带氨时，可以从其他操作条件不变而塔出口温度下降中察觉到，冷凝塔液位的及时检查和调节是防止大量带氨的主要举措。

(4) 氢氮比例失调 氨生产中要达到良好的合成率，循环气中氢氮比控制在2.8～3.2范围内才能实现。一般氢氮比失调是由于新鲜气中氢氮比控制不当所致。处理不及时会造成减量生产，甚至发生催化剂层温度下垮、系统压力猛升的事故，这时只能卸压、开电炉升温来恢复生产。

当氢氮比过高或过低时，都会出现催化剂层的温度降低、压力上升的现象。在催化剂层温度下降时，应关小塔副阀和冷激阀进行调节，不见效时，可减少循环量。如果氢氮比太低，塔后可以适当多放一些，以降低惰性气体含量，提高氢气分压，使新鲜气补充稍多一些有利于反应。若遇氢氮比较高，不宜增加塔后排放，当系统压力高时，可酌情减少压缩机负荷，待其正常时再适当加量。

(5) 合成塔内件损坏 内件损坏总的原因与材质、制造、安装质量和操作有关。操作方面的原因是合成塔操作不当，是由温度、压力变化剧烈所引起的，具体表现在升、降温速率太快；操作塔副阀猛开、猛关；塔进口带氨以及对合成塔加减负荷时幅度过大。

内件泄漏降低了塔的生产能力，严重时需停车检修。由于泄漏点的部位不同，生产上会分别出现催化剂层入口温度降低，催化剂层温度、塔压差、氨净值下降，热电偶单边各点温度指示下降或有突变，塔出口温度降低，压力升高等现象。处理这些问题时，除有时不能坚持生产需停塔检修外，对泄漏部位所反映出的不同工况采取不同的操作方法，一般仍能维持生产。

具体处理方法有利用压差原理加大循环量、适当放宽塔压差指标；改用电热炉；适当提高热点温度；减少副线流量、循环量；增高塔压力；排除惰性气体；降低氨冷却器温度等。总之，对内件损坏、泄漏所反映出的不正常的情况要进行全面分析、及时处理，在证实泄漏部位和有效操作方法后，要制定出临时操作规定。为防止操作因素引发的内件泄漏，在日常的生产中对合成塔压力，温度的升、降速率，塔主、副阀的开启度以及合成塔负荷的加减量都应做严格控制。

(6) 电热器烧坏 电热器烧坏主要由电器故障和操作不当两大原因造成。电器故障有电炉丝设计、安装缺陷，如电炉丝安装不同心，碰到中心管壁；绝缘瓷环固定不好；电炉丝过长或绝缘云母片破损等造成短路。操作不当的原因有合成塔气体倒流，使催化剂粉末堆积在加热器的瓷环上，由于粉末导电造成短路；带铜液入塔，铜离子被氢还原成金属铜附在绝缘处造成短路；滤油器分离效果差，油污带入合成塔经高温分解的炭粒堆积在绝缘处；循环气量不足，使电炉产生热量不能及时移走，以致高温烧坏；开、停电炉违反规定，如发生开车时先开电炉后开循环机、停车时先停循环机等错误操作；在催化剂升温时遇循环机跳闸后未及时停电炉等。

电炉丝确认被烧坏后应停塔修理。为避免电炉丝烧坏事故的发生，操作人员要认真操作，杜绝发生气体倒流等现象；升温操作中电流、电压不得超过规定的最大值，并注意安全气量、循环量和电炉功率调节时要密切配合；电炉绝缘不合格不得强行使用；遵守开、停电炉顺序的规定。

（7）催化剂层同平面温差过大　催化剂层同平面温差过大原因如下：

① 催化剂填装不均匀和内件制造安装不当，气体产生“偏流”造成温差。

② 内件损坏造成泄漏，使泄漏处催化剂层的温度较低。

③ 分层冷却合成塔内冷介质分布不均；操作不当，操作条件变化过大等。

催化剂层同平面温差过大，使活性不能充分发挥，影响产量，亦可能因温差过大使内件受热不均产生应力而造成损坏，同时还会使温度高的部分易上升，温度低的部分易下降，造成催化剂层温度难以控制。

如果温差确系前述三项原因引起，操作方面只能改善操作条件，制止其发展，不使其继续扩大。当发生催化剂层同平面温差已有继续扩大趋势时，可采取以下方法：减少塔负荷，降低系统压力，抵制高温区的反应；减少循环量，适当提高催化剂层温度，促进低温区的反应。如以上方法无效，可再先行降压生产或再升压生产一段时间，以求缩小温差，亦可试用停塔方法，使其在静止状态下利用催化剂层自身热量的传导缩小温差。生产中有时还会发生温差较大，但未见扩大趋势或温差忽大忽小等情况，亦应降压生产和稳定操作条件，以收到一定效果。径向塔受气体分布管及冷激气不均的影响，处理上除可行的降压操作外，有效方法尚在摸索，有人认为不宜采用提高低温部位催化剂温度的方法，否则会造成生产能力的过快降低。

（8）合成塔壁温过高　操作上循环量太小或塔副阀开得过大，使通过内套与外筒的气量减小，导致对外壁的冷却作用减弱；内套破裂泄漏，气体走近路，使内套与外筒间的流量减少；内套安装与筒体不同心，导致两者间间隙不均匀；内套保温层不符合要求或部分损坏；突然断电停车时塔内反应热带不出，热辐射使塔壁温度升高。

塔壁温度控制在120℃以下，温度高会加强钢材的脱碳，使其材质疏松，减弱塔外壳的耐压强度，不但缩短了使用寿命，而且还会影响到合成塔的安全。

塔壁温度高的处理方法有：加大循环量或开大塔主阀，关小塔副阀；视情况停车检修；不能坚持生产时，停车检修相关部件；遇断电发生壁温超标，酌情卸压降温。

（9）循环机输气量突然减少　原因大多由设备缺陷引起。如气阀阀片或活塞环损坏，循环机副线阀泄漏，安全阀漏气等。

输气量的突然减少会导致空速的降低，促使催化剂层温度剧烈上升，合成塔出口气温和氨含量增高，若遇循环量减少过多，调节不当或处理不及时，可能会在短时间内使催化剂层温度上升至脱活温度，甚至烧坏。

处理方法有：开大塔副阀降温，如循环量减少较多时，若开大塔副阀一时不能见效，应迅速减少补充气量、降低系统压力；可适当开塔后放空阀，降低系统压力，减缓温度继续上升的趋势；另外，适当提高氨冷器温度，对维持塔温有一定的作用。如发生循环机跳闸或其他原因引起的循环机输气量完全中断时，需作临时停车处理；通知（信号）压缩机减少相应气量，关死新鲜气补充阀并酌情用塔后放空降低系统压力，在停循环机时，注意防止气体倒流，在处理过程中会波及其他系统的正常操作条件时，务必加强联系。

（10）放氨阀后输氨管线爆裂　原因有分离器液位过低或没有液位，使高压气进入输氨管线；氨罐或中间储罐进口阀未开以及其他故障使输氨压力憋高。反应器的液位由最低部位液位指示器控制。液位设定值的确定方法是使实际液位能够指示出来。根据液位指示器的指示，即可确认在设定的液位附近。

环管式反应器由于是平推流操作，主要是控制流速和聚合量，不存在液位控制问题，但是流体流速成为安全运行的关键参数。

(11) 气相反应器的料位控制 气相反应器的结构比较复杂，各工艺的控制方案不尽相同，典型的流化型反应器的粉料料位由料位计控制。料位计用来探测密相床底部与顶部气相的压差，并保持该压力恒定。流化床的松密度不会改变，除非循环气体的流量改变。因此，根据前述的压差保持恒定，流化床的料位及质量能够保持恒定。料位计的设定值原则上不会改变，并保持恒定。因为浆料直接从液相反应器进料到气相反应器，由于液态丙烯的作用，反应器内的流化床是处于湿状态的。因此，为了适当地进行流化，采用一搅拌器对该流化床进行搅拌，以作为采用循环气体流化的一个辅助措施。为了用搅拌器达到有效的搅拌，必须有适当的粉料料位。粉料料位过高就不能达到均匀搅拌效果，与此相反，粉料料位过低，就会由于绝对粉料量不足而减少传导面积，妨碍丙烯汽化。从安全上考虑，应尽可能地将反应器内的流化床料位维持恒定，反应器内的粉料间断地由粉料排放系统排出。对于完全的流化床，如UCC技术，为了达到上述目的，循环气流量是相当大的。粉体流动过程中的静电危害要十分重视。

(12) 催化剂活性控制 催化剂活性随影响聚合量因素变化而变化，聚合量的影响因素如下。

① 反应温度。对于液相反应器来说，随着反应温度的上升，聚合量呈指数上升趋势。但是，由于液相反应器内反应温度的上升不仅增加聚合量，而且还使浆料膨胀。

② 单体分压。由于在单体中聚合，对于液相反应器来说，单体的分压取决于反应器的温度。一般，如果在气相反应器内存在很多不参加聚合反应的组分，如氮气和丙烷，随着聚合量的减少，单体分压就会降低。气相反应如同液相聚合，其聚合量与单体分压并无直接关系，只是反应速率会受到影响。

③ 停留时间。在液相和气相反应器内，聚合量随催化剂停留时间的增加而增加。改变反应器内的反应体积，就很容易地改变催化剂的停留时间。也就是说，通过分别改变液相反应器和气相反应器内浆料的液位和流化床的粉料料位，就可很容易地改变聚合量。

④ 氢气浓度。在液相反应器内，较高的氢气浓度也会影响到聚合量。

第二节 合成尿素工艺安全技术

一、合成尿素过程

原料液氨以及净化后的CO_2气体，经压缩后进入尿素合成塔，合成反应液经一次减压分解其中未反应的氨和CO_2，含氨尾气送往氨加工车间生成铵盐，未反应物不返回合成系统，故叫不循环法。若未反应物经减压加热分解，冷凝后部分返回合成系统，称为部分循环法。尿素合成反应后，未转化的反应物氨和CO_2经过几段减压及加热分解，将其从尿素溶液中分离出来，然后全部返回合成系统，以提高原料氨和CO_2的利用率，此法称为全循环法。按照未反应物氨和CO_2的回收方式不同，又分为水溶液全循环法、气体分离法、浆液循环法和热气循环法等。

1. 气体分离法(即选择性吸收法)

此法采用尿素硝酸水溶液作为吸收剂，选择吸收分解气中的氨，吸收液再生后将氨回收，并经压缩冷凝后返回合成塔。或将减压加热分解出的氨、CO_2和水蒸气的混合物，用MEA溶液吸收其中的CO_2，剩下的氨经冷凝后返回合成塔。

2. 水溶液全循环法

尿素合成后未反应物氨和 CO_2，经分解分离后，用水吸收成为甲铵溶液，然后循环回合成系统称为水溶液全循环法。自 20 世纪 60 年代起迅速得到推广，在尿素生产中占有很大的优势，至今仍在完善提高。典型的有荷兰斯塔米卡本水溶液全循环法、美国凯米科水溶液全循环法及日本三井东压的改良 C 法和 D 法等。水溶液全循环法不消耗贵重的溶剂，投资省，被广泛采用，为尿素工业的发展做出了积极的贡献。但水溶液全循环法也存在不少问题，如能量得不到充分利用，反应热被大量的循环液所降温，没有充分利用；一段甲铵泵腐蚀严重，而对甲铵泵的制造、操作和维修比较麻烦；为了回收微量的 CO_2 和氨气使流程变得过于复杂。气提法就是在水溶液全循环法的基础上进行改革而产生的一种新方法。

所谓气提法就是用气提剂如 CO_2、氨气、变换气或其他惰性气体，在一定压力下加热，促进未转化成尿素的甲铵的分解和液氨汽化。气提分解效率受压力、温度、液气比及停留时间的影响，温度过高，会加速氨的水解和缩二脲的增加，压力过低，分解物的冷凝吸收率下降。气提时间愈短愈好，可防止水解和缩合反应。故气提法采用二段合成原理，即液氨和气体 CO_2 在高压冷凝器内进行反应生成甲铵，而甲铵的脱水反应则在尿素合成塔中进行。实际上，为了维持合成尿素塔的反应温度，部分甲铵的生成留在合成塔中，而不是全部在高压冷凝器中完成。

这是一个吸热、体积增大的可逆反应，只要有足够的热量，并能降低反应产物中任一组分的分压，甲铵的分解反应就能一直向右进行，气提法就是利用这一原理，当通入 CO_2 时，CO_2 的分压为 1，而氨的分压趋于 0，致使反应不断进行。同样，用氨气提也有相同的结果。

气提法工艺是当前尿素合成生产中重要的技术改进，和水溶液全循环法相比，具有流程简化、能耗低、生产费用下降、单系列大型化、操作平衡安全、运转周期长等优点。气提法主要有斯塔米卡本 CO_2 气提法、SNAM 氨气提法、IDR（等压双气提）法及 ACES 法等。斯塔米卡本 CO_2 气提法流程 1964 年研究成功，20 世纪 70 年代初被广泛采用，现已成为建厂最多的生产工艺，单系列可达 1756～2100t/d。

合成尿素的原料气 CO_2 经加压后（其压力与合成塔相同），首先进入 CO_2 气提塔，将大部分未转化成尿素的甲铵分解并随 CO_2 逸出，气提分解所需热量由 2.45MPa 的蒸汽提供，CO_2 气提塔顶出口气流进高压甲铵冷凝器，流入此冷凝器的物料有加压后的原料液氨。经高压洗涤后甲铵液经高压液氨喷射器送入高压甲铵冷凝器内冷凝。吸收 CO_2 进行甲铵反应。吸收过程和反应过程放出的热量产生 0.294MPa 的低压蒸汽。生成甲铵的大部分反应在高压冷凝器中进行，一部分生成甲铵的反应在尿素合成塔中进行，以维持尿素合成塔中甲铵脱水所需的热量。控制高压冷凝器的冷凝量就可以控制尿素合成塔的操作温度的稳定。尿素合成塔底流出的反应混合液进入 CO_2 气提塔，从 CO_2 气提塔底流出的反应混合液经减压至 0.2533MPa 进入低压分解器，在此进一步加热将残留的甲铵和氨分解并逸出。塔底尿素溶液经闪蒸后送至两段真空蒸发，浓缩至 99.7%（质量分数）的熔融尿素，最后送至造粒塔制得颗粒状的产品。分解塔顶部流出的混合气体经低压冷凝吸收后，生成的甲铵溶液经泵送至高压洗涤器。从尿素合成塔顶出来的混合气也进入高压洗涤器进行回收。

二、合成尿素危险性分析及安全控制技术

1. 工艺管理方面

设备的安全使用与安全运行在很大程度上取决于工艺参数的设置与工艺操作程序。

① 合成塔的预热，首先应控制升温速率，应在 6～8℃/h。预热过程中，密切注意蒸汽压力的变化及塔底冷凝液的排出情况，既不要大量漏汽，也不要集液。如果在预热过程中，

需停蒸汽或蒸汽中断，则需关闭蒸汽入塔阀门，打开排放倒淋阀门、塔顶取样阀，使塔内外气压平衡，防止塔内蒸汽冷凝形成负压，损害衬里。

② 严格控制二氧化碳中的氧气含量，严禁为提高合成塔转换率而减少氧含量和交班时为了多出产量而提高氧含量。

③ 严格控制二氧化碳中的硫化氢含量，因为硫化氢具有腐蚀性，使衬里腐蚀速度加快。

④ 严格控制合成塔温度低于 190℃。温度超标，腐蚀速率以几何倍数递增。

⑤ 合成塔排塔，压力降到 5MPa 时关闭检漏蒸汽。合成塔排塔，压力升到 5MPa 时开启检漏蒸汽。目的是防止合成塔衬里被蒸汽压瘪。

⑥ 合成塔严禁超压，应定期校验高压泵和二氧化碳压缩机的安全阀。合成塔大盖紧固不能超过 25MPa。

⑦ 按时检测检漏蒸汽氨含量和合成塔出口物料镍含量。其指标可反映出异常情况。

2. 检漏系统方面

检漏系统包括检漏通道、检漏孔及检漏接管系三部分。其中检漏通道是指能迅速将内衬泄漏处的泄漏物导至检漏孔的专设通道，检漏通道设于内衬与承压壳体之间。检漏孔是将泄漏物通过检漏通道引出设备壳体，并使之进入检漏接管的一个接口，检漏孔从内衬外壁贯穿于设备的壳体。检漏接管系是将泄漏物引到易检位置的配管系。

尿素合成塔一般是多层包扎，由内衬、盲层和强度层构成。盲层不承担压力，它的作用是开设检漏通道和保护不锈钢内衬。

尿素合成塔由多个筒节经环焊缝焊接而成，在每个筒节上预先开设出倒流槽及若干检漏孔。尿素合成塔通常有数十个检漏孔，操作中必须把检漏孔接引到便于操作人员检验的位置。由各检漏孔引出的接管，经排列而组成检漏管系。根据检漏孔位置的编号，可将检漏管也编上相应的号码。设备一旦发生泄漏，根据编号便能很快确定泄漏位置。

目前检漏蒸汽采用一根主管进汽，由平行于检漏孔的支管引入，各筒节检漏通道蒸汽流量相差很大，对蒸汽质量也没有控制。根据这一现状，查阅相关书籍和大量资料，设计出一套新的检漏系统。经过一段时间的运行和使用，效果非常好，也得到了使用单位的认可。以下就把新的检漏系统介绍一下，我们设计的检漏系统就是将检漏蒸汽先通过蒸汽分配器减压，除去夹带的水珠，各筒节检漏系统采用独立管路进汽，将流量调节阀安装于进汽管，用于调节各进汽管流量。

3. 设备管理方面

尿素合成塔检测过程中人们往往把注意力放在衬里上，当然衬里的完好情况是确定合成塔能否使用的一个主要因素，但是外筒体的检测也非常重要，因此在检验和检修过程中，要加强对外部层板的检查和焊缝探伤。在开、停车过程中要严格控制升、降温速率，密切注意塔内、塔壁温差，避免因控制不好对设备造成损害。由于塔内介质尿素甲铵液具有强腐蚀性，衬里是抗腐蚀的不锈钢，外面是承压的碳钢层板，由于外侧的碳钢筒体经不住尿素甲铵液腐蚀，一旦不锈钢衬里出现较大面积的泄漏，碳钢筒体在一段时间后就会因腐蚀承受不住操作压力而发生断裂。在操作和检验过程中对衬里的维护保养关系着尿素生产的安全。

除按规范操作外，更要加强对顶部法兰及顶部大盖等处的检漏，提高分析频次，以便出现问题时能及时发现、处理。发现检漏不通时，必须及时处理并查看不通前的分析结果，如分析结果异常，应马上停车处理。

加强塔体保温的管理，要求保温处理，对热电偶、检漏孔等接管位置进行重点检查，出现损害及时恢复，避免因保温损害造成温差大而引起应力腐蚀。

第三节　磷肥生产过程安全技术

一、磷肥生产过程

磷肥是含有磷素的化学肥料。磷素的浓度和纯度以五氧化二磷（P_2O_5）含量计算。通常用磷肥中有效五氧化二磷（亦称有效磷）含量作为衡量磷肥质量的标准。有效五氧化二磷是指磷肥中可被作物吸收利用的五氧化二磷的量，也就是可溶性五氧化二磷的量。磷肥分水溶性和枸溶性两类：水溶性磷肥是速效肥；枸溶性磷肥只溶于枸橼酸钠（柠檬酸钠）或2%枸橼酸（柠檬酸）溶液，多数只适应于酸性土壤。磷在植物体内是细胞原生质的组分，参与光合作用。磷肥可以促使作物根系发达，使作物穗粒增多、籽实饱满、产量提高。生产磷肥所用主要原料是磷矿石。分解磷矿石主要有酸法和热法两种。酸法磷肥，一般系用硫酸、硝酸、盐酸或磷酸分解磷矿石而制成的磷肥或复合肥料。酸法磷肥多是水溶性磷肥，如过磷酸钙、重过磷酸钙、磷酸铵、硝酸磷肥等。热法磷肥是在高温下加入硅石、白云石、焦炭等或不加入其他配料分解磷矿石而制成的磷肥。热法磷肥多是枸溶性磷肥，如钙镁磷肥、脱氟磷肥、钢渣磷肥等。

过磷酸钙含有效五氧化二磷12%～20%。生产时用硫酸来分解磷矿粉，反应分两步进行：

$$Ca_5F(PO_4)_3+5H_2SO_4 = 5CaSO_4+3H_3PO_4+HF\uparrow$$

$$Ca_5F(PO_4)_3+7H_3PO_4+5H_2O = 5Ca(H_2PO_4)_2\cdot H_2O+HF\uparrow$$

过磷酸钙生产大致上可分为磷矿石粉碎、干燥，酸矿混合，料浆化成，熟化和粒化干燥5个工序。钙镁磷肥是一种微碱性玻璃质肥料，物理性能良好且稳定，能长期储存。生产的主要原料是磷矿石和助溶剂（蛇纹石、白云石等含镁、硅矿石），燃料主要用焦炭、煤等。生产工艺是在高温时（1350℃以上）将磷矿石和助溶剂一起熔融、水淬、干燥和粉碎。生产方法有高炉法和电炉法两种，高炉法较普遍，主要化学反应如下：

$$2Ca_5F(PO_4)_3+SiO_2+H_2O = 3Ca_3(PO_4)_2+CaSiO_3+2HF\uparrow$$

二、磷肥生产危险性分析及安全控制技术

1. 职业危害

（1）氟危害　工作场所存在氟化氢气体和含氟粉尘，可经呼吸道和食道侵入人体。吸入较高浓度的氟化氢会引起急性中毒，刺激眼和呼吸道黏膜，严重者可发生支气管炎、肺炎或肺水肿，甚至发生反射性窒息。侵入人体的氟有50%在人体骨骼、牙齿中沉积，长期接触引起骨骼、牙齿损害。氟化氢腐蚀性极强。

（2）尘毒危害　矿石粉碎过程和成品后加工过程产生粉尘，经呼吸道侵入人体可导致尘肺。

（3）酸危害　生产中使用的硫酸对皮肤、黏膜等组织有强烈刺激和腐蚀作用。工作中不慎溅入眼内可造成灼伤，甚至失明；溅到皮肤上引起灼伤。酸雾刺激眼和呼吸道黏膜，重者可致失明、呼吸困难和肺水肿；高浓度可引起喉痉挛或声门水肿而窒息死亡。

（4）爆炸　燃油、燃气设备可能发生爆炸。

（5）机械伤害　矿石加工过程的破碎机、传送带，磷肥后加工过程传送带等转动设备，易使操作人员被皮带卷入，造成人身伤害。

（6）噪声危害　球磨机、风扫磨等机械噪声大，有的高达120dB（A），超过工业卫生

标准。

2. 预防措施

（1）氟危害和尘毒危害预防措施 硫酸分解磷矿粉放出氟化氢气体，氟化氢又与磷矿中的二氧化硅反应放出四氟化硅气体。一般用水来吸收逸出的四氟化硅，吸收设备有吸收室和吸收塔两种。车间中氟化氢最高容许浓度是1mg/m^3，超过该浓度接触时应佩戴自吸过滤式防毒面具（全面罩）或空气呼吸器。紧急事态处理或撤离时，建议佩戴氧气或空气呼吸器。另应注意皮肤防护。对产生含氟粉尘岗位应佩戴专用口罩。为防止含氟气体或粉尘聚集，应加强通风，加强设备密闭。接触粉尘的职工要定期检查身体，建立健康监护档案。

（2）酸危害预防措施 为防止硫酸飞溅，处理硫酸时应戴防护眼镜、戴防酸手套和穿防酸工作服。可能接触其烟雾时，佩戴防毒面具或空气呼吸器。如酸溅入眼内，立即提起眼睑，用大量清水或生理盐水彻底冲洗至少15min，就医。如污染衣服，迅速脱去被污染的衣服，用大量流动清水冲洗至少15min，就医。

（3）爆炸危害预防措施 加强管理，控制点火源；炉系统可燃气体应排除、吹净，正确点火，注意油气比的调节，防止爆炸、喷火；硫酸储罐检修时，应严格按规定办证，防止爆炸、中毒事故发生。

（4）机械伤害预防措施 加强管理，严格执行操作规程，按规定穿戴防护用品，在机械转动和传动部位加装防护罩或防护栏，条件许可时加装联锁制动装置。

（5）噪声危害预防措施 积极采取措施降低噪声危害。注意操作人员保护，可配备耳塞或建造隔声操作室。

（6）高温炉危害预防措施 磷矿石与助溶剂配比、矿石来源发生变动时，要及时调整，控制好炉温；开炉时，用蒸汽吹扫炉顶和除尘器降低其煤气浓度，防止爆炸；在炉顶、除尘器等可能存在有毒气体区域作业时，操作人员要佩戴防毒器具并有专人监护；在打开料口或窥视孔时，操作者应站在其两侧，出料时应站在上风向。

第四节 煤制气生产过程安全技术

一、煤制气生产工艺

煤气泛指一般可燃性气体、煤或重油等液体燃料经干馏或气化而得的气体产物。煤气是一种清洁无烟的气体燃料，火力强，容易点燃。煤气的主要成分是氢气、一氧化碳和烃类。与空气混合成一定比例后，点燃会引起爆炸。焦炉煤气的爆炸极限为5%～36%，水煤气为6%～72%，发生炉煤气为20%～74%。一氧化碳不仅易燃，而且剧毒。

煤气可分为天然的和人工制造的两种。天然煤气有天然气、油田伴生气、煤矿矿井气与天然沼气；人工制造的有煤气、液化石油气、石油裂解气、焦炉气、炭化炉气、水煤气、发生炉气、各种加压全气化的煤气，还有煤液化伴生的煤气、其他工业余气等。国内煤气生产厂多采用两步气化法：烟煤先经干馏（焦化或炭化）裂解出挥发物，同时生产焦炭或半焦；挥发物经过冷凝，分离出焦油，然后脱氨、脱苯、脱硫化氢等，获得中等热值的煤气。利用自产的焦或半焦作原料，进行再气化后，获得低热值的煤气。上述两种煤气经混合达到规定标准后，作为城市煤气使用。也有利用重油通过热裂化或催化热裂化，获得较高或中等热值的煤气。煤或焦炭、半焦等固体燃料在高温常压或加压条件下与气化剂反应，可转化为气体产物和少量残渣。气化剂主要是水蒸气、空气（或氧气）或其混合气，气化包括一系列均相与非均相化学反应。所得气体产物视所用原料煤质、气化剂的种类和气化过程的不同而具有不同的组成，可分为空气煤气、半水煤气、水煤气等。煤气化过程可用于生产燃料煤气，作为工业窑炉用气和城市煤气；也可用于制造合成气，作为合成氨、合成甲醇和合成液体燃料的原料，是煤化工的重要过程之一。

图 6-2 为煤制氢装置技术路线框图。该工艺装置分为造气工段、吹风气回收工段、脱硫工段、CO 变换工段和变压吸附工段几部分。

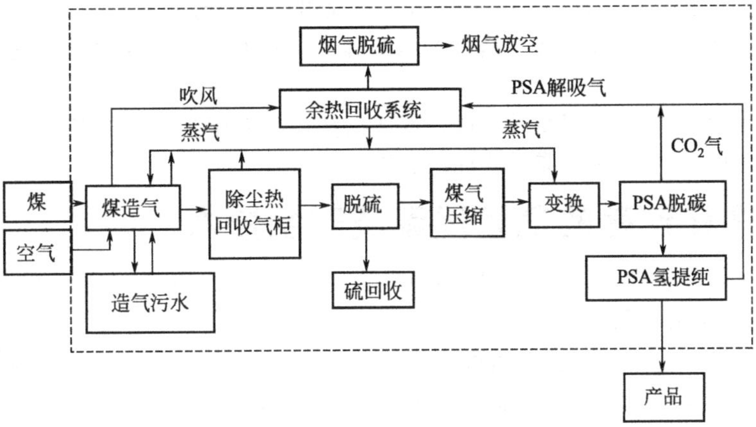

图 6-2　煤制氢装置技术路线框图

原料块煤经人工破碎、筛分后入气化炉气化，制得原料气，原料气经过冷却、除尘后送气柜。气化炉出来的吹风气与提氢尾气以及炉渣一起进入吹风气回收工段进一步燃烧，燃烧后的气体进入锅炉产生蒸汽供装置使用。气柜来的原料气经脱硫工段脱除大部分硫（$H_2S \leqslant 80mg/m^3$）后进压缩机升压至 0.8MPa（G）入变换工段，在此 CO 经变换反应变为 H_2 且经精脱硫后制得合格的精炼气（CO≤2%，$S \leqslant 0.2mg/m^3$），合格的精炼气经变压吸附工段提氢，合格的 H_2 送用户，尾气送吹风气回收工段燃烧。

装置产生的“三废”均经过处理后达标排放。

二、煤气生产过程中的危险因素及安全技术

煤的主要危险是自燃，煤粉碎时的粉尘可能会爆炸等。煤的自燃取决于煤的质量。气煤的挥发物含量高，含氧量也高，容易引起自燃。特别当原料中含有细粉末的黄铁矿时，水分含量不高，则更容易自燃。高挥发分气煤的自燃点很低，为 150～250℃。煤堆因局部氧化发热，温度升高到 75℃就可能进一步自燃；如温度高达 140～150℃，则危险性更大。

生产煤气用的油主要是石油炼厂蒸馏塔底的残油，通常称为渣油或蒸馏重油。其物理常数往往因产地和蒸馏的要求不同而有所差别，但大体是相同的。以大庆渣油为例：密度 $0.925 \sim 0.933g/cm^3$，闪点（开口）218～349℃，凝固点 31～33℃，自燃点 230～300℃。

渣油的闪点较高，相对其他轻质油而言，火灾危险性较小；但黏度大，易凝固，流动性差，在装卸输送时必须加温。而渣油中含有的一些轻质馏分在升温时容易挥发出来。渣油的自燃点比较低。

煤气生产过程中发生煤气爆炸的主要原因在于：煤气中含氧量高，或煤气系统内侵入空气形成了爆炸性混合物；煤气发生泄漏，在外部空间形成爆炸性混合物。常见的事故有以下八种类型。

① 开炉时爆炸。开炉升火时，引火物油蒸气挥发进入煤气发生炉系统，形成爆炸性混合气；制气质量不好，含氧量过高的烟气进入除尘器、洗涤塔等装置内，形成爆炸性混合气。

② 停炉时爆炸。停炉降温时，空气进入煤气系统，形成爆炸性混合气。

③ 焖炉时爆炸。焖炉时，没有隔断出口管道和赶走煤气，炉体变冷、空气进入，形成爆炸性混合气。

④ 煤在炉中悬挂下坠时爆炸。

⑤ 断电时爆炸。断电时，鼓风机突然停止运行，炉灰盘下的空气压力下降，煤气从炉膛中流入灰斗、流进风管，继而流入鼓风机，形成爆炸性混合物。

⑥ 断水时爆炸。断水时，洗气箱失去水封作用，停炉时煤气倒回空气总管和鼓风机会导致爆炸。

⑦ 检修时爆炸。煤气未切断或未进行彻底清洗，动火作业导致爆炸。

⑧ 煤气泄漏。外部空间形成爆炸性混合物。

三、煤气净化过程的危险因素及安全技术

煤气净化包括冷凝冷却、排送、脱焦油雾、脱氨、脱苯、脱硫、脱萘等过程。

1. 冷凝、冷却过程

煤气冷凝、冷却器分直接式和间接式两种。焦炉和炭化炉一般采用间接式，在负压下冷凝、冷却粗煤气。煤气冷凝、冷却器底部液封必须有效，防止吸入空气。

2. 排送过程

排送机是保持煤气净化系统平衡的关键设备之一。如果排送机发生故障，制气炉产生的煤气使系统压力上升，煤气外泄。炭化炉会因为煤气送不出去扩散在炉面上而引起爆炸；水煤气因排送不出去，将使中间气柜冒气；发生炉在继续鼓风的情况下，炉内压力升高，煤气从炉顶外窜。因此，排送机的旁通阀或总旁通阀应保持开闭灵活。排送机与有关生产过程的设备应有联锁装置并设置紧急备用电源等。

3. 脱焦油雾过程

电捕焦油器是利用高压直流电在气体中的局部放电以收焦油雾的一种净化装置，电压高达 70kV。对于正压操作的电捕焦油器，保持煤气中含氧量不超过 1%。负压操作的电捕焦油器更需要严格控制含氧量，应设置含氧量超限（1%）的自动停车处理联锁装置。电捕焦油器的液封筒在负压条件下运行操作，必须保持一定的深度，以防空气倒入系统。要有良好的接地设备，事故状态时应先切断电源。

4. 脱氨

煤气中含有少量的氨，可用水或稀硫酸吸收除去。脱氨工艺按脱氨的产品分为生产浓氨水和生产硫酸铵两种。生产硫酸铵腐蚀性强，主要设备有煤气预热器、饱和器、除酸器和氨水蒸馏釜等。氨的爆炸极限为 16%～27%。高温情况下遇火源能引起燃烧或爆炸。

5. 脱苯

苯是一种易燃液体，闪点为−15℃。煤气厂一般采用洗油吸收法脱除煤气中的苯。脱苯工段设有粗苯、轻苯、重苯、溶剂油、轻重馏分等易燃物质中间储槽。

6. 脱硫

原料煤中含有的硫最终混在煤气中，需经脱硫除去。煤气脱硫分为湿法和干法两种。湿法脱硫是用碱性溶液自上而下地与煤气逆流接触，吸收煤气中的硫化氢。吸收液在再生塔或再生器内用空气鼓风氧化。干法脱硫一般采用深 2m 左右的长方形干箱，内置氧化铁脱硫剂，接触硫化氢后生成硫化铁。湿法脱硫液位调节器处应有防止空气夹带吸入脱硫塔的设施，以防止在脱硫塔内形成爆炸性气体。硫化釜排放硫黄时，周围必须严禁明火。干法脱硫

比湿法脱硫危险，用过的脱硫剂中含有硫化铁、木屑和油类，容易自燃。油类的蒸气会形成爆炸性混合物。

7. 脱萘

为了保证煤气输配管网内不发生萘结晶堵塞现象，通常采用轻柴油脱萘。清除变换气中的一氧化碳，一般采用铜氨溶液吸收、液氮洗涤和甲烷化等方法。液氮洗涤最危险，其原因是当空气分离系统操作不正常时，随氮气带出的氧气与可燃气体混合；或当加入变换气的空气量不准确时，可燃气体与变换气混合，这些都会在设备内形成易爆的混合气体。采用液氮洗涤法，在低温设备中会积累易爆的液体或固体物质。这些物质在常温时呈气态，可和空气一起从设备中逸出。当用液氮法处理含有不饱和烃类和氧化氮气体等杂质的变换气或焦炉气时，存在的危险更大。因为这些杂质在低温条件下凝结，以焦油状态积聚在设备中，有自行爆炸的危险。

第五节　氯碱工业生产安全技术

一、氯碱生产过程

工业上用电解饱和 NaCl 溶液的方法来制取 NaOH、Cl_2 和 H_2，并以它们为原料生产一系列化工产品，称为氯碱工业。氯碱工业是最基本的化学工业之一，它的产品除应用于化学工业本身外，还广泛应用于轻工业、纺织工业、冶金工业、石油化学工业以及公用事业。主要有 3 种工艺，水银电解池法、隔膜法和离子交换膜法。

世界上比较先进的电解制碱技术是离子交换膜法。这一技术在 20 世纪 50 年代开始研究，20 世纪 80 年代开始工业化生产。离子交换膜电解槽主要由阳极、阴极、离子交换膜、电解槽框和导电铜棒等组成，每台电解槽由若干个单元槽串联或并联组成。电解槽的阳极用金属钛网制成，为了延长电极使用寿命和提高电解效率，钛阳极网上涂有钛、钌等氧化物涂层；阴极由碳钢网制成，上面涂有镍涂层；阳离子交换膜把电解槽隔成阴极室和阳极室。阳离子交换膜有一种特殊的性质，即它只允许阳离子通过，而阻止阴离子和气体通过，也就是说只允许 Na^+ 通过，而 Cl^-、OH^- 和气体则不能通过。这样既能防止阴极产生的 H_2 和阳极产生的 Cl_2 相混合而引起爆炸，又能避免 Cl_2 和 NaOH 溶液作用生成 NaClO 而影响烧碱的质量。精制的饱和食盐水加入阳极室；纯水（加入一定量的 NaOH 溶液）加入阴极室。通电时，H_2O 在阴极表面放电生成 H_2，Na^+ 穿过离子膜由阳极室进入阴极室，导出的阴极液中含有 NaOH；Cl^- 则在阳极表面放电生成 Cl_2。电解后的淡盐水从阳极导出，可重新用于配制食盐水。离子交换膜示意图见图 6-3。

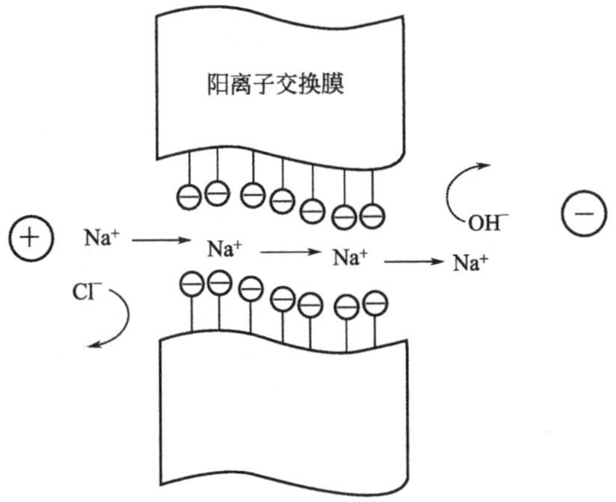

图 6-3　离子交换膜示意图

离子交换膜法制碱技术，具有设备占地面积小、能连续生产、生产能力大、产品质量高、能适应电流波动、能耗低、污染小等优点，是氯碱工业发展的方向。

二、氯碱生产过程危险性分析及安全控制技术

为确保氯碱生产安全，除具备必要的安全组织机构和安全操作规程之外，还必须使操作工人了解氯碱中间产物、产品、原材料的毒性和危险性，掌握生产中的事故和预防措施，以保证工人身体健康，达到安全生产的目的。

1. 氯碱生产中的有毒物质

(1) 氯的毒性 氯是一种强烈性毒品，它对人体的影响与氯在空气中的浓度和人们在被氯污染的环境中所停留的时间有关。氯是一种比空气重1.49倍的窒息性气体，它强烈刺激眼睛黏膜、上呼吸道、下呼吸道和肺部，中毒情况因氯浓度不同而异，人吸入高浓度氯气几分钟后即死亡，吸入中等或较低浓度氯气时，会患中毒性肺水肿，或流泪、流鼻涕、胸闷、呼吸困难、连续干咳或阵咳，有的还会因氯中毒患急性皮炎。一般要求工作场所空气中氯含量不得超过0.002mg/L。

生产氯或使用氯时，尽管采取了安全措施，但仍有可能发生氯的泄漏，因此要求操作工人还要掌握防止氯中毒的防护知识。当氯溅到人体时，必须脱去被氯弄脏的衣服，用大量肥皂水洗涤与氯接触的身体部分，然后用热水冲洗10～15min，如发现烧伤应及时将中毒者送保健站治疗。发生事故时若有人在被氯污染的现场，应憋住呼吸将湿布放在口鼻部位，缓慢沉着地绕过低洼地，朝逆风方向走去。短时间吸入少量氯气的轻微中毒者，及时离开污染区。对严重中毒者尽可能用担架，并使上身稍稍抬起，立即撤离现场送保健站。

(2) 汞及汞化合物的毒性 汞及可溶性汞盐是有毒物质。水银法电解氯化钠以水银（汞）为阴极，因此装槽、修槽过程中就有可能使水银洒落于槽外；电解过程中由淡盐水、氯气、烧碱、氢气等物料带出电解槽，当这些物料泄漏时，同样会有水银逸出，而且汞蒸气含量随温度的升高而增加。

汞及汞盐可以通过呼吸器官及皮肤侵入人体。汞侵入人体能引起中毒，一般在氯碱生产中很少发生汞急性中毒，而经常出现的是积蓄性中毒。积蓄性中毒的一般症状是：身体有不适感，易疲劳，嗜睡，情感淡漠，头昏，易怒，肌肉颤动，神经系统发生变化，口腔发生变化（牙齿脱落）以及心血管系统失调。水银电解车间的工人，必须严格遵守个人卫生条例。工作时应戴胶手套，穿长筒胶靴，戴围裙。必要时（例如检修、清洗电槽时）应戴工业用过滤式防毒面具。饭前或工作后必须用高锰酸钾稀溶液漱口。在现场不准吸烟、进餐。水银法氯碱生产工人应经常在工厂保健站或医疗卫生部门进行预防性体检。

(3) 烧碱和浓硫酸毒性 在氯碱生产中，各种浓度的烧碱和浓硫酸引起的化学烧伤也是很危险的。烧碱烧伤皮肤，伤口愈合很慢；烧碱烧伤眼睛的黏膜也很危险。因此要求工人生产苛性钠时，应穿棉布工作服、戴帽子、穿工作胶鞋、戴防护眼镜。苛性钠溅到皮肤上时，应迅速用棉花或布擦去，然后将烧伤部位先用水，后用稀硼酸溶液（或1%乙酸溶液）洗涤。硫酸会引起严重的化学烧伤。硫酸溅到人体上，应立即用干布或棉花擦去，烧伤部位用2%的碳酸氢钠溶液或水冲洗；若溅到眼睛里，要用大量水冲洗，然后用0.5%的碳酸氢钠溶液冲洗。地面上的硫酸用纯碱中和，然后用水小心冲洗。工人与浓硫酸接触时，应穿防酸衣、穿胶靴、戴帽子、戴手套和防护眼镜等。

2. 氯碱生产中的爆炸性气体

电解法生产氯碱，除了制得苛性钠和氯气外，还产生氢气。氢气与空气或氢气与氯气在电解、氯气冷却及干燥、氢气冷却及输送、氯气液化等工段的密闭设备及管道中，可形成易燃和易爆的混合物。在生产厂房中大量氢气外泄也可能生成易爆的氢气-空气混合气。

一般氢气与空气的混合气中，氢的含量达到4.1%～74.2%（体积分数），在20℃和常压下，具有爆炸危险。氢氧混合气中，氢的爆炸极限为4.5%～95%（体积分数）。氢气和

空气混合气的燃点为510℃，而与氧的混合气则为450℃。因此在氯碱生产中要求氢气和空气混合气中氢的允许含量为4%（体积分数）。由电解槽出来的氯气一般含氢量小于1%（体积分数），因此无爆炸危险。当氢的含量增加时就可能引起燃烧或爆炸。目前已发表了氯、氢混合气爆炸浓度极限。例如按A. 韦斯韦莱（Weissweiler）数据，当氯、氢混合气中氢含量为3%～7%（体积分数）时，即着火燃烧，压力缓慢增高。当混合气中含氢为7%～15%（体积分数）时，在燃烧的同时压力会急剧升高；含氢15%～83%（体积分数）时，燃烧伴有爆炸；含氢量达83%～97%（体积分数）时，压力增高，但不爆炸。B. H. 安托诺夫（Ahtohob）等人研究确定氯气混合气中氢含量增加到7%～8%（体积分数）时，这种混合气燃烧时，可能增长的压力不致使工艺设备有爆炸的危险。另外氯气液化时，如不凝性废气中的氢含量超过18%～20%（体积分数），氯、氢混合气即可发生爆震燃烧，这种燃烧有很大的破坏力。

为确保氯碱生产安全，一般电解槽中的氯中含氢大于3%时就除槽。除上述爆炸性气体之外，还有一种危害安全生产的三氯化氮。当盐水中含铵盐较高时，在电解过程中就有可能生成三氯化氮混入氯气中。液氯中三氯化氮的含量不大，但三氯化氮易残留于设备和管道中，致使残余液氯中的三氯化氮浓度不断增高。因此对容器、盘管式或列管式液氯蒸发器中液氯蒸发之后应系统地、定期地用水和碱冲洗，并用压缩空气长时间吹除，以除去积存的含有三氯化氮的剩余液氯，防止三氯化氮的含量升高。

(1) 氯碱生产中发生安全事故的原因　由于氯碱其本身在而后生产中的特殊性，在其生产过程中要特别重视其安全问题，做好安全生产中的预防工作，防止出现安全事故。目前氯碱的生产主要采用以原盐为原料进行生产的方式，采用隔膜或者离子膜法的电解生产方法，然后可以得到氢气、氯气、烧碱。在氯碱的生产过程中，其工艺比较复杂，需要控制的因素很多，设备的种类也比较多、数量大。在其生产的过程中，虽然生产工艺相对比较先进，但是如果稍有不慎都有可能引发安全事故。例如生产的氢气和氯气或者氢气和空气在进行电解、冷却和干燥及输送的过程中，以及氯气的液化、合成其他无机物或者有机物的过程中，都容易形成易燃易爆的混合气体。

在氯碱生产中容易引发安全事故的原因主要有以下几个方面：

① 由于电解车间和盐酸车间中的氢气是易燃易爆、具有较大危险性质的化学品，如果发生泄漏或者其化学反应发生失控，都可能造成严重的火灾、爆炸事故。氯气是对人类有很大伤害的化学气体，对人类来说有剧毒，容易对人的身体造成不可逆的伤害；同时不同氯气生产工艺过程中可能生成三氯化氮，三氯化氮容易发生爆炸；盛装氯气的钢瓶、储槽等装置内部的压力也可能超标，引发爆炸事故。

② 在其生产过程中大量的压力表等安全附件，也容易引发安全问题，例如其使用过程中因为年久失修或者腐蚀、安全附件失效等故障也容易造成气体的泄漏，液氯迅速汽化能够产生严重的安全事故。一些氯碱企业为了减少其正常的安全经费投入，导致企业的安全投入不足，安全隐患不能得到及时的解决，最后引发了严重的安全事故。

③ 在化工生产中，引发安全事故的主要原因都是由于人的因素。在氯碱生产中，如果安全设施不完善，工人的操作水平或者其安全素质不高、安全生产的意识不强、违反安全生产的规范、进行违章作业等都容易引发安全事故，甚至造成人员伤亡事故，产生比较恶劣的社会影响。例如在进行设备的检修工作中，其作业的场所大部分都是在易燃易爆的区域，如果违章用火就容易引发火灾。企业对安全的责任制度不明确，职工的责任意识不强等也容易引发安全事故。例如虽然制定了责任制度，但是其落实效果差，不能够有效地落实；还有的企业以经济效益为中心，置企业的安全生产于不顾，违章指挥，危险作业，从而导致重大的安全事故的发生。安全事故的原因虽然有设备的问题、生产工艺中的问题，但是最主要的是

人的问题，由于人的安全过失、安全懈怠等因素造成安全隐患。所以在氯碱的生产中要加强对人员安全的教育、培训工作，落实安全生产的责任制，杜绝安全事故的发生。

(2) 避免安全事故的措施

① 加强对氯化过程中的管理工作。氯化反应过程中的原料为易燃物和强氧化剂，例如液氯等。在氯化过程中比较常用的氯化剂为液氯，由于氯气其毒性比较大，氧化性又非常强，而且其储存的压力也比较高，如果发生泄漏，其后果比较严重。在液氯使用之前，应当先放到蒸发器中进行汽化，在平时的使用中，不能把氯气的存储气瓶或者槽车作为储罐来使用，防止含有氯化的有机物倒流进入气瓶或者槽车中引发爆炸，在其中间应当设置氯气缓冲罐。在氯气的生产和使用过程中，要配备个人的防护用品，并且提前制定好事故的应急预案。氯化反应是一个放热反应，一旦其发生泄漏容易造成火灾或者爆炸问题，所以在其反应设备中应当备用良好的冷却设施；同时在其反应过程中常常含有氯化氢气体，氯化氢具有较强的腐蚀性，在生产中应当选取耐腐蚀的材料，做好个人的安全防护，同时加强对氯化氢气体的回收工作。

② 加强安全管理工作。在对氯碱化工企业的选址中要充分地考虑企业的周围的环境条件，其散发可燃性气体的位置、风向、安全距离、水源等因素，再尽可能地选择在城市的边缘或者郊区，防止发生安全事故后对人群和城市水源等造成影响。对于厂房的建设要进行严格的审核，氯碱生产作为化工生产中危险性比较高的行业，其生产厂房应当严格地按照国家有关的标准要求进行设计，同时还要结合其特殊的生产工艺，考虑其中的防火、防泄漏、通风、防爆等。对设备的选择和购买上，按照生产工艺的要求，满足防腐蚀和抗压，采用先进的生产工艺，减少生产中的安全隐患。对于其生产设备，要加强平时的检修工作。因为氯碱生产的设备在使用一段时间后，容易受高压、腐蚀的影响。导致其原有的力学性能出现下降、焊接老化等问题，容易引发管道和压力容器的爆炸、气体的泄漏等事故，所以要重视平时的检修工作。对于影响其正常工作性能的压力表等设备，要及时地进行更换，减少其危险的工作状态。

③ 加强平时的安全教育工作，做好安全事故预案。不论多么先进的生产工艺，都依靠人来维护和实现，所以要加强对员工的安全教育、培训工作。企业在生产过程中要加强对职工的消防安全知识培训，对于特种设备要进行安全操作规程培训。要制定对于氯碱生产中安全事故的应急预案，加强平时的安全事故演练，提高职工面对危急情况的能力。同时加强对员工的职业素质和技能的培训工作，减少因为操作上的失误而引发的安全事故。最后还要落实好安全生产中的责任制工作，上到企业的领导下到一线的职工，都要落实安全生产责任制，强化各车间的生产主体责任，加强对事故责任的追究。对于忽视安全生产的，不仅要追究其负责人的责任，还要追究其负责人的领导的责任，防止因为管理懈怠、三违等造成安全事故。通过对安全生产的职责的确定、责任的逐级落实、严格的管理，可以有效地杜绝安全事故的发生。

第六节 石油炼制过程安全技术

一、石油炼制过程

习惯上将石油炼制过程不很严格地分为一次加工、二次加工、三次加工三类过程。一次加工过程是将原油用蒸馏的方法分离成轻重不同馏分的过程，常称为原油蒸馏，它包括原油预处理、常压蒸馏和减压蒸馏。一次加工产品可以粗略地分为：

① 轻质馏分油（轻质油）。指沸点在约370℃的馏出油，如粗汽油、粗煤油、粗柴油等。

② 重质馏分油（重质油）。指沸点在370～540℃的馏出油，如重柴油、各种润滑油馏分、裂化原料等。

③ 渣油。习惯上将原油经常压蒸馏所得的塔底油称为渣油（也称残油、常压渣油、半残油、拔头油等）。

二次加工过程是一次加工过程产物的再加工，是指将重质馏分油和渣油经过各种裂化生产轻质油的过程，包括催化裂化、热裂化、催化重整、石油焦化、加氢裂化和石油产品精制等。其中石油焦化本质上也是热裂化，但它是一种完全转化的热裂化，产品除轻质油外还有石油焦。催化重整是使汽油分子结构发生改变，用于提高汽油辛烷值或制取轻质芳烃（苯、甲苯、二甲苯）；精制是对各种汽油、柴油等轻质油品进行处理，或从重质馏分油制取馏分润滑油，或从渣油制取残渣润滑油等。

三次加工过程是指将二次加工产生的各种气体进一步加工（即炼厂气加工），以生产高辛烷值汽油组分和各种化学品的过程，包括石油烃烷基化、烯烃叠合、石油烃异构化等。

原油加工流程是各种加工过程的组合，也称炼油厂总流程，按原油性质和市场需求不同，组成炼油厂的加工过程有不同形式，可以很复杂，也可能很简单。如西欧各国加工的原油含轻组分多，而煤的资源不多，重质燃料不足，有时只采用原油常压蒸馏和催化重整两种过程，得到高辛烷值汽油和重质油（常压渣油），后者作为燃料油。这种加工流程称为浅度加工。为了充分利用原油资源和加工重质原油，各国有向深度加工方向发展的趋势，即采用催化裂化、加氢裂化、石油焦化等过程，以从原油得到更多的轻质油品。

各种不同加工过程在生产上还组成了生产不同类型产品的流程，包括燃料、燃料-润滑油和燃料-化工等类产品的典型流程。

二、石油炼制过程危险性分析及安全控制技术

（一）石油炼制的火灾危险性

炼油生产中，存在着很大的火灾危险性，其特点是：

① 原料和产品都是易燃、易爆物品，一旦发生火灾往往火势迅速蔓延，损失严重。

② 炼油生产工艺过程大都需要加温加压，有的是高温高压，一旦油、气泄漏，就会发生燃烧爆炸。

③ 炼油生产工艺复杂，规模大，生产连续，自动化程度高，若某一环节或设备发生故障，可能导致整段、车间，甚至全厂停产，后果严重。

④ 石油及其产品为电的不良导体。在生产、输送、储存过程中，油品因喷射、冲击和沉降等原因产生静电。静电火花也会导致油、气燃烧爆炸。

（二）石油炼制企业的防火安全工作

1. 防火、防爆措施

① 严禁在厂内吸烟及携带火种和易燃、易爆、有毒、易腐蚀物品。严禁未按规定办理用火手续。严禁在厂内进行施工用火或生活用火。严禁穿易产生静电的服装进入油气区工作。严禁穿带铁钉的鞋进入油气区及易燃、易爆装置区域。

② 严禁用汽油等易挥发溶剂擦洗设备、衣物、工具及地面等。

③ 严禁未经批准的各种机动车辆进入生产装置、罐区及易燃、易爆区。

④ 严禁就地排放易燃、易爆物料及危险化学品。

⑤ 严禁在油气区用黑色金属或易产生火花的工具敲打、撞击和作业。

⑥ 严禁堵塞消防通道及随意挪用或损坏消防设施。

⑦ 严禁损坏厂内各类防爆设施。

2. 防止储罐跑油（料）措施

① 按时检查，定点检查，认真记录。

② 油品脱水，不得离人，避免跑油。

③ 油品收付，核定流程，防止冒串。

④ 切换油罐，先开后关，防止憋压。

⑤ 清罐以后，认真检查，才能投用。

⑥ 现场交接，严格认真，避免差错。

⑦ 呼吸阀门，定期检查，防止抽瘪。

⑧ 重油加温，不得超标，防止突沸。

⑨ 管线用完，及时处理，防止冻凝。

⑩ 新罐投用，验收签证，方可进油（料）。

3. 安全用火管理制度

① 动火应严格执行安全用火管理制度，做到“三不动火”，即没有经批准的火票不动火，防火监护人不在现场不动火，防火措施不落实不动火。

② 各用火单位均应责成了解生产工艺过程、责任心强和能够正确处理事情的人为防火监护人。防火监护人必须时刻掌握用火现场的情况，检查防火措施，如发现异常，要及时采取措施并有权停止用火。

③ 用火的基本原则。凡在生产、储存、输送可燃物料的设备、容器及管道上动火，应首先切断物料来源，并加好盲板，经彻底吹扫、清洗、转换后，打开人孔，通风换气，并经分析合格，方可动火。

正常生产的装置内，凡是可动可不动的火一律不动，凡能拆下来的一定拆下来移到安全地方动火，节日不影响生产正常进行的用火，一律禁止。

用火审批人必须亲临现场检查，落实防火措施后，方可签发火票。一张火票只限一处，一次用火时间不准超过 8h。

防火监护人和动火人在接到火票后，应逐项检查防火措施落实情况。不符合防火措施或防火监护人不在场，动火人有权拒绝动火。

4. 建筑防火措施

① 可能散发可燃气体的工艺装置、罐组装卸区或全厂污水处理场等设施，宜布置在人员集中场所及明火或散发火花地点的全年最小频率风向的上风侧。

② 液化烃罐组或可燃液体罐组，不应毗邻布置在高于工艺装置、全厂性重要设施或人员集中场所的阶梯上。当厂区采用阶梯式布置时，阶梯间应有防止泄漏的可燃液体漫流的措施。液化烃罐组或可燃液体罐组，不宜紧靠排洪沟布置。

③ 全厂性的高架火炬，宜位于生产区全年最小频率风向的上风向。

④ 汽车装卸站、液化烃灌装站、甲类物品仓库等机动车辆频繁进出的设施，应布置在厂区边缘或厂区外，并宜设围墙独立成区。

⑤ 厂区的绿化，应符合下列规定：生产区不应种植含油脂较多的树木，宜选择含水分较多的树种；工艺装置或可燃气体、液化烃、可燃液体的罐组与周围消防车道之间，不宜种植绿篱或茂密的灌木丛；在可燃液体罐组防火堤内，可种植生长高度不超过 15cm、含水分多的四季常青的草皮；液化烃罐组防火堤内严禁绿化；厂区的绿化不应妨碍消防操作。

⑥ 生产区的道路宜采用双车道，若为单车道就应满足错车要求。工艺装置区、罐区、可燃物料装卸区及其仓库区，应设环形消防车道；当受地形条件限制时，可设有回车场的尽

头式消防车道。

⑦ 当道路路面高出附近地面 2.5m 以上，且在距道路边缘 15m 范围内，有工艺装置或可燃气体、液化烃、可燃液体的储罐及管道时，应在该段道路的边缘设护墩、矮墙等防护设施。

⑧ 可燃气体、液化烃、可燃液体的管道，不得穿越或跨越与其无关的炼油工艺装置、化工生产单元或设施；跨越泵房（棚）的管道上不应设置阀门、法兰、螺纹接头和补偿器。

⑨ 距散发比空气重的可燃气体设备 30m 以内的管沟、电缆沟、电缆隧道，应采取防止可燃气体窜入和积聚的措施。

5. 工艺装置内的防火措施

① 分馏塔顶冷凝器，塔底重混器与分馏塔，压缩机的分液罐、缓冲罐，中间冷却器与压缩机，以及其他与主体设备密切相关的设备，可直接连接或靠近布置。

② 酮苯脱蜡、脱油装置的惰性气体发生炉与其煤油储存罐的间距，可按工艺需要确定，但不应小于 6m。

③ 明火加热炉附属的燃料气分液罐、燃料气加热器等与炉体的防火间距，不应小于 6m。

④ 在装置内部，应用道路将装置分隔成为占地面积不大于 $10000m^2$ 的设备、建筑物区。

⑤ 明火加热炉宜集中布置在装置的边缘，且位于可燃气体、液化烃、甲类液体设备的全年最小频率风向的上风侧。

⑥ 当在明火加热炉与露天布置的液化设备之间，设置非燃烧材料的实体墙时，其防火间距不得小于 15m。实体墙的高度不宜小于 3m，距加热炉不宜大于 5m。

⑦ 装置的控制室、变配电室、化验室、办公室和生活间等，应布置在装置的一侧，并位于爆炸危险区范围以外，且宜位于甲类设备全年最小频率风向的下风侧。两个及两个以上装置或装置共用的控制室，距甲、乙 A 类或明火设备不应小于 30m。

⑧ 装置内液化烃中间储罐的总容积，不宜大于 $100m^3$，可燃气体或可燃液体中间储罐的总容积，不宜大于 $1000m^3$。

⑨ 建筑物的安全疏散门，应向外开启。甲、乙、丙类房间的安全疏散门，不应少于 2 个；但面积小于 $60m^2$ 的乙 B、丙类液体设备的房间，可只设 1 个。

⑩ 凡是开停工、检修过程中，可能有可燃液体泄漏、漫流的设备区周围，应设置不低于 150cm 的围堰和导液设施。

6. 工艺设备的防火措施

(1) 电脱盐罐

① 电脱盐罐开工时应排净罐内空气，充满油再通高压电，以免电火花引燃罐内油气和空气的混合物。

② 电脱盐罐配电操作室距中间罐的间距不应小于 15m，达不到此防火间距者应设水幕。

(2) 加热炉

① 加热炉炉管经长期使用后氧化腐蚀或由于管内结焦造成局部过热，导致炉管裂缝发生漏油起火，因此加热炉必须加热维修，及时清炉除焦，管子腐蚀严重的应予更新。炉用燃油、瓦斯压力、流量要控制平稳，减压炉管生产中应注入适量蒸汽，避免结焦。加热炉出口分支与总管接口处应注意检查和测厚。

② 加热炉的炉体应设防爆门，以便发生爆炸时能及时减压。加热炉应有事故放空管路装置，放空管应导至火炬，并有蒸汽灭火装置和蒸汽吹扫管线的装置。在加热炉 10m 外还应设置控制阀门（止回阀等）。

③ 加热炉的燃烧室、对流室、回弯头箱等处应设置固定的蒸汽灭火管线以及原料油管的蒸汽吹扫管线，以便及时排出管式加热炉内油管中的油品。炉体周围应设置半固定式接头。

(3) 减压塔 开工前把好减压塔气密气试压关。停工消除真空度不宜过快，塔内处于负压和油温度较高时，与塔相连的排空阀不得打开，法兰不得卸开。某厂停工时，曾因排空阀打开后忘关，空气经抽空线吸入减压塔，与高温油气混合发生塔内爆炸，炸坏15层塔盘，损失达2万余元。应经常检查校验塔底液面计，保持灵敏好用。

(4) 回流罐 应经常检查油面及油水界面，使之在正常位置。工艺条件改变时，要调整操作，防止轻油突发性增多而失控，切水阀井附近应装设可燃气体报警仪。

(5) 高温油泵 高温油泵应密封良好，发现渗漏及时处理。机泵检修时应关闭出入口阀，排空泵体内积油，压力为零时方可拆卸，如遇入口阀不严，应设法加盲板隔离或停工处理。

(6) 反应、再生系统

① 装置开工装催化剂前，应认真检查试验6个单动滑阀，确保完好灵活；生产过程中，一旦发现失灵，应立即改为手动操作，并立即抢修。

② 坚持每晚进行闭灯热点检查制度，有过热发红现象应及时采取应急措施。

(7) 易腐蚀减薄部位和管线 对易腐蚀减薄部位和管线应加强日常巡回检查和测厚检查，及时更换减薄部位。

(8) 高压分离器 对高压分离器的安全附件要经常检查，定期校验，特别是液位计的校验与清洗，使其保持指示清晰准确，防止液位过高或过低。

(9) 储罐 注意对储罐储存物料的检查，不得超过罐容积的80%；转送油品时必须对分析数据、储罐编号、流程进行核对；储罐的安全防护设施和阻火器、安全阀、呼吸阀、冷却喷淋水、静电接地等，必须保持良好状态。

(10) 气体加工装置

① 气体分馏泵区推广采用新型液态烃泵，改进端面密封，进出装置也应设置水封设施。电缆沟进配电间，仪表沟进仪表室都应有隔离措施。

② 气体分馏装置附近设明火加热炉时，应用防火墙隔离。如发现漏气时，应立即熄灭炉火。机动车不得驶近生产装置区域，应停靠在30m以外的地方。

(11) 脱硫及硫黄回收装置

① 定期对脱硫和硫黄回收装置的酸性气管线及其附属设备的厚度进行检测，及时更换经腐蚀后严重减薄的部位。

② 操作人员要熟悉废热锅炉的特性，正确判断和控制好水位；干锅时应按紧急停工处理，待出口温度降至常温后，才能慢慢加入软化水；严禁干锅时立即加水，以免锅炉爆炸。

(12) 脱硫醇氧化塔 要严格遵守操作规程和工艺卡片，控制好油、碱比例和通风量。要保持压缩空气的一定压力，谨防风压过低导致油、碱窜入压缩空气管道而引起爆炸事故。停工时要先停进料，停碱压后再停压缩空气，要控制好氧化塔底碱液界面。为防止设备超压，塔顶安全阀应定期检查、校验。

(13) 氧化沥青氧化反应塔 应严格注意和控制沥青的加热和放料温度，在放料时应该先经过冷却。为防止渣油中含水和轻质油较多造成氧化塔突沸冒塔以及氧化反应过程中气相产物含有大量油气和过剩氧存在，若加热温度过高，通入空气的数量和速度过大而导致气相着火或引起爆塔，应尽量减少水和轻质油含量。开进料前，反应塔的下部人孔先不封死，经检查确认无积水后，再封塔下部人孔；若查出塔底有存水，必须找出水的来源，清除积水后方可进料。含轻质油过多的原料不能进塔氧化；如发现气相温度直线上升，而注水量正常，气相着火的可能性极大；气相着火后，应立即切断进料，减小通风量，通入安全蒸汽，加大气相注水量。进出原料罐的渣油应符合质量要求，管线内的扫线蒸汽凝结水需置换。

(14) 糠醛精制　为避免抽提塔转盘轴密封泄漏，糠醛和油料喷出而引起火灾事故，应注意安装质量的监督，开工前应进行水试运或冷油试运及试漏的检查。定期对设备的腐蚀和检查鉴定情况进行监督，对丧失安全裕度的设备管道督促及时更新。

(15) 酮苯脱蜡装置

① 中冷器、低压分离器的液位，以小于30%为宜，以免氨压机抽液，严重时易引起汽缸爆炸。如发现抽液立即关闭进口阀，并卸荷运行或停机。

② 为防止氨窜入过滤机腐蚀其铜质绕线及配件，应定期测试酮苯吸收塔水溶液的pH值，pH值大于7，则可能窜氨，氨冷却器应及时更换。

(16) 消防设施的设置要求

① 工艺装置内甲类气体压缩机、加热炉等需要重点保护的设备附近，宜设箱式消火栓，其保护半径宜为30m。

② 甲、乙类工艺装置内，高于15m的框架平台、塔区联合平台，无消防水炮保护时，宜沿梯子铺设消防给水竖管。

③ 工艺装置内距地面高度为20～40m的甲类设备，宜在设备的两侧设置消防水炮，其与被保护的设备之间不得有影响水流喷射的障碍物。

④ 工艺装置内距地面40m以上、受热后可能发生爆炸的设备，当机动消防设备不能对其进行保护时，可设置固定式、半固定式的水喷雾或水喷淋冷却系统。

⑤ 灭火蒸汽管道的布置，要符合下列规定：

a. 加热炉的炉膛及输送腐蚀性介质或带堵头的回弯头箱内，应设固定式灭火蒸汽筛孔管。每条筛孔管的蒸汽管道，应从“蒸汽分配管”引出。“蒸汽分配管”距加热炉不宜小于7.5m，并至少应预留两个半固定式接头。

b. 室内空间小于500m^3的封闭式甲、乙、丙类泵房或甲类气体压缩机房内，应沿一侧墙壁高出地面150～200mm处，设固定式筛孔管，并沿另一侧墙壁适当设置半固定式接头。在其他甲、乙、丙类泵房或可燃气体压缩机内，应设半固定式接头。

c. 在甲、乙、丙类设备区附近，宜设半固定式接头，在操作温度等于或高于自燃点的气体或液体设备附近，应设半固定式接头。

第七节　乙烯生产工艺安全技术

一、乙烯生产过程

乙烯生产主要有五条路径：第一种是以天然气、原油处理后的轻烃为原料，经过蒸汽或催化剂裂解生产乙烯的轻烃路线；第二种是以原油处理后的石脑油为原料，经过蒸汽或催化剂裂解生产乙烯的石脑油路线；第三种是以煤炭为原料，采用煤气化制甲醇、甲醇转化制烯烃的煤炭路线；第四种是以粮食、秸秆、甘蔗、木薯为原料发酵生产乙醇，乙醇脱水制乙烯的生物质路线；第五种为诸如CPP的新技术路线，也有良好的发展前景。目前世界乙烯原料结构中，石脑油仍占主要地位，2010年全球乙烯原料构成为石脑油47%、轻烃35%，我国乙烯原料中石脑油大约占60%。

1. 轻烃路线

天然气的主要成分是甲烷、乙烷、丙烷、丁烷。气田气和油田气经过天然气加工厂（轻烃回收站）将甲烷分离出来，剩下乙烷、丙烷等组分即可作为裂解制乙烯的原料，也就是常说的轻烃裂解。目前国内以轻烃为原料的装置为：中原乙烯、广州乙烯、天津石化等，建设此种装置的前提是需要有丰富的天然气资源。

2. 石脑油路线

以炼油装置生产的拔头油、抽余油、石脑油、加氢尾油、常压柴油、减压柴油为原料，经蒸汽热裂解或催化剂催化裂解生产乙烯。蒸汽裂解工艺是目前最重要的烯烃生产工艺，主要包括裂解和分离精制两大部分，利用管式裂解炉，进行高温、短停留时间反应，将原料油热裂解成氢气、甲烷、乙烯、乙烷、丙烯、丙烷、丁二烯、C_5、混合苯等一系列化学产物，然后再通过精馏的办法，逐渐将各个产品分开，得到各种化工的基本原料。该路线工艺复杂，投资大，产品中乙烯比例高。

最近出现的先进催化裂化制烯烃工艺也是一个发展方向，该工艺原料与蒸汽裂解的类似，采用的是同轴并流式流化催化裂化反应-再生器（一种反应设备）及SK研发中心开发的专利催化剂，能够使乙烯和丙烯的产率提高15%～20%，初期投资减少约30%，且乙烯、丙烯比例可调，前景广阔。韩国的SK，国内的延长石油、石家庄炼油厂都已建成、在建或规划建设该工艺的乙烯厂。

3. 煤炭路线

中国能源消费结构中煤炭的比重较大、石油相对小，煤炭制甲醇成本低廉，由甲醇制烯烃可大量替代日益宝贵和稀缺的石油资源。MTO（甲醇制烯烃）技术首先是UOP公司提出的。2010年8月采用大连化物所与陕西新兴煤化工科技发展公司、中石化洛阳工程有限公司合作开发的甲醇制低碳烯烃（DMTO）技术的内蒙古包头神华煤化工有限公司煤经甲醇制烯烃工程一次开车成功，实现了非油制烯烃技术产业化，该工程的建设规模为年产180万吨甲醇、60万吨烯烃，该工艺应用不同催化剂能调节乙烯、丙烯产品比例。

由中国石化上海石油化工研究院和中国石化工程建设公司共同开发的100t/d甲醇制乙烯技术（SMTO）已在燕山石化取得示范成功，采用该技术的首套60万吨甲醇制乙烯工业化装置由中原乙烯化工有限责任公司建设。

4. 生物质路线

目前我国现有的乙醇脱水制乙烯装置是建立在燃料乙醇后继生产线上的，工艺路线比较陈旧、能耗过高，催化剂寿命短、热稳定性低，总体上不经济。

5. 新技术路线

由中石化石油化工科学研究院开发的重油催化热裂解制乙烯技术（CPP）已完成工业化试验，首套50万吨CPP工业化装置已于2009年8月在沈阳石蜡化工有限公司建成投产。中石化洛阳工程有限公司开发的重油直接接触裂解制乙烯工艺（HCC）也是一个选择。乙烯生产工艺流程图见图6-4。

二、乙烯生产过程危险性分析及安全控制技术

（一）乙烯生产工艺火灾危险性分析

① 高压设备和管道易泄漏。乙烯的爆炸极限范围为2.75%～28.6%。泄漏后发生火灾的事故在实际生产中屡有出现，其中设备和阀门破裂造成高温原料和裂解气的泄漏是发生火灾的重要因素。例如美国得克萨斯州郎维龙工厂曾因设备机械故障造成乙烯泄漏到大气中发生爆炸的重大事故，爆炸力相当于数吨TNT炸药，造成3人死亡、12座建筑物被烧毁。

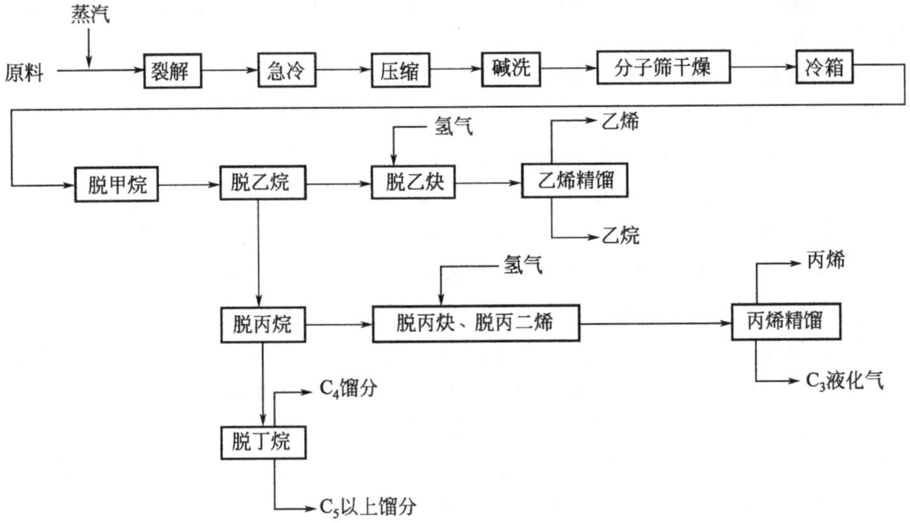

图 6-4　乙烯生产工艺流程图

② 高压分离系统有爆炸危险。分离系统在较高压力下进行，若设备材质有缺陷、误操作造成负压或超压；或压缩机冷却不够、润滑剂不良；或管线、设备因腐蚀穿孔、裂缝，将引发设备爆炸或泄漏物料着火。

③ 裂解炉易发生结焦。裂解过程中，由于二次反应，在裂解炉内壁上和急冷换热器的管内壁上将发生结焦反应，随着裂解的进行，焦的积累不断增加，影响管壁的导热性能，造成局部过热，烧坏设备，甚至堵塞炉管，引起事故。

④ 加氢过程火灾危险性较大。

第八节　氯乙烯生产及聚合工艺安全技术

一、氯乙烯生产及聚合过程

乙烯氧氯化法是目前工业生产氯乙烯（VCM）的主要方法，分三步进行：乙烯氯化生成二氯乙烷；二氯乙烷热裂解为氯乙烯及氯化氢；乙烯、氯化氢和氧发生氧氯化反应生成二氯乙烷。

(1) 乙烯氯化　乙烯和氯加成反应在液相中进行：

$$CH_2 = CH_2 + Cl_2 \longrightarrow CH_2ClCH_2Cl$$

采用氯化铁或氯化铜等作催化剂，产品二氯乙烷为反应介质。反应热可通过冷却水或产品二氯乙烷汽化来移出。反应温度 40～110℃，压力 0.15～0.30MPa，乙烯的转化率和选择性均在 99%以上。

(2) 二氯乙烷热裂解　生成氯乙烯的反应式为：

$$ClCH_2CH_2Cl \longrightarrow CH_2 = CHCl + HCl$$

反应是强烈的吸热反应，在管式裂解炉中进行，反应温度 500～550℃，压力 0.6～1.5MPa；控制二氯乙烷单程转化率为 50%～70%，以抑制副反应的进行。

裂解产物进入淬冷塔，用循环的二氯乙烷冷却，以避免继续发生副反应。产物温度冷却到 50～150℃后，进入脱氯化氢塔。塔底为氯乙烯和二氯乙烷的混合物，通过氯乙烯精馏塔精馏，由塔顶获得高纯度氯乙烯，塔底重组分主要为未反应的粗二氯乙烷，经精馏除去不纯物后，仍作热裂解原料。

(3) 氧氯化反应 以载在γ-氧化铝上的氯化铜为催化剂，以碱金属或碱土金属盐为助催化剂。主反应式为：

$$H_2C=CH_2+2HCl+1/2O_2 \longrightarrow ClCH_2CH_2Cl+H_2O$$

主要副反应为乙烯的深度氧化（生成一氧化碳、二氧化碳和水）和氯乙烯的氧氯化（生成乙烷的多种氯化物）。反应温度200～230℃，压力0.2～1MPa，原料乙烯、氯化氢、氧的摩尔比为1.05∶2∶(0.75～0.85)。反应器有固定床和流化床两种形式，固定床常用列管式反应器，管内填充颗粒状催化剂，原料乙烯、氯化氢与空气自上而下通过催化剂床层，管间用加压热水作热载体，以移走反应热，并副产压力为1MPa的蒸汽。固定床反应器温度较难控制，为使有较合理的温度分布，常采用大量惰性气体作稀释剂，或在催化剂中掺入固体物质。二氯乙烷的选择性可达98%以上。在流化床反应器中进行乙烯氧氯化反应时，采用细颗粒催化剂，原料乙烯、氯化氢和空气分别由底部进入反应器，充分混合均匀后，通入催化剂层，并使催化剂处于流化状态，床内装有换热器，可有效地移出反应热。这种反应器反应温度均匀而易于控制，适宜于大规模生产，但反应器结构较复杂，催化剂磨损大。

由反应器出来的反应产物经水淬冷，再冷凝成液态粗二氯乙烷。冷凝器中未被冷凝的部分二氯乙烷及未转化的乙烯、惰性气体等经溶剂吸收等步骤回收其中的二氯乙烷。所得粗二氯乙烷经精制后进入热解炉裂解。

乙烯氧氯化法的主要优点是利用二氯乙烷热裂解所产生的氯化氢作为氯化剂，从而使氯得到了完全利用。

聚氯乙烯（PVC）是用自由基加成聚合方法制备的，聚合方法主要分为悬浮聚合法、乳液聚合法和本体聚合法，以悬浮聚合法为主，约占PVC总产量的80%。将纯水、液化的VCM单体、分散剂加入反应釜中，然后加入引发剂和其他助剂，升温到一定温度后，VCM单体发生自由基聚合反应生成PVC颗粒。持续的搅拌使得颗粒的粒度均匀，并且使生成的颗粒悬浮在水中。此外，还有用微悬浮法生产PVC糊用树脂，产品性能和成糊性均好。

① 悬浮聚合法。使单体呈微滴状悬浮分散于水相中，选用的油溶性引发剂则溶于单体中，聚合反应就在这些微滴中进行，聚合反应热及时被水吸收。为了保证这些微滴在水中呈珠状分散，需要加入悬浮稳定剂，如明胶、聚乙烯醇、甲基纤维素、羟乙基纤维素等。引发剂多采用有机过氧化物和偶氮化合物，如过氧化二碳酸二异丙酯、过氧化二碳酸二环己酯、过氧化二碳酸二乙基已酯和偶氮二异庚腈、偶氮二异丁腈等。聚合是在带有搅拌器的聚合釜中进行的。聚合后，物料流入单体回收罐或汽提塔内回收单体。然后流入混合釜，水洗再离心脱水、干燥即得树脂成品。氯乙烯单体应尽可能从树脂中抽除。作食品包装用的PVC，游离单体含量应控制在1μL/L以下。聚合时为保证获得规定的分子量和分子量分布范围的树脂并防止爆聚，必须控制好聚合过程的温度和压力。树脂的粒度和粒度分布则由搅拌速度和悬浮稳定剂的选择与用量控制。树脂的质量以粒度和粒度分布、分子量和分子量分布、表观密度、孔隙度、鱼眼、热稳定性、色泽、杂质含量及粉末自由流动性等性能来表征。聚合反应釜是主要设备，由钢制釜体内衬不锈钢或搪瓷制成，装有搅拌器和控制温度的传热夹套或内冷排管、回流冷凝器等。为了降低生产成本，反应釜的容积已由几立方米、十几立方米逐渐向大型化发展，最大已达到200m^3（釜式反应器）。聚合釜经多次使用后要除垢。以聚乙烯醇和纤维素醚类等为悬浮稳定剂制得的PVC一般较疏松，孔隙多，表面积大，容易吸收增塑剂和塑化。

② 乳液聚合法。乳液聚合法是最早的工业生产PVC的一种方法。在乳液聚合中，除水和氯乙烯单体外，还要加入烷基磺酸钠等表面活性剂作乳化剂，使单体分散于水相中而成乳

液状，以水溶性过硫酸钾或过硫酸铵为引发剂，还可以采用“氧化-还原”引发体系，聚合历程和悬浮法不同。也有加入聚乙烯醇作乳化稳定剂，十二烷基硫醇作调节剂，碳酸氢钠作缓冲剂的。聚合方法有间歇法、半连续法和连续法三种。聚合产物为乳胶状，乳液粒径0.05～2μm，可以直接应用或经喷雾干燥成粉状树脂。乳液聚合法的聚合周期短、较易控制，得到的树脂分子量高，聚合度较均匀，适用于作聚氯乙烯糊、制人造革或浸渍制品。乳液法聚合的配方复杂，产品杂质含量较高。

③ 本体聚合法。聚合装置比较特殊，主要由立式预聚合釜和带框式搅拌器的卧式聚合釜构成。聚合分两段进行。单体和引发剂先在预聚合釜中预聚 1h，生成种子粒子，这时转化率达 8%～10%，然后流入第二段聚合釜中，补加与预聚物等量的单体，继续聚合。待转化率达 85%～90%，排出残余单体，再经粉碎、过筛即得成品。树脂的粒径与粒形由搅拌速度控制，反应热由单体回流冷凝带出。此法生产过程简单，产品质量好，生产成本也较低。

二、氯乙烯生产及聚合过程危险性分析及安全控制技术

(一) 氯乙烯生产过程及聚合过程危险性分析

氯乙烯（VCM）单体作为 PVC 的生产原料，需求自然也是逐年增加。但是由于 VCM 生产过程具有易燃、易爆、腐蚀性强、有毒有害物质多、生产过程连续性强、生产工艺复杂等特点，操作上稍有疏忽或安全防护措施不当就会发生安全事故。

氯乙烯与空气的爆炸范围下限较低，因此氯乙烯泄漏在空气中形成混合爆炸性气体的危险性很大，国内外聚氯乙烯生产厂曾发生氯乙烯空间爆炸事例多起，造成严重的经济损失及人身伤亡事故。造成氯乙烯空间爆炸的主要原因是氯乙烯泄漏到空气中形成混合爆炸性气体，由于打火或静电等因素所致。

在氯乙烯（VCM）的生产过程中，乙炔气相加成氯化氢反应是重要的工艺控制过程，如果操作控制不当就会发生爆炸事故。因此对原料气乙炔及氯化氢的各项指标要求也非常严格，特别是氯化氢气体中的游离氯控制直接影响着氯乙烯生产的安全。如果氯化氢中含游离氯偏高，乙炔与氯会发生高温反应生成氯乙炔爆炸物，严重时会发生燃烧或爆炸，国内聚氯乙烯生产厂曾多次发生此类事故。

工业化生产聚氯乙烯的过程，包括原料、设备和生产工艺等都不可避免地存在一些危险有害因素。安全第一，预防为主，时刻做好危险有害因素的辨识以及危险性的评价，对加强安全生产监督工作有着十分重要的意义。下面介绍聚氯乙烯生产过程中的各种危险有害因素。并在此基础上运用化学火灾、爆炸危险性评价方法对其中可能存在的各种危险有害因素进行评价。

PVC 生产及存在火灾危险的主要危险场所为：乙炔发生、VCM 转化、VCM 压缩、VCM 精馏、VCM 储存、气柜、供料及回收、聚合工段等。这些生产工段中使用和产生的物料多数具有易燃、易爆特性。乙炔气、氯乙烯等都是极易燃烧、爆炸的物质，且其引燃引爆的因素多。再加上生产过程中出现的不安全因素，使本装置具有一定的火灾危险性。

一旦这些物料泄漏，遇到点火源可能会导致火灾爆炸事故的发生。

1. 化工设备易发生火灾爆炸

一是高压设备和管道易泄漏，泄漏后很容易发生火灾事故，其中设备和阀门破裂造成高温原料和裂解气的泄露是发生火灾的重要因素；二是高压分离系统有爆炸危险，系统处于高压的状态下，如果操作不当或超压很容易发生压力事故；三是裂解炉易发生结焦，焦状物堵塞炉管，引起事故。

2. 生产中存在的火灾类型及分类

（1）电石破碎、乙炔发生、清净配制工序 在此阶段容易发生甲类火灾，其中容易导致火灾和爆炸事故的物质主要是 C_2H_2 和 CaC_2。因此必须采取必要的预防措施来防止事故的发生。比如在一些容易发生可燃气体泄漏危险的场所设置可燃气体报警器，以及要对全部的设备都做防静电处理，最后要做好通风换气的工作。

（2）VCM 合成及压缩 在这个过程很容易发生甲类火灾，其中比较危险的物质是 VCM，因此应当做好防范对策，比如对全部的设备在安装时要进行接地处理，以及在比较高的地方做避雷处理。

（3）精馏工序 这个工序的火灾等级是甲类，主要存在的危险有害因素是 VCM。因而必须要做好防范对策，可以将装置设在露天，设备做静电处理，以及尾气必须要经过吸收达到标准后才能够排放到空气中。

（4）聚合工序 聚合阶段的火灾等级为甲类。在此过程中存在的主要危险物质是 VCM。需要做好预防措施以防止火灾、爆炸事故的发生。例如在厂房内设立可燃气体报警器，在加料时必须要密闭加料，在开釜前必须进行抽真空处理，并且做好防静电的处理措施。

（二）氯乙烯生产过程及聚合过程安全控制措施

1. 技术及管理对策

① 通过控制 HCl 中游离氯的含量，来防止过量的氯气与乙炔反应生成易燃易爆的气体。HCl 中游离氯的含量增高的原因包括：HCl 比例不恰当；炉压的波动；氯气使压力发生改变；破坏炉头，产生不完全燃烧；人员操作的不恰当等等。要是想要控制 HCl 中游离氯的量，必须从以下几个方面考虑，第一为保证氢气、氯气的质量，氢气纯度（$H_2>98\%$，$O_2<0.4\%$，$H_2O<0.03\%$），氯气的纯度（$Cl_2>95\%$，$H_2<0.7\%$，$H_2O<0.03\%$）。在规定的时间检查气体纯度，如是各方面都允许的话可以安装线控制，时刻留意气体量的改变，适当地采用一些合适的措施进行必要的调节；第二为选择合适的氯气分子与氢气分子的比例，$Cl_2:H_2=1:(1.05\sim1.1)$，也就是说氢气要比氯气多出 5%～10%。在现场的人员必须经常留意反应温度、氯气和氢气的流量、火焰的颜色等，以及要保持流量处于一个相对稳定的状态。要经常针对游离氯的量，用定性或定量分析方法进行检测。

② 对于 HCl 气体和 C_2H_2 气体在进入混合器时要保持一定的比例，绝对不能够让 C_2H_2 超过规定的量，避免多余的 C_2H_2 与转化器中转化催化剂氯化汞发生反应，形成易爆的乙炔汞，从而造成爆炸。乙炔气的质量指标是：不含磷、硫等杂质。控制分子比 $C_2H_2:HCl=1:(1.05\sim1.1)$，即氯化氢气体过量 5%～10%。混合器出口处应当配有超温报警装置，在温度超过规定时能够立刻减少 C_2H_2 的量，如果环境允许应当将混合器温度与乙炔气流量用自动联锁调节。

③ 使转化器的转化率增大，来防止转化器中 O_2 与未转化 C_2H_2 的量相比增大，当遇到 C_2H_2 时将会生成爆炸性的气体，遇到高温时就会发生强烈的爆炸。能够使转化率发生改变的原因是多种多样的，例如混合气的流速过快、催化剂活性的减弱等。经常要检查转化器的安全运行情况，当发现转化率变小时，必须在恰当的时间减少物料流量或催化剂，以便增大转化率。

④ 对聚合釜的温度和压力要加以控制，从而确保聚合釜不会因为超压、超温导致炸裂。

聚合反应为一种放热反应，如果处理不恰当可能会导致聚合釜发生危险。导致聚合釜发生超压超温现象的原因主要包括：首先，人员的操作处理不恰当或工艺配方不适合，从而导致装料系数的变大，超过正常范围，气相空间变小，或者由于添加了过量的引发剂，使得反应变得过于激烈；其次，冷却水减少，反应过程中生成得到的热量不能够被及时地带走释放；再次，由于仪表发生故障而引发的误差；然后，由于搅拌器出现了问题而使得热量不能够被及时带走，从而可能会引起爆炸；最后，要是发生断电事故可能会引起超压、超温现象。因而，操作人员应当谨慎操作，保证装料的系数能够在85%～90%的范围之内，绝对不能够添加过多的引发剂。每一台冷却水泵都应该配备备用泵，电源必须按照二级以上用电负荷来配电。要时刻留意搅拌机电流的改变，若电流突然变小，必须马上检查是否搅拌棒发生了破裂。设备必须经常进行定期的巡检，现场仪表指示刻度与DCS仪表要相互保持一致，确保在发生热电偶失灵之后不会导致误动作，保证温度的波动不超过±0.2℃。

⑤ 对于安全规章和措施要严格执行，从而避免聚合釜发生泄漏现象，致使C_2H_3Cl的单体发生高速喷出的现象，并与空气发生反应生成爆炸性气体从而引起空间爆炸。试压检查应在进料之前进行，以避免阀门、垫片、轴封、法兰等处发生泄漏现象。在进行厂房设计应该保留有足够的防爆面积，以及在进行设备的选型及安装时要对防雷、防静电、防爆要求充分考虑。

⑥ 本质安全化。本质安全是指设备本身所具备的安全基础指数，是安全生产的基础。本质安全必须从设备的设计抓起，不断改进，减少乃至杜绝因设备本身的故障可能导致的事故，以保证人员不受侵害。

⑦ 工艺流程与控制。加强工艺管理，调控指标，并且进一步完备并执行生产中的各种操作规程和预防措施。要加强巡检，以便及时发现生产中的问题，加强对员工的培训和考核力度，加强员工的素质以及实际操作水平。

⑧ 设备的处理与控制。在设备选材上应当尽量合理，细心维护，并且要特别关注那些关键设备，要保证设备的工况以及运行保持良好，从而减少不必要的泄漏，减少发生火灾爆炸和中毒的可能性。

⑨ 安全措施与安全处理。对安全设施的投资要加大，在动火时必须要进行动火作业处理，事故处理预案应当制定多套不同的，并且要在一段规定的时间内进行事故演练，在一些危险的地方要进行24h的录像监测；在容易发生气体爆炸的危险地点，应当设置必要的可燃性气体报警仪。对于车间内的安全管理应当加强，要在车间上安装合理、充足的水喷雾系统和消防设施，增强车间的安全性，并且要做好日常巡查和检查。对于气相泄漏的应急演练应当加强，要经常查看消防泡沫、消防水炮是否正常工作。

⑩ 增大安全补偿系数。在安全补偿措施上要多花些时间，如在压力较高的位置，在进行承压部件的设计和使用时，提高一个压力等级能够有效地防止泄漏。对于各单元的装置设备的密封点应该进行严格的管理，在选用阀门时应当采用无外漏波纹管型的阀门，法兰连接处、截止阀可以用唇焊式密封垫片，能够有效地避免有毒物质的泄漏。重视安全补偿措施设备的完好和投用情况，如失去这些安全补偿，装置的风险性将会增大。

⑪ 劳动保护。车间内应当配有足够的急救药品和防毒设备，从而能够有效地减少危险事故发生时的人员损伤。

2. 合成氯乙烯时混合器发生安全事故的分析

乙炔与氯化氢加成反应在生成氯乙烯之前要进行混合，此过程是在混合器中进行的，当氯化氢中突然含游离氯时首先反映在混合器温度上的变化，因为乙炔与游离氯混合后会发生放热反应生成氯乙炔爆炸物，此时混合器内温度会突然上升，因此必须采取安全措施。

安全措施：首先采取混合器温度报警，当混合器温度大于60℃时，DCS系统会发出报警信号，信号及时反馈至氯化氢合成系统，及时调整氯、氢配比或采取紧急停车措施；紧急停车采取联锁控制，当氯化氢含氯时，报警信号同时反馈至乙炔工段输送乙炔的水环压缩机，并自动断电停送乙炔气；乙炔总管上安装了快速切断两位阀，停送乙炔的同时快速切断阀立刻关闭，迅速阻断氯化氢进入乙炔系统装置，避免爆炸事故的发生；停送原料气后，开启自动充氮阀对混合系统管道及合成系统进行氮气置换，避免开车时残留游离氯与乙炔混合发生爆炸。

3. 氯乙烯合成分馏排空尾气安全技术分析

在氯乙烯合成分馏操作中，排空尾气中氯乙烯含量过高或夹带液体氯乙烯时有发生。其主要原因是分馏操作控制不当，尾气冷凝器下料管结冰或堵塞，尾气冷凝器冷却效率降低，全凝器冷凝效果差。

氯乙烯是比较活泼的易燃、易爆物质。氯乙烯与空气形成爆炸混合物的范围是 4%～22%。氯乙烯与氧气形成爆炸混合物范围 3.6%～72%。液态氯乙烯无论从设备还是从管道向外泄漏，都是极其危险的，一方面，它遇到外界火源会引起爆炸；另一方面，它是一种高绝缘性液体，在压力下快速喷射会产生静电积聚而自发起火爆炸，因此防止氯乙烯泄漏十分重要。

安全措施：严格操作控制，经常巡回检查，发现问题及时处理，保持分馏压力平稳；尾凝器定期切换化冰，以防影响冷却效果发生跑料事故；尾气排空采用变压吸附装置回收氯乙烯及乙炔，变压吸附装置采用 DCS 全自动控制，使尾排含量控制在 0.02%以下；在输送液态氯乙烯时宜选用低流速自压或选用专用氯乙烯单体泵；对设备及管道进行防静电接地；单体储槽液面计采用直观磁式翻板液位计及压差远传监控；液位计与储槽之间加装自动球阀；定期检查及更换设备及管道连接垫，严禁使用胶垫。

4. 聚合生产过程的危险分析与安全控制

(1) 聚合釜轴封 国内 $30m^3$ 聚合釜多采用双端面机械密封，机械密封结构、材质的好坏直接影响其使用寿命，一旦泄漏将直接威胁生产安全。

安全措施：机械密封采用设计结构合理、材质好的；有条件的应采用进口机械密封，一般进口机封使用寿命在三年左右，国产机封使用寿命最长可达两年；加强和提高检修技术力量，保证检修质量。

(2) 爆聚排料 当聚合釜温度、压力急剧上涨，或初期升温过高，会使聚合激烈反应，造成安全阀起跳，使大量氯乙烯外溢，此时最易发生空间爆炸事故。造成聚合釜温度、压力升高的主要原因是配料不准，引发剂过量，水油比过低会产生爆聚反应，引发剂过量会引起剧烈放热反应而使聚合釜不易控制。聚合停电或停水；聚合升温停汽或停热水过迟，也会造成安全阀起跳。

安全措施：辅料配制称量时，特别是称量引发剂时，一定坚持两个人互相校对，以防有误，并定期校对称量器具；单体和水的计量采用质量流量计并安装两台进行复核，单体也可用计量槽进行复核，以确保最佳的水油比；聚合应采用双电源，以备用；当聚合停水、停电时，可向釜内加高效终止剂终止反应；聚合釜压力应安装报警装置。

第九节 己二酸生产过程安全技术

一、己二酸生产过程

己二酸又名肥酸（adipic acid），是脂肪族二元羧酸中最有应用价值的二元酸之一，能够发生生成盐、酯化以及酰胺化等反应，主要用于生产尼龙 66 工程塑料、聚氨酯泡沫塑料和增塑剂，此外还可用于生产高级润滑油、食品添加剂、医药中间体、香料香精控制剂、新型单晶材料、塑料发泡剂、涂料、杀虫剂、黏合剂以及染料等，用途十分广泛。

目前，己二酸的工业生产方法主要是环己烷法，目前该工艺路线约占全球己二酸总生产能力的93%。环己烷路线，即由纯苯催化加氢生成环己烷，环己烷再经空气氧化生成环己酮和环己醇（醇酮油，俗称KA油），再由硝酸氧化合成己二酸。该路线产生大量的“三废”，其中最主要的是醇酮油合成过程中产生的废液、醇酮油氧化合成己二酸过程的废水和硝酸氧化KA油过程中产生的氧化氮等废气。随着环保压力越来越大，针对己二酸生产过程中存在的使用腐蚀性硝酸原料和产生严重污染环境的氮氧化物、硝酸蒸气和废酸液等问题，目前正在研究开发环己烯氧化法、丁二烯法以及利用生物催化法等己二酸的清洁生产工艺。

目前工业上被广泛采用的硝酸氧化KA油或环己醇制备己二酸的工艺流程是：在0.1%～0.5%Cu与0.1%～0.2%V为催化剂催化下，用60%HNO_3在60～80℃、0.1～0.9MPa条件下氧化KA油，KA油的总转化率为100%，ADA选择性约95%。该法的主要副产物是戊二酸和丁二酸。其中催化剂铜和钒各有作用：钒适合低温，其优点在于使生成的中间体选择性地转化成己二酸，从而提高反应收率。铜适合高温，其优点是对副产物戊二酸的生成及对环己酮转化成二异亚硝基环己酮有抑制作用。目前主要生产厂家有美国的杜邦公司、日本的旭化公司和我国的神马集团。

二、己二酸生产过程危险性分析及安全控制技术

己二酸生产装置的物料醇酮可燃、可爆、有毒；硝酸有强腐蚀性；氧化氮气体对人体有害；己二酸可燃、可爆，有轻毒。操作注意事项：密闭操作。操作人员必须经过专门培训，严格遵守操作规程。建议操作人员佩戴自吸过滤式防尘口罩，戴化学安全防护眼镜，穿防毒物渗透工作服，戴橡胶手套。远离火种、热源，工作场所严禁吸烟。使用防爆型的通风系统和设备。避免产生粉尘。避免与氧化剂、还原剂、碱类接触。搬运时要轻装轻卸，防止包装及容器损坏。配备相应品种和数量的消防器材及泄漏应急处理设备。倒空的容器可能残留有害物。

以下为生产过程中的安全生产技术。醇酮油用硝酸进行氧化反应，在六台串联的氧化反应器中进行。氧化反应是放热反应，反应产生的氧化氮气体对人体很有害，因此反应温度的控制很重要。六个氧化反应器的反应温度控制平稳，不能超温，不能冒氧化氮气体。设有联锁系统，联锁控制系统要保证处于完好状态。精己二酸在干燥活动过程中易产生静电，它的粉尘与空气能形成爆炸性混合物，因此精己二酸在干燥过程中，假如防静电工作没做好，就可能由静电而引起火灾、爆炸。精己二酸干燥器的静电接地要符合要求，并要定期检测，做好记录。为防止流化空气与精己二酸的粉尘形成爆炸性混合物，在加料漏斗的出口，设有测流化空气中氧含量的在线分析仪，控制其氧含量在15%（体积分数）以下，超限声光报警。留意检查设备、管道的腐蚀情况，防止泄漏硝酸和氧化氮气体。精己二酸包装岗位，要做好防静电和防粉尘工作。进行包装时，一定要穿着好防护服。巡检职员和维修职员都要时刻留意防酸灼伤。

第十节　苯酚、丙酮生产过程安全技术

一、苯酚、丙酮生产过程

1. 异丙苯法生产苯酚、丙酮过程

（1）异丙烯氧化与浓缩　异丙烯氧化用3～4级串联的反应塔，每塔实现的转化率大致相同。新鲜的和循环的异丙苯经预热从底部进入第一氧化塔。循环异丙苯源自氧化反应尾气

冷凝液、CHP（异丙苯过氧化氢）浓缩塔塔顶气冷凝液和AMS（2-苯基丙烯）加氢产物，入塔前需经碱性水溶液洗涤。

压缩空气经碱洗除去酸性物质，以并联方式从塔下部的空气分布器进入每个氧化塔。空气用作氧化剂，从底下鼓泡也对反应物料起混合搅拌作用。氧化塔内反应温度维持在90～120℃，反应压力0.3～0.7MPa。随着CHP浓度增加，反应温度下降。各氧化塔都配备有外循环水冷却器，以移走反应热。异丙苯的蒸发也带走一部分热量。氧化反应可以在加碱稳定的体系（pH值为7～8）中进行，也可以在不加碱稳定的体系（pH值为3～6）中进行。反应物料在氧化系统内停留一定时间，部分异丙苯转化。高选择性地生成CHP，副产物为二甲基苄基甲醇和苯乙酮、甲醇、甲醛、甲酸等。氧化反应的选择性与转化率、温度、停留时间、压力等因素有关，一般工业上可达到95%。各氧化塔顶部排出的气体中，含有氮气、一氧化碳、氧气、异丙苯、水及甲基氢过氧化物（MHP）等，汇集起来通过换热器冷却，析出冷凝物。异丙苯返回第一氧化塔，水相进入MHP分解器。未冷凝气体通过活性炭吸附系统，回收残余的异丙苯后排入大气。从末级氧化塔流出的氧化液中，CHP浓度一般在25%（质量分数）以下。氧化液经过冷却分层，水相去处理，有机相去浓缩系统。浓缩系统一般有两个真空蒸馏塔，用来回收氧化液中的未反应异丙苯，提高CHP浓度。通常浓度提高到80%～90%（质量分数）的塔釜液进入CHP分解系统。两个真空蒸馏塔的塔顶馏出物，主要是异丙苯，返回第一氧化塔。浓缩系统的加热介质温度不宜太高，以防浓缩过程中CHP的分解。

（2）CHP分解与中和 CHP分解在酸性催化剂（如硫酸）的存在下进行，需精心控制分解温度（约80℃）避免副反应的发生。物料在分解器内停留一定时间。CHP分解率为100%。苯酚的选择性达98%以上。副产物量很少，有甲酸、乙酸、亚异丙基丙酮及一些高聚物。

分解液中含有催化剂硫酸及副产物甲酸、乙酸，为避免其腐蚀设备，应予以中和、除去。

（3）产物回收 CHP分解经过中和处理的有机物，是粗制的丙酮和苯酚的混合物，尚含有水、烃类及微量有机杂质，进入粗分塔蒸馏。蒸出丙酮及其他一些轻质产物，去精丙酮塔精馏制得产品丙酮。精丙酮塔塔底物是异丙苯、AMS等烃类及水，与脱轻组分塔（粗酚塔）塔顶馏出物一起进烃回收系统。粗分塔塔底物是苯酚和一些重质产物，送苯酚提纯系统。苯酚提纯系统主要由脱重组分塔、脱轻组分塔和精苯酚塔组成。脱重组分塔的塔底物是苯乙酮、枯基苯酚和焦油状物，与精苯酚塔的塔底物料一起经酚回收处理后，废油可作燃料。

（4）水处理系统 MHP分解器的水相、丙酮汽提塔底物、精丙酮塔塔底物分离的水相，同时还有从酚水槽、中和槽、精AMS碱洗槽、酚回收溶剂槽及放空洗涤器来的间断废水，这些废水经硫酸酸化，把所有的酚钠转化成苯酚，然后进入萃取塔回收苯酚。

萃取剂采用从精丙酮塔和脱轻组分塔回收的有机相，其组成为异丙苯、AMS及亚异丙基丙酮。萃取剂从萃取塔底部入塔，对含酚废水进行逆流萃取。萃取后的废水只含痕量苯酚，可送常规生化系统处理。从萃取塔塔顶流出的萃取液，先用碳酸钠溶液或者来自生产过程的碱性溶液处理。这时，苯酚又形成酚钠，进入水相，返回中和槽。含少量苯酚的有机相在20%碱液反萃取，苯酚完全转入水相。萃取剂得以再生可重复使用，一部分送往AMS加氢系统。

（5）AMS加氢系统 AMS加氢反应采用固定床催化反应器。催化剂为Pd/Al_2O_3。AMS和氢气从顶部进入反应器，AMS加氢生成异丙苯。AMS加氢的单程转化率达100%，异丙苯选择性为98%以上。加氢反应器流出物，经热交换冷却冷凝，进入气液分离器，分离成富含氢气的气相和富含异丙苯的液相。为了避免 CO 等杂质在气体中积累，排放一部分气体后，其余气体经压缩后补充新鲜氢气，返回加氢反应器。液相经蒸馏回收异丙苯，返回氧化塔。蒸余物重质烃可作燃料使用。

2. 有毒有害物质及处理

(1) 有害气体　氧化反应尾气，经冷却冷冻冷凝，分离出异丙苯之后进入活性炭吸附器，回收微量异丙苯，使有机物含量降至 $50cm^3/m^3$ 以下，然后在常压下高空排放。加氢反应弛放气，经冷凝分离出有机物后常压下高空排入大气。喷射器的尾气、精馏系统的所有放空气体，均需收集起来，经冷凝冷却，进一步回收有机物，洗涤，然后放空。

(2) 有害废液　氧化工序碱洗废水、精丙酮塔塔釜废水、丙酮汽提塔废水等来自本装置净化系统的所有槽罐的排污，收集返回中和系统，用硫酸调节 pH 值至 5～6，然后送萃取塔，以 AMS 和异丙苯混合液为萃取剂，进行溶剂萃取脱酚。再进行油水分离，分出废水去生化处理。氧化系统排出的废液中，含有 MHP，经 MHP 分解器分解后，气相进入活性炭吸附系统，经吸附后排放，液相进入酚回收系统。

(3) 有害废渣　活性炭吸附器出来的废活性炭，可用作燃料。酚处理器排出的废树脂，可作燃料烧掉。废的加氢催化剂，可送回催化剂制造厂回收其中的贵金属钯。环境保护投资主要用于含酚废水处理和异丙苯氧化尾气治理。

二、苯酚、丙酮危险性分析

1. 异丙苯法生产苯酚、丙酮过程危险性分析

(1) 苯酚的危险性　分析空气中有 $(30～60)\times10^{-6}$ 苯酚蒸气就会对动物造成伤害。连续 8h 工作场所，苯酚在空气中的最大允许浓度为 5×10^{-6}。苯酚蒸气会刺激眼、鼻和皮肤。苯酚水溶液或纯苯酚接触皮肤，会造成局部麻醉、灼伤变白、溃疡。如误服苯酚会引起喉咙的强烈灼烧感和腹部剧烈疼痛的症状。长期与苯酚接触，会造成肺、肝、肾、心、泌尿系统和生殖系统损伤。苯酚若溅到皮肤上，应立即用温水冲洗。除眼睛外，最好是用酒精洗，因为苯酚较易溶于酒精。可能与苯酚接触的工作人员，应佩戴防护眼镜、面罩、橡皮手套，穿防护服和围裙，配备氧气呼吸器。误食苯酚，可服蓖麻油或植物油催吐或用牛奶洗胃。空气中苯酚浓度过高引起中毒者，应迅速脱离现场，转移到空气新鲜处。呼吸困难时吸氧，送医院救治。由于苯酚有害于人体健康，《地面水环境质量标准》对地面水中挥发酚（主要是苯酚）含量做如下严格限制。

Ⅰ类水　≤0.002mg/L

Ⅱ类水　≤0.002mg/L

Ⅲ类水　≤0.005mg/L

国家标准规定饮用水中苯酚含量应小于 0.002mg/L。

苯酚在常温下不易发生火灾，但点燃时会燃烧。在高温下苯酚可放出有毒、可燃的蒸气。因此，苯酚应储存于 35℃以下的干燥通风的库房中。

(2) 丙酮的危险性　丙酮主要对中枢神经系统起抑制、麻醉作用，高浓度接触对个别人可能出现肝、肾和胰腺的损害。由于其毒性低，代谢解毒快，生产条件下急性中毒较为少见。急性中毒时可导致呕吐、气急、痉挛甚至昏迷。口服后，口唇、咽喉有烧灼感，经数小时的潜伏期后可发生口干、呕吐、昏睡症状，甚至暂时性意识障碍。丙酮对人体的长期损害，表现为对眼的刺激症状，如流泪、畏光和角膜上皮浸润等，还可表现为眩晕、灼热感，咽喉刺激、咳嗽等。

吸入：浓度在 500μL/L 以下无影响，500～1000μL/L 之间会刺激鼻、喉，1000μL/L 时可致头痛并有头晕出现，2000～10000μL/L 时可产生头晕、醉感、倦睡、恶心和呕吐，

高浓度导致失去知觉、昏迷和死亡。眼睛接触：浓度在500μL/L会产生刺激，1000μL/L会有轻度、暂时性刺激。皮肤刺激：液体会有轻度刺激，通过完好的皮肤吸收造成的危险很小。口服：对喉和胃有刺激作用，服进大量会产生和吸入相同的症状。皮肤接触会导致干燥、红肿和皲裂，每天3h吸入浓度为1000μL/L的蒸气，在7～15年会刺激工人鼻腔，使人眩晕、乏力。高浓度蒸气会影响肾和肝的功能。

丙酮具有高度易燃性，有严重火灾危险，属于甲类火灾危险物质。在室温下蒸气与空气会形成爆炸性混合物。可用干粉、抗溶泡沫灭火剂、卤素灭火剂或二氧化碳来灭火，用水来冷却暴露于火中的容器，并驱散丙酮蒸气。

(3) 苯酚装置主要职业危险 苯酚装置主要职业危险有以下几个方面。

① 生产过程中使用的原料、中间产品和成品，如异丙苯、CHP、氢气、AMS、丙酮等多为易燃、易爆物。如发生泄漏，与空气形成爆炸性混合物，遇明火则酿成爆炸、火灾。

② 异丙苯氧化、CHP分解等属放热反应。各工艺参数如流速、物料比、浓度、pH值等都会影响反应速率。若冷却措施不力，温度控制失灵，则反应过速，温度、压力骤升，导致容器破裂以致发生爆炸事故。

③ CHP浓缩塔在高空真空条件下操作。如设备、阀门或管件密封不严，或工艺条件失控，均可能引起空气漏入而造成爆炸事故。

④ CHP遇热易分解。如反应温度失控，或输送、储存过程中形成局部热点，则会引起CHP分解，以致发生事故。

2. 异丙苯法生产苯酚、丙酮安全技术

异丙苯法生产苯酚和丙酮所用的原料、中间产品和最终产品，都是易燃、易爆和有毒物质。所以对于石油化工安全生产的一般要求都适用苯酚、丙酮装置。应当指出，由于异丙苯法生产工艺的中间产品CHP是一种不稳定的有机过氧化物，如前所述，在高温和酸碱存在下会激烈分解，遇到铁锈也会分解。自异丙苯法问世以来，由CHP分解引起装置爆炸的事故不止一起。所以，如何保证CHP生产过程的安全，是整个生产过程安全的关键。

(1) 处理含异丙苯过氧化氢物料的安全要求 在处理含CHP的物料，特别是高含量CHP的物料时，一定要注意以下几点。

① 防止CHP与酸接触。不能将浓硫酸加入CHP中，否则将引起CHP剧烈分解和爆炸。

② 不应使CHP接触强碱，特别是在温度较高的情况下（如大于60℃），否则也会引起CHP的剧烈分解。

③ 要防止CHP过热，特别是局部过热。在储存CHP时应使其经常处于冷却状态。长期大量储存时，温度应尽可能保持在30℃以下，并用碳酸钠水溶液洗涤。

④ 接触CHP的设备、管线应选用不锈钢材质。设备管线设计和安装应尽量不留死角。

⑤ 含CHP物料的工序联锁报警系统，紧急状态下停车的联锁一定要完善、方便使用。

(2) 氧化系统的安全措施 异丙苯氧化系统安全运行的关键是严格控制反应温度和CHP浓度，通过正常运行时的冷却系统和紧急状态下的冷却系统可以做到这一点。

氧化系统的开车和停车要特别注意。在开车过程中，氧化反应器应该在常压下升温，直到温度高于异丙苯和空气的爆炸极限为止。然后再逐步升压、升温，使塔中的气相组成始终保持在非爆炸区内。

在停车过程中情况正相反，先降低压力，再降低温度。在正常生产中氧化塔尾气中氧含量应保持在4%～6%，使之处于爆炸极限之外，如果在停车以后物料暂时存放在氧化塔内，则应通入氮气进行搅拌，防止局部过热造成CHP分解。

(3) 提浓系统的安全措施　氧化液提浓部分的关键是尽量缩短物料在系统内的停留时间和保持尽可能低的温度。输送浓 CHP 的泵要防止堵塞和过热，在设备造型和管线配置时，要注意防止出现使物料滞留的死角。

浓 CHP 的储存和运输要特别注意。浓 CHP 储罐应有温度指示和联锁报警系统、紧急情况下降低温度措施以及将物料排空的管线。如果需要向装置外运送 CHP，应采用容积为 20～50L 的小型容器包装，容器中可加入固体碳酸钠粉末，一旦 CHP 发生分解，以中和放出的酸性物质，使之不再进一步分解。

(4) 分解系统的安全措施　分解反应是一个强放热反应。在分解反应器中，如果出现 CHP 的积累是十分危险的。因为有分解催化剂（硫酸）存在时，反应器中积累的 CHP 一旦分解，反应热来不及移出，将发生爆炸事故。

在进行分解反应器与分解系统管路的设计和安装时，要特别注意防止浓 CHP 和硫酸直接接触。在分解反应器中亦应避免浓 CHP 与硫酸在气相直接接触，防止发生气相爆炸。

(5) 中毒与灼伤的预防　苯酚可以迅速被皮肤和眼睛吸收，并引起严重的烧伤。苯酚蒸气的毒性大，刺激性也很大，皮肤和呼吸器官同时暴露在苯酚环境中是危险的。曾经有过皮肤大面积接触苯酚后 1h 死亡的事例。所以一定要注意，如果不慎被苯酚烧伤，应立即用大量水冲洗，然后用酒精或甘油进行擦拭。严重时送医院进一步处理。

丙酮是爆炸范围很宽的低闪点、强挥发性溶剂之一。其毒性在有机溶剂中是较低的，在生产中应注意保持良好的通风和排风。

第十一节　典型化工生产事故案例及分析

1. 盐水工段事故案例

盐水结晶引起电解槽脱水事故如下。

(1) 事故经过　1980 年 1 月，某厂电解工段发现盐水高位槽有脱水现象，认为精盐水泵有故障，启动备用泵仍无效，厂调度得悉后，通知改用化盐工段泵经短路直送高位槽，并及时注意电解槽运行情况，发现有数台电解槽均呈脱水现象，氯气从玻璃管中冒出，并有水蒸气，说明高位槽脱水时间较长或者化盐短路，应急送水但效果不明显，即系统停车。

(2) 事故原因

① 由于过饱和盐水受严寒气温影响，溶解度降低，部分盐结晶析出，堵塞管道造成事故。

② 操作工判断错误，注意力完全集中在排除泵的故障上，延误了处理，故而造成多数电解槽脱水（高位槽报警到调度得到信息，时间已过了 70min，而高位槽容积仅 $15m^3$，408 只电解槽 1h 耗用盐水量就达 $110m^3$）。

③ 当高位槽发出报警信号时，未及时向调度汇报。

(3) 事故教训

① 异常情况出现在电解工序，而问题却出在化盐工序。为防止此类情况，精盐水的含量在冬季和初春应适当降低，一般应在 310～315g/L。日常停车时，考虑到停车后，管道内盐水温度降低，故在停车前，NaCl 含量亦应降低。

② 定期结合全厂性停车，对电解盐水总管进行冲洗，防止铁锈和橡胶渣粒的积聚。

③ 定期启动备用设备，确保设备完好备用。

④ 对高位槽及相应的盐水管道要进行良好的保温。

2. 电解工段事故案例

(1) 检修盲板未拆除，贸然开车人中毒

① 事故经过。1981 年 8 月 25 日，上海某厂全厂停车检修，金属阳极电解车间氯气干燥系统的氯气回流管中的一块盲板在检修后未拆除，开车后发现氯气压力失常，水封处氯气外泄并扩散到下风向 100m 外仓库内，致使 1 名值班人员吸入氯气中毒，并诱发高血压死亡。

② 事故原因。停车检修后，未做彻底检查，麻痹大意，遗留盲板未及时拆除，贸然开车，造成氯气压力异常升高后，使大量有毒有害的氯气从水封处溢出泄漏到大气中，造成人员误吸入后中毒，引起并发症死亡。

③ 事故教训。要提高操作人员的责任感，在停车检修后对工艺、管道、设备等要全面认真检查，在检修中所加盲板要分类编号，开车前要全部按号回收，不彻底检查不允许冒险开车。上岗期间思想要高度集中，发现氯气外泄现象，应戴好防毒面具，做好个人防护工作，查找事故产生原因，并迅速处理给予排除。

(2) 检修检查不彻底，盲板反成爆炸源

① 事故经过。1985 年 5 月，浙江某厂由于大修后装在氢气总管上的滴水管盲板未拆除，氢气中的冷凝水排不出，致氢气系统压力增高，氢气进入氯气系统而发生爆炸，氯气大量外泄，造成 2 人死亡、2 人重伤、3 人轻伤。

② 事故原因。设备缺陷，未拆盲板，冷凝水排不出致使氢气压力增高而爆炸。

③ 事故教训。大检修后，必须做彻底检查，方可开车。在检修中加盲板要分类编号，开车前要全部按号回收，不做彻底检查不允许冒险开车。严格控制氢气管道畅通不得受阻，氢气中的冷凝水要及时排出，避免氢气管道受阻后压力增高，氢气管道中要装有安全水封，在氢气压力增高时可从水封中泄漏以确保安全。操作人员必须备有防毒面具，在氯气外泄时要采取各种预防措施，防止氯气中毒事故。

(3) 工艺指标不严，氯气泄漏伤人

① 事故经过。1990 年 12 月 6 日 18 时 7 分，吉林省一化工总厂发生跑氯事故，死亡 1 人，多人住院治疗。

该厂从 12 月 1 日起，氯气泵压力由 0.1MPa 增至 0.18MPa，泵的电流由 195A 升至 200A，此后泵后压力逐渐升高，3 日、4 日为 0.2MPa，5 日升至 0.27MPa，6 日 08～16 时氯气压力又升至 0.32MPa，泵的电流也多日突破工艺控制值达到 225A。12 月 6 日 18 时 7 分，氯气泵电机因电流过高而跳闸，导致泵后氯气倒回到泵前的负压系统，该压力冲破了泡沫塔和筛板塔顶部封头及接管而泄漏到空间。2 名操作工戴上过滤式面具去进行切换处理，因氯气浓度高使面具失效而没切换成。此时，1 名操作工戴上氧气呼吸器继续进行处理，因氧气用完而窒息死亡。氯气大量外泄并扩散到周围地区，致使多人吸入氯气，10 多人住院治疗。

② 事故原因。

a. 在操作上工艺指标控制不严，氯气压力及电机电流多日突破控制指标的最高值，没有迅速查找原因及时妥善处理（如停车处理）。

b. 氧气呼吸器在事故前没有充气，不能处于备用状态，且现场只有一台，不可能设监护。

c. 氯气处理系统设计缺陷较多，如 360m 长的室外氯气管没有保温，管内氯气在室外低温时（−20℃）自动液化，增加了管道阻力。

d. 操作工及有关人员在发生跑氯后，处理不当，造成大量氯气外泄。

e. 备用的液化槽未处于备用状态。

③ 事故教训。

a. 明确工艺管理部门职责，制定车间检查和信息收集、分析反馈的责任制度，这是工艺的基本工作，有变化及时发现处理。

b. 车间要设置正压送风的防护装置和面具。

c. 注意氯气液化造成的影响，采取防范措施。

(4) 阀门开启过快，塑料管被冲坏

① 事故经过。1990 年 12 月 12 日，河北省沧州市一化工厂液氯系统生产有些不正常，决定将氯气直接切换到尾气吸收系统，制次氯酸钠。在开启直接通往尾气系统的阀门后，07 时 35 分插入吸收池的塑料管突然破裂，大量氯气外泄，致使厂外群众 800 余人吸入氯气，其中 147 人到医院求治，19 人住院治疗。

② 事故原因。

a. 开启直接通往尾气的阀门时，开启过快，使压力较高的氯气突然进入几乎是常压的尾气管，将塑料管冲坏。

b. 室外氯气管没有用玻璃布加强。

③ 事故教训。

a. 对操作工应加强技能教育。

b. 应规定通往尾气系统压力的最高值，防止尾气管超压憋坏。

c. 室外尾气管凡属正压的，用玻璃布包扎加强。

3. 蒸发工段事故案例

(1) 防护装置没跟上，滑入碱锅一人命亡

① 事故经过。1960 年 1 月，浙江某厂 1 名操作工站在敞开式的烧碱蒸发锅边掏盐泥时，不慎滑入锅内，被烧碱灼伤后，抢救无效死亡。

② 事故原因。缺乏防护装置。

③ 事故教训。烧碱具有极强的腐蚀性，尤其温度高、浓度高时腐蚀性更强，凡操作与烧碱有关的各项装置时，必须戴好必要的劳动保护用品，防止烧碱溶液外泄飞溅触及人体眼睛及皮肤而发生化学灼伤。

在组织生产时，首先对操作工进行三级安全生产技术教育和“应知应会”培训工作，严肃劳动纪律、工艺纪律，严格遵守操作规程，严禁违章操作与野蛮操作。对烧碱蒸发设备设计、制造、安装、验收等有关科室要有严格的制度保证，对敞口容器必须设置栅栏、安全挡板等安全措施。

(2) 违章行为连成串，烧碱灼伤 5 人

① 事故经过。1981 年 6 月 12 日，安徽某厂电解车间主任带领检修第一组职工检修二效蒸发器的过料液压阀，21 时 30 分，当他们将阀门螺栓全部卸开，用工具撬下阀门时，管内尚存有 0.1～0.2MPa 的压力将残留液碱压出，灼伤在场的 5 人，其中 1 名化工作业工的面部、四肢、腹背部均被灼伤，Ⅱ、Ⅲ度烧伤面积占 37%，其他 4 人轻伤。

② 事故原因。

a. 车间主任等 5 名检修人员违反化工部制定的《隔膜法烧碱生产安全技术规定》中关于化工工艺安全技术“检修碱蒸发罐及碱管道时，应首先泄压，切断物料来源，将罐管内物料冲洗干净，然后进行检修”的规定，未将管内的残余碱液排放干净，也未对管线进行清洗，便盲目拆卸阀门。

b. 检修人员将阀门和管道间的连接螺栓全部拆除，未保留 1 只，造成阀门撬下后，大量物料喷出。

c. 检修人员违反化工部颁发的《化工企业通用工种安全操作规程》中关于“从事酸、碱危险液体设备、管道、阀门修理时，特别注意面部、眼的防护，并戴橡胶手套等以防烧伤”的规定，在换碱液管线阀门时，未佩戴必要的防护用具。

d. 车间主任违章指挥，作业人员违章作业。

③ 事故教训。

a. 严格执行原化工部颁发的有关有腐蚀性物料的设备、管道安全检修的规定。

b. 各级领导和职能部门应在各自的工作范围内，对实现安全生产负责。

c. 加强对全厂干部、工人的安全技术教育，使广大职工自觉遵章守纪，杜绝违章违纪的现象。

(3) 人员设备隐患多，终酿事故致人亡

① 事故经过。1996 年 10 月 18 日 09 时左右，四川一氯碱厂维修车间检修工人在蒸发工段拆卸强制循环泵，换该泵机械密封，当拆卸完螺栓后，用撬棍和手拉葫芦拉开时，瞬时效体内碱液喷出，灼伤在场的检修工 5 人，其中重伤 1 人、轻伤 4 人。当即将重伤者送往市中心医院烧伤科抢救，市烧伤科确诊烧伤面积达 40%，且该职工长期患有肺心病，经医治，第 8 天死于败血症。

这次事故发生的主要经过是：10 月 17 日晚班接班后，调度指令蒸发出碱。由于过料时蒸发振动较大，在蒸发办公室开会的分厂领导见此情况决定停车，约 17 时 10 分左右，值班副厂长向调度指示，蒸发停车将二效倒料至三效，并要求倒料彻底，用热水冲洗效体。调度立刻通知班长，组织本班人员进行倒料约 1h。发现旋液分离器无料液流过，判断蒸发器下部有堵塞，于是用水冲洗 5min，继续过料，直至旋液分离器无料液流动，然后打开二效蒸发器锥底放净阀，发现没有物料流出，并及时向调度做了汇报。调度指示再用热水冲洗，班长同司泵岗位操作工一道又用热水冲洗 3min 左右，检查母液槽无液体流出，按常规判断物料倒完，在报表上填写了“料已倒尽”结论。早班接班后，值班的副厂长再次向当班调度指示再次检查冲洗二效效体，以便检修。调度通知了司泵岗位操作工做了再次冲洗。18 日上午 08 时 30 分左右，维修工到检修现场后，用扳手敲击管道，怀疑有料，并向碱车间主任汇报了这一情况，车间便安排操作工打开了效体放净阀。

操作工打开了效体放净阀，但无液体流出，维修工开始检修，当拆完泵体连接螺栓后，采用手拉葫芦悬空泵体、两边用铁棍撬的办法，当撬开时，碱液突然溅出，酿成了这一事故的发生。

② 事故原因。

a. 强制循环泵机械密封泄漏严重，没有备件更换，由于供货厂家不及时所致，采取了自然蒸发的办法维持生产；液体流速减慢，蒸发器锥体底部积盐严重，导致底部管道严重堵塞，造成碱液已尽的现象，是导致这次事故的主要原因。

b. 盐泵压力低、电流表坏，没有显示，操作工无法判断，只有凭经验进行推断是否将效体内液料倒空。操作工都是新工人，缺乏实际操作经验，判断问题、分析问题能力较差。

c. 调度车间干部到现场监督检查不够。

d. 检修时，缺乏安全防护措施和没按规定穿戴劳动保护用品。

③ 事故教训。

a. 落实必要的安全资金。配好配齐各种设施，一旦发生事故才能保障有应急的手段和应急措施。在此情况下，工作的工人必须穿耐热碱全封闭的防护服。

b. 检修碱泵，必须明确派有经验的车间主任、工段长现场判断碱液是否排净。

【复习思考题】

1. 煤气中氧含量增高的原因有哪些？如何预防？

2. 煤制气过程中危险因素有哪些？如何采取预防措施？
3. 脱硫效率不好会给生产带来哪些危害？
4. 进入脱硫槽内清理和更换脱硫剂，应遵守哪些安全规定？
5. 变换炉内保温损坏有何危害？
6. 中温变换升温、还原过程应注意哪些事项？
7. 变换工段危险因素有哪些？如何采取防范措施？
8. 合成岗位放氨时，应注意哪些事项？
9. 简述合成催化剂升温、还原过程及注意事项。
10. 合成工段危险因素有哪些？如何采取防范措施？
11. 除钙塔操作必须注意哪些安全事项？
12. 泵房岗位需要注意哪些安全事项？
13. 简述液氨罐充氨操作步骤。
14. 碳化岗位在清洗气冲水箱时应注意哪些问题？
15. 简述倒泵过程。
16. 氯碱生产过程的危险性有哪些？
17. 隔膜法制碱安全技术措施有哪些？
18. 离子膜法制碱安全技术措施有哪些？
19. 氯乙烯生产过程的危险性有哪些？
20. 简述乙炔气相加成氯化氢的安全操作要点。
21. 简述氯乙烯聚合过程的安全技术。
22. 在生产过程中出现的火源有哪些？
23. 阻火器的工作原理是什么？
24. 防止形成爆炸介质的技术措施有哪些？
25. 可燃气体泄漏时需要采取的安全措施有哪些？
26. 聚丙烯生产过程的有毒有害物质有哪些？
27. 简述聚丙烯生产过程的安全技术。
28. 苯酚生产的危险性有哪些？
29. 异丙苯法生产苯酚氧化系统的安全措施有哪些？
30. 中毒与灼伤的预防措施有哪些？

第七章 07 Chapter

劳动保护安全知识

学习目标

通过学习，了解劳动保护的主要内容，熟悉掌握灼烧及其防护技术、物理性损伤及防护技术、机械设备安全技术、电气安全技术、焊接安全技术、个体劳动防护、生产环境中的毒物危害与防护、生产性粉尘的危害与防护等劳动保护技术。

劳动保护是指国家为了保护劳动者在生产过程中的安全与健康，保护生产力，发展生产力，促进社会主义建设的发展，在改善劳动条件、消除事故隐患、预防事故和职业危害、实现劳逸结合和女职工保护等方面，在法律、组织、制度、技术、设备、教育上所采取的一系列的综合措施。劳动保护在我国也称为劳动安全卫生。在国外也有的叫作职业安全卫生。劳动保护是一门综合性科学，其基本含义是保护劳动者在生产过程中的生命安全和身体健康。

第一节 劳动保护的主要内容

一、劳动保护管理

劳动保护管理的主要目的是通过采取各种组织手段用现代的科学管理方法组织生产，最大限度地控制因人的主观意志和行为造成的事故，其主要内容包括：

① 为保护劳动者的权利和人身自由不受侵犯，监督企业在录用、调动、辞退、处分、开除工人时，按照国家的法律法规办理。

② 参与国家及地方政府部门、行业主管部门的劳动保护政策、法律、法规的起草制定，切实做好源头参与工作，同时监督政府部门与行业主管部门认真执行上述法律、法规、规章制度，做好劳动保护工作。

③ 监督企业执行《中华人民共和国劳动法》的有关劳动安全卫生条款，为职工提供符合国家标准的劳动安全卫生条件，保证劳动者的休息权利，监督企业认真执行工作时间和休

假制度，严禁加班加点。

④ 监督企业不允许招聘使用未成年工。

⑤ 监督企业执行对女职工的特殊保护规定。

⑥监督并参与重大伤亡事故的调查、登记、统计、分析、研究、处理工作，通过科学的手段对事故的原因进行调查，找出事故的规律，提出预防事故的意见和建议，防止同类事故的再次发生。

⑦ 监督并参与劳动保护的政策、法律、法规的宣传教育工作，做好劳动保护基本知识的普及教育；加强对企业经营管理者及职工的安全知识教育，增强企业管理者的安全意识及职工的安全技术水平。

⑧ 加强劳动保护基础理论的研究，把先进的科学技术和理论知识应用到劳动保护的具体工作中，通过运用行为科学、人机工程学，使用智能机器人、计算机控制技术等手段逐步实现本质安全。

⑨ 加强劳动保护经济学的研究，揭示劳动保护与发展生产力的辩证统一关系，用经济学的观点，通过统计分析、经济核算，阐述各类事故造成的经济损失的程度以及加强事故经济投入的科学性、合理性，最终达到促进生产力的良性发展。

⑩ 进行劳动生理及劳动心理学的研究，研究发生事故时职工的生理状态及心理状态，揭示人的生理及心理变化造成过失的程度，减少诸如冒险蛮干、悲观消极、麻痹大意、侥幸等不良心理和疲劳、恍惚、情绪无常、生物节律作用等生理原因造成的事故，使劳动者以健康的状态和良好的心态从事生产劳动。

二、安全技术

安全技术是指为防止职工在生产劳动过程中发生伤亡事故，保证职工的生命安全，运用安全系统工程的理论、观点、方法分析事故原因，找出发生事故的规律，从而在技术上、设备上、个人防护上采取一系列的措施，保证安全生产。安全技术是在前人大量血的教训基础上逐步发展并不断完善的实用技术。它包括的内容十分广泛，其中的主要内容有：

① 机械伤害的预防；

② 物理及化学性灼伤、烧伤、烫伤的防护；

③ 电流对人体伤害的预防；

④ 各类火灾的消防技术；

⑤ 静电的危害及预防；

⑥ 物理及化学性爆炸的预防；

⑦ 生产过程中各种安全防护装置、保护装置、信号装置、安全警示牌、各种安全控制仪表的安装、各种消防装置的配置等技术；

⑧ 各种压力容器的管理；

⑨ 依照国家的有关法律、法规，制定各种安全技术规程并监督企业严格按规程进行施工及作业；

⑩ 进行各种形式的安全检查，编制阶段性的安全技术措施计划，下拨安全技术经费，保证安全工作的顺利实施；

⑪ 按时按量发放个人防护用品及保健食品，教育职工认真佩戴及按时食用。

三、工业卫生

工业卫生，也称劳动卫生或生产卫生。其主要解决和研究的是如何保障职工在生产过程中的身体健康，防止各种职业性疾病的发展与发生，而在技术上、设备上、法律上、组织制度上，以及医疗上所采取的一整套措施。其具体内容包括：

① 在异常气候环境下对劳动者健康的保护；

② 在异常气压作业条件下对劳动者健康的保护；

③ 各种放射性物质对人体健康危害的防护；

④ 对高频、微波、紫外线、激光等的防护技术；

⑤ 噪声的防护技术；

⑥ 振动的防护技术；

⑦ 工业防尘技术；

⑧ 预防各种毒物对人体造成的急性及慢性中毒；

⑨ 为改善劳动条件，保护劳动者的视力设计合理的照明和采光条件；

⑩ 预防各种细菌和寄生虫对劳动者健康的危害；

⑪ 研究各种职业性肿瘤的预防及治疗；

⑫ 研究各种疲劳及劳损对劳动者的危害与防治；

⑬ 监督企业按照国家颁布的《工业企业设计卫生标准》进行各种工业设计、施工、改建、扩建、大修、技术革新和技术改造等；

⑭ 普及劳动卫生知识，加强劳动卫生专业人员的培养以及职工个人防护和保健工作。

第二节 灼烧及其防护

一、灼伤及其分类

机体受热源或化学物质的作用，引起局部组织操作，并进一步导致病理和生理改变的过程称为灼伤。按发生原因不同可分为化学灼伤、热力灼伤和复合性灼伤。

1. 化学灼伤

化学灼伤是由强酸、强碱、磷和氢氟酸等化学物质所引起的灼伤。

2. 热力灼伤

热力灼伤是由于接触炙热物体、火焰、高温表面、过热蒸汽等所造成的损伤。

3. 复合性灼伤

复合性灼伤是由化学灼伤和热力灼伤同时造成的伤害，或化学灼伤兼有的反应。

在化工生产中，由于防护不当，某些化学物质溅到皮肤或眼睛，由于热力作用、化学刺激、腐蚀，会造成皮肤、黏膜的烧伤；有些化学物质还可以被从创面吸收，引起全身中毒。化学灼伤约占各类烧伤总例数的5%或更多。因此，对化学灼伤应特别重视。

在化工生产中，能引起化学灼伤的最常见的化学物质有以下几类。

（1）酸性物质 无机酸类有硫酸、硝酸、盐酸、氢氟酸、氢溴酸、氢碘酸等。有机酸类有甲酸、乙酸、氯乙酸、二氯乙酸、三氯乙酸、溴乙酸、乙二酸、丙烯酸、丁烯酸等。酸酐类有乙酸酐、丁酸酐等。无机酸的致伤能力一般比有机酸强。

（2）碱性物质 无机碱类有氢氧化钾、氢氧化钠、氨水、氧化钙（生石灰）等。有机胺类有一甲胺、乙二胺、乙醇胺等。无机碱的致伤能力较强，它可与组织蛋白结合，形成可溶性碱性蛋白，并能溶解脂肪，穿透力极强，创面不易愈合。

（3）金属、类金属化合物 包括黄磷、三氯化磷、三氯氧磷、三氯化锑、砷和砷酸盐、二氧化硒、铬酸、重铬酸钾（钠）等。

（4）有机化合物 酚类有苯酚、甲酚、氨基酚等。醛类有甲醛、乙醛、丙烯醛、丁烯醛等。酰胺类有二甲基甲酰胺等。还有环氧化物、烃类、氯代烃类等。

二、化学灼伤的现场急救

1. 化学灼伤的深度

一般将化学灼伤的深度分为三度。在灼伤早期一定要把化学灼伤深度估计清楚，以便采取相应的急救措施。

(1) Ⅰ度灼伤　可见红斑，皮肤发红，无水泡，有灼痛感。

(2) Ⅱ度灼伤　浅Ⅱ度烧伤时皮肤有水泡，通过水泡可见泡内淡黄色的液体，如水泡破后，创面一片潮红，感觉很痛；深Ⅱ度烧伤创面苍白，无明显疼痛，可无水泡，若有水泡其壁较厚，水泡破后可见针头大小的红点。

(3) Ⅲ度灼伤　局部苍白，失去弹性，像皮革样硬韧或呈黑痂，末梢神经遭破坏，疼痛不明显。

灼伤面积的大小，可用最简单的方法——“手掌法”来估计。即以伤员自己的手掌为标准，五指并拢，一只手掌大小相当于体表总面积的1%；手指分开则为1.25%。这种方法对估计小面积烧伤较适用。还可以用九分法估计体表面积，即头、颈占9%；一个上肢占9%；躯干占27%；双下肢+臀部占46%。

2. 化学灼伤轻重程度分为三度

(1) 轻度灼伤　面积<10%；深度Ⅲ度为0。

(2) 中度灼伤　面积11%～30%；深度Ⅲ度1%～10%。

(3) 重度灼伤　面积31%～50%；深度Ⅲ度11%～20%。

3. 化学灼伤的现场急救

化学腐蚀品造成的化学灼伤与火烧伤、烫伤不同，不同类别的化学灼伤，急救措施不同，要根据灼伤物的不同性质，分别进行急救。

发现化学灼伤后，要立即脱去被污染的衣物、鞋袜，随后用大量清水冲洗创面15～20min。被强酸或强碱等灼伤，应迅速用大量清水冲洗，至少冲半小时。酸类灼伤用饱和的碳酸氢钠溶液冲洗，碱类灼伤用乙酸溶液冲洗或撒以硼酸粉。

化学烧伤的急救要分秒必争，对于头面部的烧伤，不仅要注意到皮肤，更重要的是眼睛。处理方法要正确，尽力减轻伤害的程度。如某厂一工人在搬运盐酸的过程中，装盐酸的容器破碎，盐酸溅到身上，伤者立即跳入附近的河中，伤员的衣服被腐蚀得千疮百孔，但皮肤仅仅是发红，属Ⅰ度灼伤。这就是措施得力的效果。

化学性皮肤灼伤处理步骤：

① 立即脱离现场，迅速脱下被化学物质沾染的衣服鞋袜。

② 立即用大量自来水或清水冲洗创面15～30min。冬季要注意保暖。

③ 酸性物质的化学灼伤用2%～5%碳酸氢钠溶液冲洗和湿敷；碱性物质的化学灼伤用2%～3%硼酸溶液冲洗和湿敷，最后仍需用清水冲洗创面。

④ 黄磷灼伤时应用清水冲洗或用湿布覆盖创面，以隔绝空气，阻止烧伤。若现场备有2%硫酸铜溶液时，应用2%硫酸铜溶液擦洗创面，然后用5%碳酸氢钠湿敷。但不能用硫酸铜溶液长时间湿敷，尤其大面积黄磷灼伤时，更不能用硫酸铜溶液湿敷，以防吸收大量铜离子引起中毒。

⑤ 常见化学灼伤现场急救的中和剂的配备和应用

a. 氢氟酸。用石灰水的上清液浸泡、湿敷。

b. 苯酚（石炭酸）和溴。用70%酒精外擦创面，然后用5%碳酸氢钠溶液湿敷。

c. 硫酸二甲酯。用5%碳酸氢钠溶液湿敷。

d. 沥青。用麻油、汽油或二甲苯擦洗。

以上都是在立即用大量清水冲洗的基础上再用中和剂湿敷。

酸、碱中和过程能产生热量，故要采用低浓度的弱碱、弱酸进行中和。浓硫酸溶于水能产生大量热，因此浓硫酸烧伤一定要用棉花或布把皮肤上的硫酸擦掉后再用大量清水冲洗。

化学物质溅入眼内的处理方法：

酸或碱液溅入眼内，千万不要急于送医院，应当首先在现场迅速进行冲洗，以免造成失明。冲洗时要把眼睑掰开，闭着眼睛冲洗无作用；冲洗要有一定的水压及较大流量的水，才能把化学物质稀释或冲洗掉。另外也可把头部埋入盆水中，用手把眼皮掰开，眼球来回活动，使酸、碱物质被冲洗掉。

电石、生石灰颗粒溅入眼内，应先用植物油或石蜡油棉签蘸去颗粒后，再用水冲洗。否则颗粒遇水产生大量热反而会加重烧伤。

三、化学灼伤的预防措施

化学灼伤往往是伴随着生产事故或设备、管道等的腐蚀、断裂发生的，它与生产管理、操作、工艺和设备等因素有密切关系。

1. 化学灼伤事故原因分析

根据以往发生的化学灼伤事故分析，其原因主要有以下几种。

(1) 设备故障 设备泄漏，管道阻塞，橡胶管接头脱落、破裂，玻璃仪器破碎，阀门失灵等，造成物料溅出。

(2) 违章操作 化学反应控制超温、超压引起喷料或冒料；搬运时容器盖未盖紧，物料溅出；工作时粗心大意开错阀门、未穿戴防护用品等。

(3) 检修事故 检修时管道未清洗置换，残留料液溅出；放料、清洗容器时料液溅出；爆炸等。

2. 化学灼伤事故预防措施

必须采取综合性安全技术措施才能有效地预防化学灼伤事故，主要包括以下几方面：

① 加强管理，强化安全卫生教育，增强自我保护意识。每个操作工人都应熟悉本人所在生产岗位所接触的化学物质的理化性质、防止化学灼伤的有关知识及一旦发生灼伤的处理原则。

② 加强设备维修保养，防止跑、冒、滴、漏，严格遵守操作规程。搬运装酸、碱等化学物品的玻璃或陶瓷容器时，一定要小心谨慎，轻放、轻装，防止撞破。

③ 做好个人防护，穿戴好必要的防护用品。尤其在采样、抢修设备或有可能直接接触化学物料时，要戴好橡胶手套、围裙、胶鞋、防护眼罩等防护用品。遵守安全操作规程，使用适当的防护用品，时刻注意防止自我污染。

④ 配备冲淋装置和中和剂，在容易发生化学灼伤的岗位应配备冲淋器和眼冲洗器。在无自来水的地方应放置清水盆或清水池，应有专人负责，每天调换清水。

如有酸岗位备2%～5%碳酸氢钠溶液；有碱岗位备2%～3%硼酸溶液。黄磷岗位备1%～2%硫酸铜溶液等。一旦发生化学灼伤时，可以及时进行自救互救。

第三节 物理性损伤及防护

在化工生产过程中，除了化学物质对人体健康有影响外，还存在一些物理性有害因素，如果对此没有足够的重视，没有做好防护，也可能发生相应的职业病，如中暑、振动病、电光性眼炎、噪声性耳聋、放射病等。

一、常见的物理性有害因素

1. 高温

高温是指工业企业和服务行业的职工在从事生产劳动的工作地点有生产性热源，其作业场所的气温高于本地区夏季室外通风设计温度2℃或2℃以上。

化工企业的高温作业岗位很多，如橡胶厂的硫化、烘胶，染料厂的烘房，氮肥厂的煤气发生炉，化工机械厂的热处理、铸锻，电石厂的电石炉，黄磷厂的黄磷炉，磷肥厂的焙烧炉，纯碱厂的煅烧炉等岗位的作业都属于高温作业。

2. 噪声

(1) 噪声的概念 噪声是指各种不同频率和强度的声音的杂乱组合，是变化无规律的声音。从生理学角度来讲，凡是使人烦恼讨厌的、不和谐的声音都可以称为噪声。表示噪声强度的单位是“dB”。轻声说话20～40dB，闹市区的吵闹声70～80dB，电锯声约110dB。

(2) 噪声的种类和分布 在化工企业中噪声分布很普遍。由于噪声产生的原因不同，可分为空气动力噪声、机械噪声和电磁噪声三类。

① 空气动力噪声是指由于气体振动引起的噪声。如离心风机、罗茨鼓风机、空气压缩机、锅炉排气排空等所发出的噪声。

② 机械噪声是指由于固体振动引起的噪声。如化工机械厂的各种机床声（冲床、钻床、刨床），铆、锻声等，以及磷肥厂的球磨机、粉碎机和化学矿山的凿岩机、卷扬机等发出的噪声。

③ 电磁噪声是由电器的空气隙中交变力相互作用而引起的，如变压器、整流器等所发出的噪声。

3. 振动

(1) 基本概念 振动是物体沿着一定的路线在平衡位置的来回运动。如钟摆是一种最简单的振动。振动的特性由三个要素表示：

① 振幅。振动物体离开平衡位置的最大距离。

② 周期。振动物体完成一次全振动所需要的时间。

③ 频率。单位时间内所完成振动的次数，单位为赫，每一秒钟振动一次为1Hz。

(2) 振动在化工企业的分布 在化工生产中发生振动的作业比较广泛。一般通用机械，如离心风机、空气压缩机、罗茨鼓风机等都会有较大振动产生。凡使用风动工具、电动工具都会产生设备的振动。

4. 放射线

(1) 基本概念 钋、镭、铀原子核本身自行释放出来的射线具有很强的穿透能力，能透过黑纸使胶片感光，这种现象称为放射性，具有这种放射性质的元素称为放射性同位素。放射性同位素所释放的射线，有α、β、γ三种。

以上三种射线作用于人体组织都能产生电离作用，造成危害。

(2) 剂量单位和最大允许剂量

① 放射性单位。居里，凡放射性同位素在1s内蜕变3.7×10^{7}个原子核（即有370亿次蜕变）时，称作1居里（Ci）。

$$1Ci=10^{3}\text{毫居里（mCi）}=10^{6}\text{微居里（}\mu Ci\text{）}$$

现在的法定计量单位称为贝可（Bq），与居里的换算如下：

$$1Ci=3.7\times10^{10}Bq，1Bq\approx2.7\times10^{-10}Ci$$

② 照射剂量单位。伦琴简称为伦（R），是伦琴射线（X射线）和 γ 射线的剂量单位。就是当温度为0℃、101.325kPa情况下，在通过 $1cm^3$ 的干燥空气中能造成20亿离子对时的伦琴射线或 γ 射线的量，为1R（伦琴）。1R相当于在1g空气中或1g组织内吸收照射能量83erg。

现在的法定计量单位为库每千克（C/kg）。

$$1R=2.58\times10^{-4}C/kg=0.258mC/kg$$

③ 最大允许剂量。在以这一限度内的放射线剂量照射时，不致影响人体健康的最大照射剂量。世界各国采用每周0.3R作为最大允许剂量，中国标准采用每天最大允许剂量为0.05R。若偶然接触的人员其允许剂量可适当放宽。

在化工生产中利用放射性同位素的生产岗位较少见。有的化工机械厂应用 γ 射线来探测设备内部的裂纹或砂眼等；还有的化工厂的罐、槽等容器的液面应用 γ 射线液面计来测定。

二、几种物理性因素职业病的表现

1. 中暑

中暑是高温作业工人受了高温或强烈辐射热的影响所引起的急性病症，多发生在炎热的夏季。新参加高温作业的工人，对热的适应能力差，易发病；体弱多病、睡眠不足或休息不够，营养不良或空腹上岗等都易发生中暑。

根据中暑的病情程度分为三种类型。

(1) 中暑先兆 患者仅出现头晕、无力、耳鸣、胸闷、心悸、烦渴等不适感。若立即离开高温场所，经一定时间休息后，喝些凉饮料等即可恢复。

(2) 轻度中暑 患者在中暑先兆的基础上，体温升高至38～40℃，面色潮红，皮肤灼热，烦躁不安；或出现面色苍白、大量出汗、皮肤湿冷、脉搏细弱、血压下降等表现。患者无力坚持劳动，经数小时至一两天休息才可逐渐恢复。

(3) 重症中暑 凡中暑患者出现高温（体温超过40℃）、昏迷或肌肉抽搐等症状的，均属重症中暑。

2. 噪声性耳聋

长期在强烈噪声的环境中工作又得不到适当恢复时，可以损伤听神经细胞而逐渐失去听觉，这样出现的耳聋，就叫"噪声性耳聋"，这种病变通常是双耳都受损害。用听力计检查，多表现为在4000Hz为中心的高频部分先丧失听觉，以后逐渐扩大，直至谈话声也听不到。

噪声性耳聋的主要表现为耳鸣、耳聋、头痛、头晕，有的伴有失眠、头胀感等。早期表现为工作后几小时内有耳鸣，以后为顽固性的，症状不再消失。有的患者还伴有眩晕、恶心或呕吐等。

噪声性耳聋的听力是逐渐下降的。若听力损失在10dB内，影响不大。当听力损失在30dB以内时，称为轻度噪声性耳聋，普通谈话声50～60dB，轻度耳聋者听起来很吃力。当听力损失在30～60dB，为中度噪声性耳聋。当听力损失在60dB以上时，称为重度噪声性耳聋，此时与患者交谈需在耳边大声喊。

噪声除对听觉有损伤外，对人体其他系统和器官也能产生危害，可引起神经衰弱如头晕、失眠、多梦、注意力不集中、反应迟钝等症状。对心血管系统也有影响，如心跳加速、心律不齐，血管痉挛和血压升高等。

3. 振动病

(1) 局部振动病 清铲工、铆工、锻工、凿岩工等长期接触强烈的局部振动而引起的振动病，其表现以肢端动脉痉挛为主。按其轻重可分为三级。

① 轻度振动病。手指有时发麻，发僵；工作时手易疲劳；手指偶有轻度疼痛。

② 中度振动病。上述症状逐渐加重，手部有经常性疼痛，夜间加剧；手有冷感，手指或全手皮肤温度低。

③ 重度振动病。血管痉挛现象更明显，出现肢端动脉痉挛症，表现为白指、白手，伴有毛细血管扩张、血流缓慢及发绀；手痛加剧，手的皮肤温度显著降低，可下降 2.3～4.5℃，并可出现头晕、失眠等神经衰弱症候群。

(2) 全身振动病　最常见的表现是足部周围神经与血管的改变，脚痛，脚易疲劳，轻度感觉减退或过敏，腿及脚部肌肉有触痛，脚皮肤温度低。全身症状初期有头晕、易疲乏等，这些症状逐渐加重，并有头痛及其他神经衰弱的症状。

4. 放射病

人体受到超过一定剂量的外照辐射时，或有大量放射性物质侵入人体内产生内照射，都会引起一系列的病变，造成放射病。这种疾病使人体遭受暂时或永久的损害，严重时甚至可发生死亡。一般是发生意外事故或经常在超过最大允许剂量的环境中工作，才可能发生放射病。放射性损伤可分为急性放射病、慢性放射病和放射性烧伤三种类型。

(1) 急性放射病　急性放射病是由于一次大剂量内、外照射或在短时间内反复照射所致。内外照射主要是指 γ 射线、X 射线与中子流的照射。在工业生产中有大量放射性物质侵入体内引起内照射的可能性很小。外照射的剂量愈大，病损愈重，病程发展也愈快。

病人主要表现为全身衰弱，容易疲乏，食欲减退，恶心，呕吐，血液检查可发现白细胞、红细胞或血小板明显减少。

(2) 慢性放射病　人体长期受到小剂量多次的外照射或内照射所致的慢性放射病；也可能是急性放射病演变的结果，常见于不严格遵守防护规则的工作人员。慢性放射病是一种全身性疾病。它的特点是病程长，病情变化多样，主要表现为造血系统、心血管系统、内分泌系统及神经系统的损伤。

(3) 放射性烧伤　放射性烧伤是由于皮肤吸收了大量的放射能，或放射性物质直接落在皮肤上所引起的一种烧伤反应。放射性烧伤可分为急性与慢性两类。它的外观基本上与太阳晒伤相似，所不同的是放射性烧伤的潜伏期长，病变能扩展到深层组织，这是由于放射能的穿透性较强的缘故，因而整个病程较长，较顽固。主要见到的是慢性皮炎表现，局部病变像干性湿疹，皮肤干燥、苍白、菲薄、脆弱、失去弹性，毛囊萎缩，毛发脱落；有的会出现硬结性水肿、慢性溃疡，甚至发展为放射性皮肤癌等。

三、几种物理性有害因素的预防要点

1. 高温的防护

通过防暑降温，采取隔热通风和卫生保健等综合性措施完全可以预防中暑的发生。

(1) 隔热通风　将热源设在单独室内，锅炉、反应釜及热蒸汽管道可用石棉泥等隔热；在高温车间要充分利用自然通风，必要时加机械通风；辐射热较高的场所采用喷雾风扇、铁链帘、水幕帘等降温效果较好。

(2) 安排休息　高温作业工人的工作时间一定要安排好，条件允许可采用早晚班，实行工间小换班等。工人要充分休息，每天睡足 7～8h，体力才能得到恢复。

(3) 补充饮料　高温作业工人要饮用含盐清凉饮料，以补充大量出汗损失的水分和盐分。饮料中含盐 1%～3%较合适。

(4) 职业性体检　夏季到来之前，高温作业工人应进行体格检查。发现有高血压、心脏病、贫血、甲状腺功能亢进、慢性肝肾疾患者，都不宜参加高温作业，或在暑期暂时调到合适的工作岗位去。

2. 噪声控制和防护的技术措施

主要有以下几种：

（1）吸声 厂房采用吸声材料建造，车间墙壁悬挂吸声板，车间中央放置吸声屏。有的厂在制桶车间空中悬挂吸声板，较明显地降低了噪声强度。

（2）隔声 在噪声传播途径上，采用隔声办法控制噪声很有效果。可采用隔声墙、门、窗或机器罩等，防止噪声传播。

（3）消声器 消声器是一种既能消除噪声，又能保持气流通过的装置。把它装设在气流的通道上，利用声波在消声器里经过膨胀、摩擦、扩散、反射和吸收等作用，阻止或减弱声音的传播，使声能大大衰减，可消除各种频率的噪声。

（4）隔振 机器在运转时产生振动，通过地基传给周围的地板、墙壁、顶棚和其他物件，使它们产生噪声。若在振动源和地基之间安装弹性构件，如弹簧减振器、橡皮、软木、沥青毡、玻璃纤维毡等，可以使振动源传到地基上的振动减弱，这种噪声控制技术叫隔振。

（5）阻尼 使振动物体的能量逐渐减少，振幅也相应减小，噪声的强度降低，这种现象叫作阻尼。空气动力机械管道、机器外壳、车体等由薄金属板制成时，机器的噪声常由它辐射出来。若在金属板上涂一层阻尼材料，如沥青、软橡胶或其他高分子涂料，因这些材料内损耗和内摩擦大，使相当多的金属板振动能量被消耗变成热能，从而减弱了金属板的振动，降低了噪声。

（6）个人防护 在生产环境中噪声没有消除的情况下，采取个人防护是必要而有效的措施。防声器有耳塞、耳罩、防声帽等。橡胶耳塞携带方便、质软、佩戴舒适，经济耐用，它对低频噪声可降低10～15dB；对中频降低20～30dB；对高频降低30～40dB。防声耳罩由海绵、泡沫塑料、棉花等多孔性材料制成，隔声效果比耳塞好，但造价高、体积大、较笨重、工作不便，所以不受工人欢迎。防声帽实际上就是用皮革做成的头盔，里面衬有棉层，比较严密，隔声效果好，但较笨重，闷热，操作不便。

3. 放射线的防护

① 控制作业时间，尽量缩短受照射的时间，不在放射源周围停留。工作要迅速、简洁、熟练，每天受照射剂量不应超过0.05R。如用γ射线探伤机，在1m距离范围内每1h剂量为0.01R，那么这种工作每天仅可做5h。

② 尽量远距离操作。同样放射源，照射强度与距离的平方成反比例，距离越远受到照射剂量越小。为了在较远距离进行放射性物质的操作，就需要制作长柄工具，最适当的长度为0.5m左右。有条件时可用机械手。

③ 屏蔽。用各种材料制成不同厚度、能遮住射线的装置和器皿。特别对γ射线，利用屏蔽非常重要，如用铅砖、铅罐、铅玻璃屏、铅围裙等。

④ 对工业γ射线探伤机的防护。所有从事γ射线探伤工作的人员，事先都要经过专业学习，具有基本的防护知识，并能迅速熟练地操纵机器。探伤机工作前，必须做好一切准备工作，以便能在最短的时间完成安装和透照任务。

操作人员要正确使用各种个人防护器材和严格遵守各种规章制度，防止放射性物质进入体内，达到防护的目的。如戴口罩、防毒面具或送风头盔等，防止从呼吸道吸入放射性物质；不在操作岗位或实验室内饮食、吸烟，严格防止两手沾染放射性物质，防止从消化道侵入体内；穿戴防护手套、工作服、胶靴、橡皮围裙等，防止放射性物质从皮肤侵入体内。操作结束后，一定要彻底清理各种用具，严格执行各项防护措施。

第四节　机械设备安全技术

一、机械设备伤害事故

机械设备在运转过程中，由于缺少安全防护装置、工件装卡不牢、操作者违章作业、设备故障等原因，可能造成各种伤害事故。如机械的旋转部件或运动部件、工件的旋转部分将操作者衣袖、头发、手臂等卷入；工件装卡不牢，运转中会飞出伤人；砂轮碎片、飞溅的金属切屑也会击伤、割伤、灼伤人体；机械加工中，模具的突然破裂，工件、工具、料头飞出都会伤人；冲压设备压伤人手、臂；起重设备零件失效，如吊钩、钢丝绳、制动器失灵等原因，砸伤人员。

二、机械设备安全技术

1. 改进生产工艺

实现机械化、自动化，实现设备的本质安全，以减轻劳动强度，减少由于人操作因素造成的伤害事故。

2. 设置安全装置

(1) 防护装置　用屏护的方法，使人体与作业中的危险部分隔离。如操作者可能接触的机械设备旋转部件、往复运动部件；加工中，材料碎屑可飞出的地方；机械设备导电、高温或辐射部位；工作场所中可能坠落、跌伤的地方。

防护装置的种类很多，如皮带、齿轮传动防护罩、防护挡板、切屑挡板、围栏、电气罩、隔热板等。防护装置的设计、制造、安装均以防止事故和人身伤害为目的。同时要与设备、环境相适应，不能妨碍正常工作。

(2) 连锁装置　控制设备操作程序，如冷却、润滑、压力不够时，机床不能开动；冲压作业时，手不离开冲模，冲压设备不能启动。

(3) 保险限位装置　当某一零件发生故障或超载时，保险、限位装置动作，迅速停止工作或转入空载运行，避免事故发生。如金属切削机床上的限位开关，起重设备上的过卷扬限制器、行程限制器、缓冲器等。保险装置必须正确安装、准确调整、定期检验，保证其动作灵敏、可靠。

(4) 信号装置　显示设备运行状况或在机器运行故障时发出声、光信号，用来警告作业人员预防危险，提醒工人注意及时采取预防性措施。信号通常可分为颜色信号，如信号、设备指示灯；声音信号，如压力表、温度表、水位表等。各种信号必须在危险发生之前发出，颜色信号必须鲜明，易确认；声音信号发出的音响必须大大高于生产区域的噪声；显示仪表必须清晰、灵敏、准确，所有信号装置都必须定期检验、维护和更换。

(5) 危险标志　使用文字、颜色、图形等制作危险标志牌，以警示作业人员注意相关安全。如严禁烟火、防止触电等标志牌。

三、机械设备的维护、保养和检修

要使机械设备各种安全装置始终处于良好状态，必须定期做好设备的维护、保养和检修。按要求定期进行清洗、加油、调整、更换磨损和损坏零部件；按规定要求进行机械强度、拉力、电气绝缘试验；及时更换不合格零部件。

四、工作环境安全要求

工作现场中，物、料、工具的正确位置和码放；人行道、车行道的合理布置；作业现场的清洁卫生和良好的采光照明都是安全生产的重要保证措施。

第五节 电气安全技术

一、电对人体的伤害

电对人体的伤害有电击和电伤两种。电击是指电流通过人体对人体内部造成伤害，使人呼吸窒息、痉挛、心颤、心脏骤停等，严重时，会造成死亡；电伤是指电对人体外部造成的局部伤害，如电弧烧伤、烫伤等。电气伤害事故往往具有突然性、危险性，容易造成恶性事故。

二、影响电对人体伤害程度的因素

① 通过人体电流的大小。通过电流越大，人的生理反应越明显，致命危险性越大。

② 通电时间的长短。通电时间越长，电伤害越严重。

③ 通过人体的途径。如流经心脏、中枢神经系统、头部则更为危险。

④ 通过人体电流的种类。在各种频率电流中，以常用的工频 50Hz 交流电危险性最大。

三、电气安全的基本要素

1. 绝缘

系指用绝缘材料把带电体封闭起来，避免与其他带电体接触时发生短路或触电。绝缘材料可采用气体、液体、固体。衡量绝缘性能的主要指标是绝缘电阻、耐压强度、泄漏电流、介质损耗等。在强电场等外加因素作用下，绝缘材料也会发生击穿而丧失其绝缘性能。此外，由于周围有腐蚀性气体、导电粉尘或长期处在潮湿环境中，绝缘材料的绝缘性能也会降低。因此，需要定期检测和更换。

2. 屏护

采用遮栏、护罩、护盖、匣箱等，使带电体与其他物体或人隔开，不能直接触及，减少触电的可能性。屏护装置不直接与带电体接触。其使用材料必须具有足够的机械强度和良好耐燃性能。如使用金属材料，则必须将屏护装置接地或接零。

3. 间距

为防止人和物触及或接近带电体而发生触电、放电或短路事故，在带电体与带电体之间、带电体与地面之间、带电体与其他设备之间必须保持一定的安全距离，这个安全距离就是间距。安全间距的大小取决于电压的高低、工作环境、设备类型和安装方式等。各类场所、各种安全间距均有明确规定。

4. 载流量

指导线内通过电流的数量（即电流强度）。如果通过导线的电流超过安全载流量，会导致导线过热，损坏绝缘，甚至引起火灾。因此，必须根据线路正常工作的最大电流，正确选用导线的种类和规格。

5. 标志

保证安全用电的一个重要因素是使用明确统一的标志。通常以颜色标志区分各种不同性质、不同用途的导线，用图形标志警示人们不要接近的危险场所。

四、电气安全技术措施

为防止意外电气事故的发生（如短路、触电、漏电等），在电气线路和电气设备上还需要采取一些预防性安全措施。常用的有以下措施：

1. 熔断器

在电气线路及设备短路或持续过负荷时起保护作用。一般情况下，当通过熔丝的电流超过额定电流（安全工作电流）的 1.2～1.3 倍时，熔丝就会熔断，从而切断电源，避免造成事故和人身伤害。而且，电流越大，熔断越快。

2. 断路器

也称过载保护开关，当回路中发生超过允许极限的过载、短路及失压时，自动切断电流回路。

3. 漏电保护器

当设备或线路发生漏电事故时，能迅速切断电源，防止触电事故发生。

4. 安全电压

是为防止触电事故而采用由特定电源供给的电压系列。安全电压是以人体允许电流和人体电阻为依据确定的。凡手提照明灯、危险和特别危险环境的局部照明、携带式电动工具均应使用安全电压。我国国家标准安全电压额定值的等级为 42V、36V、24V、12V、6V。凡在狭窄、行动不便以及周围有大面积接地导体的环境（如金属容器内、隧道内、井内等）中使用手提照明灯工作，其安全工作电压为 12V。

5. 接地和接零

接地和接零是防止触电事故的重要措施。

(1) 保护接地　是把设备或设备某一部分通过接地装置与大地连接起来。它用于三相三线制中性点直接接地的电力系统。保护接地效果的好坏取决于接地装置的安全可靠性，如足够的机械强度、必需的埋设深度、连接牢固可靠、能防腐蚀等。在 1000V 以下的低压电力系统中，一般要求保护接地电阻$\leqslant 4\Omega$。

(2) 保护接零　是在低压中性点直接接地的三相四线制电网中，把电气设备正常工作时不带电的导电部分与电网中的中性线（即零线）连接起来，防止触电事故的发生。当某相带电体触及设备某部分时，形成该相线对零线的短路，短路电流使线路上的保护装置迅速切断电源，消除触电危险。保护接零必须与熔断器、断路器等配合使用，才能起保护作用。在保护接零系统中零线作用十分重要。零线必须有足够的截面和机械强度、耐腐蚀性，零线上禁止安装熔断器和断路器开关。

(3) 重复接地　将零线上的一处或多处通过接地装置与大地再次连接，以降低漏电设备的对地电压；减轻零线断开时的触电危险；同时，因增加短路电流而缩短故障的持续时间。

五、静电安全技术

1. 静电的产生和特点

在生产中，大多数静电是由于不同物质的接触和分离或相互摩擦而产生的，如工艺中的挤压、搅拌、喷溅、流动和过滤都会产生静电。静电的电量小而电位高；在绝缘体上静电消散慢；静电能使不带电导体感应起电。

2. 静电放电的形式和危害

(1) 电晕放电　放电能量较小，如不继续发展，一般没有引燃危险。

(2) 刷形放电 易发生在绝缘体上，伴有声光，对引燃能量较低的爆炸混合物有引燃危险。

(3) 火花放电 多发生在导体之间，由于放电能量集中，放电时有爆裂声和闪光，引燃危险性较大。

3. 防止静电危害的措施

为防止静电危害，主要是减少静电的产生；设法导走或消散静电；防止静电放电。

(1) 泄漏法 接地是消除静电的最基本的方法，主要用来消除导电体上的静电。泄漏是指用改变绝缘材料绝缘性能的方式，使静电易于泄漏。如使用导电橡胶、导电塑料或抗静电添加剂。增湿是通过提高空气的湿度，以消除静电积累。

(2) 中和法 对绝缘体上已产生的静电可利用极性相反的电荷来中和。如使用静电中和器。

(3) 工艺控制法 从生产工艺上限制静电的产生和积累。如选用导电较好的材料；降低流速和摩擦速度；消除杂质；降低爆炸性混合物的浓度。

(4) 防止人体带电 在爆炸性危险大的工作场所应穿戴防静电工作服和防静电鞋。

第六节 焊接安全技术

焊工使用电气焊设备进行焊割作业时，会产生弧光辐射、有毒气体、有害粉尘、高频磁场、噪声、射线等。有时，可能导致火灾、爆炸、烫伤、急性中毒、电光眼、皮肤病等职业伤害。

一、电焊安全

1. 电焊作业的主要危险

(1) 触电 是手工电弧焊的主要危险。如电焊机绝缘不良、导线绝缘损坏，焊工直接触及电极，都可能发生触电。在潮湿、存在导电粉尘或金属管道、容器内作业时，触电危险性更大。

(2) 金属烟尘 焊接时产生的金属烟尘会造成焊工尘肺、锰中毒、金属热等疾病。

(3) 有毒气体 焊接时会产生臭氧、氮氧化物、一氧化碳、氟化氢等有害气体，如通风不良，易发生急、慢性中毒。

(4) 弧光辐射 红外线、紫外线、可见光等会伤害皮肤、眼睛。

(5) 火灾爆炸 在易燃、易爆品附近作业，可能引起火灾、爆炸。

2. 防止触电措施

① 保证电焊设备和线路的绝缘良好，防止作业中绝缘损坏。

② 电焊设备必须有可靠的接地、接零设施。

③ 严禁用金属构件、管道作导线用。

④ 加强个人防护，按规定穿戴绝缘鞋、绝缘手套，在金属构件上焊接时，要采用绝缘衬垫。

3. 防止弧光辐射

设置防护屏，穿戴防护服、面罩。

4. 通风防尘

在室内或密闭地点施焊时，应使用抽风装置，焊接前，应清除焊点周围的油漆、塑料和污物。

5. 防火防爆

作业时，应远离易燃、易爆物品，注意采取隔绝火星的安全措施。

二、气焊与气割安全

气焊与气割使用乙炔和氧气的混合燃烧火焰焊接、切割金属，作业中，乙炔发生器和氧气瓶的安全使用十分重要。

1. 氧气瓶的安全使用

氧气瓶存放、使用不当，作业环境不良，如严重腐蚀、日光暴晒、明火、热辐射等，都可能引起瓶温过高，压力剧增而爆炸。

(1) 存放及运输　氧气瓶应远离高温、明火、熔融金属飞溅物；离开暖气片及其他热源1m以上，10m以内禁放任何易燃易爆物品；避免接触油脂和带油污的物品，避免碰撞、高处坠落和在地面滚动。

(2) 使用　氧气瓶不得接触油脂、有机物和其他可燃物品，焊工不得使用沾有油脂的工具和手套接触瓶阀或减压阀，要防止氧气胶管漏气，防止接头进入灰尘和金属屑。瓶内氧气绝对不能完全用完，要留0.1～0.15MPa，以便充气检查和防止进入杂质。冬季使用时，解冻瓶阀只能用热水或蒸汽，严禁用火焰加热或铁器锤击。与电焊工在同一处作业时，为防止气瓶带电，应在瓶底加绝缘垫。与气瓶接触的金属管道应安装接地保护，防止产生静电。

2. 乙炔发生器的安全使用

(1) 乙炔的易燃易爆性　当乙炔与空气混合时，自燃点降低，即使在大气压力下，也会发生爆炸。乙炔受热、受压时易发生化学反应，与氯、次氯酸盐等化合，在日光照射时，会发生爆炸；乙炔与铜、银、水银等金属和盐类长期接触时，会生成乙炔铜、乙炔银等爆炸化合物。

(2) 乙炔发生器的安全装置

① 回火防止器。阻止回火时，火焰窜入储气罐，引发爆炸。

② 安全阀。亦称泄压阀，保证乙炔发生器内压力超过安全压力时，自动开启泄压。

③ 爆破片。一旦受到爆炸波冲击，即行破裂。

(3) 乙炔发生器的安全使用

使用前，确认回火防止器水位正常，方可供水。

送水后，检查压力表、安全阀是否正常。

供气前，应排除发生罐存留的乙炔与空气混合物。

发生罐温超过80℃时，应加注冷水或暂停工作。禁止随便打开发生罐放水，以防止电石过热而引起着火爆炸。

防止因电石中杂质过多和颗粒过小，引起过热而爆炸。

第七节　个体劳动防护

不管在生产作业中采用了多少种安全保护措施和安全防护装置，但仍存在一些不安全因素、人为违章及突发情况等，都有可能造成人身伤害。作业中，正确使用个体防护用品能有效地消除或减轻伤害事故和职业危害。个体防护用品是劳动者进行作业时，保护自身安全健康的预防性用品。其使用效果与作业环境、防护用品质量、使用方法是否正确等因素紧密相关。

一、个体防护用品的基本要求

个体防护用品的优劣直接关系职工的安全健康，必须经劳动保护用品质量监督检查机构检验合格，并核发生产许可证和产品合格证。其基本要求是：

① 必须严格保证质量，具有足够的防护性能，安全可靠。

② 防护用品所选用的材料必须符合人体生理要求，不能成为危害因素的来源。

③ 防护用品要使用方便，不影响正常工作。

二、个体防护用品的分类

根据规定，个体防护用品可分为七类：头部防护；眼、面部防护；听觉、耳部防护；手、足部防护；呼吸器官防护；防护服；防坠落等。

1. 头部防护类

如安全帽，具有冲击吸收性能和耐穿透性。可以防止飞来物对头部的打击或坠落时对头部的撞击。特殊要求的还有耐低温、阻燃、绝缘、抗静电等类型。

2. 眼、面部防护类

如护目镜、防护罩，防止有害光线、弧光、烟尘、火花、飞溅物等的伤害，有防打击型、防腐蚀型、防辐射型等。

3. 听觉、耳部防护类

常用的有耳塞、耳罩、防噪声帽等。

4. 手、足部防护类

常用的有防腐蚀、防化学药品手套，绝缘手套，搬运手套，防火防烫手套等。鞋类有绝缘鞋、防砸鞋、防滑鞋、防油鞋、防静电鞋等。

5. 呼吸器官防护类

有防尘口罩、防毒面具等。

6. 防护服类

有一般防护服和特殊防护服，如防火服、防烫服、防静电服、防酸碱服等。

7. 防坠落类

如安全带、安全网等。

三、个体防护用品的合理使用

① 必须根据作业场所中危害因素及危害程度，选用相应防护用品。

② 职工必须进行正确使用个体防护用品知识的教育和培训。

③ 职工应会检查防护用品的安全可靠性，会正确使用，会维护保养防护用品。

第八节 生产环境中的毒物危害与防护

一、生产性毒物

凡是少量物质进入机体后，能与机体组织发生化学或生物化学作用，破坏正常生理功能，引起机体暂时或永久的病理改变的，称为毒物。凡是生产中使用或废弃的污染生产环境的毒物称为生产性毒物。

二、生产性毒物的存在形式

生产性毒物可以多种形式出现。同一化学物质在不同行业或不同生产环节呈现的形式又各有不同。主要的形式有以下几种：

(1) 原料 如制造氯乙烯所用的乙烯和氯；制造颜料、蓄电池用的铅。

(2) 中间产品 如制造苯胺时，硝基苯是中间产品。

(3) 辅助材料 如橡胶行业用苯、汽油作溶剂；生产乙醛时用汞作催化剂。

(4) 成品 如农药厂生产的对硫磷、乐果。

(5) 副产品或废弃物 如炼焦时产生的煤焦油、沥青；冶炼中产生的二氧化硫。

(6) 夹杂物 如某些金属、酸中夹杂的砷。

(7) 其他 生产性毒物尚可以分解产物或“反应产物”的形式出现。如磷化铝遇湿自然分解产生磷化氢。

三、生产性毒物的存在形态

生产性毒物可以固体、液体、气体或气溶胶的形态存在。但就其对人体的危害来说，则以空气污染具有特别重要的意义。

(1) 固体 如氯化钠。

(2) 液体 如苯、汽油。

(3) 气体 指常温、常压下呈气态的物质。

(4) 蒸气 固体升华、液体蒸发或挥发时形成的蒸气。

(5) 粉尘 能较长时间悬浮在空气中的固体微粒。

(6) 烟 悬浮在空气中直径小于 $0.1\mu m$ 的固体微粒。

(7) 雾 悬浮在空气中的液体微滴。

四、生产性毒物进入人体的途径

生产性毒物主要是通过呼吸道和皮肤进入人体；亦可通过消化道进入，但实际意义较小。

1. 经呼吸道进入

这是最主要、最危险的途径。呈气体、蒸气、雾、烟及粉尘形态的生产性毒物，均可进入呼吸道。进入呼吸道的毒物，通过肺泡直接进入循环系统。其毒性作用大，发生快。

2. 经皮肤进入

通过皮肤途径进入人体有三种：即通过表皮屏障；通过毛囊；极少数通过汗腺导管。能够经皮肤进入人体的有以下三类：

① 能溶于脂肪及类脂肪的物质；

② 能与皮肤的脂酸根结合的物质，如汞；

③ 具有腐蚀性的物质，如强酸、强碱。

3. 经消化道进入

个人卫生习惯不好和发生意外时可经消化道进入人体，实际事例甚少。

五、影响生产性毒物对人体作用的因素

接触生产性毒物时，机体不一定受到损害，毒物导致中毒是有条件的。

毒物对机体所致有害作用的程度与特点，取决于一系列因素和条件。

1. 毒物的化学结构

在烃类化合物中，毒物的化学结构决定它在体内可能参与和干扰各生化过程，参与的程度和速度从而决定其作用的性质与毒性的大小。随着碳原子数量增加，其毒性也增大。但一般认为当碳原子数超过一定限度（如7～9个碳原子）时，醇类的毒性反而迅速下降。在烃类化合物中，有的成分虽然相同，但由于化学结构式的不同，而毒性的大小也不一样，直链的毒性比支链的大；长链的比某些短链的毒性小；成环的比不成环的毒性大。

2. 毒物的理化特性

化学物质的理化特性对其进入人体的机会及体内过程有重要影响。分散度高的毒物，其化学活性大。氧化锌烟可引起铸造热，而氧化锌粉尘则不会。化学物质的挥发性常与沸点平行；挥发性大的毒物在空气中的浓度高，中毒的危险性大。有些化学物质的绝对毒性大，但挥发性小，故在生产中吸入中毒的危险性不大。但亦应注意有无加温等促进挥发的因素在起作用。某些化学物质的溶解度与其毒性有密切关系，与毒作用特点也有关。砒霜与雌黄相比，前者的溶解度大，毒性也剧烈得多。

3. 毒物的剂量、浓度、作用时间

化学物质的毒性更高，进入体内的剂量不足，也不会引起中毒。空气中毒物的浓度高，接触时间长，则进入体内的剂量大。从事接触毒物作业中，发生中毒的概率、人体受损害的程度，与进入体内的毒物量或空气中毒物浓度及作用时间有直接联系。降低空气中毒物限度、减少进入体内的毒物量是预防职业中毒的重要环节。

4. 毒物的联合作用

生产环境中常有数种毒物同时存在而作用于人体。在多种毒物共存的情况下，有少数毒物起减毒作用，但大多数毒物共同存在时，会产生毒物的联合作用，即一种毒物能增强另一种毒物的毒性的协同作用。这种协同作用，可能表现为毒性相加作用，也可能表现为毒性相乘作用。

5. 生产环境与劳动强度

高温条件下，可促进毒物挥发，加快人吸收毒物的速度。湿度可以促进氯化氢、氟化氢毒性增大。高气压可使毒物溶解于体液的量增多。体力劳动强度大，毒物吸收得多，耗氧量大，使机体对导致缺氧的毒物更为敏感。

6. 个体感受性

接触同一毒物，不同的个体所出现的反应可迥然不同。引起这种差异的个体因素很多，如：年龄、性别、生理变化过程、健康状态、营养等等。

总之，生产性毒物对人体的影响是多方面的。了解这些致毒的因素，可使我们采取有效的控制措施，防止职业中毒。

六、职业中毒

1. 中毒的分类

（1）急性中毒 毒物在短时间内大量进入人体后突然发生的病变。

（2）慢性中毒 毒物长期低浓度进入人体，逐渐引起的病变。

（3）亚急性中毒 介于急性中毒和慢性中毒之间，在较短时间有较大量毒物进入人体而引起的病变。

2. 中毒的表现

（1）神经系统 慢性中毒早期常见神经衰弱综合征和精神症状，出现全身无力、记忆力减退、睡眠障碍、情绪激动、狂躁、忧郁等。

(2) 呼吸系统 一次大量吸入某些气体可突然引起窒息。长期吸入刺激性气体，能引起慢性呼吸道炎症，出现鼻炎、咽炎、喉炎、气管炎等炎症。

(3) 血液系统 许多毒物都可对血液系统造成损害，表现为贫血、出血、血小板减少，重者可导致再生障碍性贫血。

(4) 消化系统 经消化系统进入人体的毒物可直接刺激、腐蚀胃黏膜，产生绞痛、恶心、呕吐、食欲不振等症状。

(5) 肾脏 许多毒物都是经肾脏排出，使肾脏受到不同程度的损害。出现蛋白尿、血尿、浮肿等症状。

(6) 皮肤 皮肤接触毒物后，可发生瘙痒、刺痛、潮红、斑丘疹等各种皮炎。

七、预防措施

1. 消灭毒源

(1) 以无毒或低毒原料代替有毒或高毒的原料 这是一项最积极的措施，但由于受到技术水平的限制，往往很难办到。我国目前已有了一些实践。如用无氰电镀法镀锌、镀铜，消灭了工人接触氰的机会；印刷业以水墨代替苯墨；以无汞仪表代替汞仪表，等等。

(2) 革新工艺，改变操作方法 实现自动化、机械化和电脑程序控制，最大限度地减少工人接触毒物的机会。如生产水银温度计时，将原热装法改为真空灌装，避免汞的散逸。

2. 控制毒源

控制毒源是广泛采用的预防措施。主要是利用一套通风排毒系统，达到净化工作环境的目的。

通风排毒系统包括：局部排毒装置、管道、净化装置和风机。

一套良好的通风排毒系统应该是：毒源的毒物被有效吸入局部排毒装置（排毒柜、排毒罩等），使作业场所的毒物浓度达到国家规定的卫生标准；净化装置将有毒气体净化，使其达到国家规定的排放标准，排入大气。欲使毒物有效吸入局部排毒装置，必须选择合适的风机，使风机产生的负压，造成足够的抽风量，以确保毒物被吸入，否则达不到净化车间空气的目的。另外，对毒物可以进行综合利用，可回收净化装置所滤下的毒物，生产副产品。如治理喷漆行业的含苯气体，可将净化装置中所吸附的苯和二甲苯进行脱附，将其回收利用，不仅保护了职工的健康，也创造了经济效益。

3. 个体防护

在有些情况下，消灭毒源、控制毒源都受到了技术上的限制，使用个体防护虽不是根本性措施，但也是权宜之计。

(1) 防护服 根据特殊需要所制作的特殊质地的工作服。如耐酸、耐碱的工作服；接触有皮肤中毒危险性的毒物，有相应质地的防护手套；防止毒物溅入眼内，有防护眼镜。

(2) 防护面具 包括防毒口罩与防毒面具，分为机械过滤和化学过滤两种。如毒物呈粉尘、烟、雾形态时，用机械过滤式防毒口罩；如毒物呈气体、蒸气形态，则用化学过滤式防毒口罩或面具。对不同的毒物，面具中的滤料有所不同，必须合理使用。

此外，应加强设备的现场管理，避免跑、冒、滴、漏。

第九节 生产性粉尘的危害与防护

一、生产性粉尘

生产性粉尘是指较长时间飘浮在生产环境空气中的固体微粒。

二、生产性粉尘的来源与分类

1. 来源

许多工业生产过程中都能产生粉尘，如采矿与矿石加工、开凿隧道、筑路、劈山等；金属冶炼中原料的准备，如矿石的粉碎、筛分、运输等；机械工业中铸造的配砂、清砂等；耐火材料、玻璃、水泥等工业；陶瓷、搪瓷工业；纺织工业；皮毛工业；化学工业中固体原料的加工、成品包装等。如果在上述这些生产过程中，无良好的防尘措施，均可产生大量生产性粉尘。

2. 分类

生产性粉尘可从不同角度进行分类。

(1) 按粉尘的性质

① 无机粉尘。矿物性粉尘：如石英、石棉、滑石、煤等粉尘；

金属性粉尘：如铁、锡、铜、铅等金属及其化合物粉尘；

人工无机粉尘：如金刚砂、水泥、玻璃等粉尘。

② 有机粉尘。植物性粉尘：如棉、甘蔗、谷物、茶等粉尘；

动物性粉尘：如兽毛、骨质、毛发、角质等粉尘；

人工有机粉尘：如炸药、有机染料等粉尘。

③ 混合性粉尘。指上述各类粉尘的两种或多种混合存在，此种粉尘在生产中最为常见。如煤矿中岩尘与煤尘并存。

(2) 从卫生角度

① 呼吸性粉尘。指粒径在 $5\mu m$ 以下，能进入人的细支气管到达肺泡的粉尘微粒。其危害性很大。

② 非呼吸性粉尘。指粒径在 $5\mu m$ 以上的粉尘。

三、生产性粉尘对人体的危害

1. 肺尘埃沉着病

(1) 肺尘埃沉着病 是指工人在生产劳动过程中长期吸入较高浓度的粉尘而引起的以肺组织纤维化为主的疾病。

当粉尘进入呼吸道后，由于气流方向的改变和黏液分泌，大的颗粒（$10\mu m$ 以上）被阻留在鼻腔、咽喉、气管内，通过咳嗽等排出体外，极小的尘粒可随呼气排出体外，余下的粉尘便进入肺组织深部，这其中仍有一部分可被吞噬细胞所吞噬。尽管人体有上述自净功能，但若长期吸入较高浓度的粉尘，超过人体本身的防御能力，便会引起肺组织纤维化病变，即患尘肺。

(2) 肺尘埃沉着病的症状 尘肺的主要症状表现为气短、胸痛、胸闷、咳嗽等。

2. 其他系统疾病

粉尘除可引起肺尘埃沉着病外，还可引起眼部和皮肤疾病，如阳光下接触煤焦油、沥青粉尘时，可引起眼睑水肿和结膜炎；又如，粉尘落在皮肤上可堵塞皮脂腺而引起皮肤干燥，继发感染时可形成毛囊炎、脓皮病等。

四、预防措施

1. 综合防尘措施

综合防尘措施，是我国在粉尘治理过程中多年摸索出的一套行之有效的方法，即“水、风、密、革、护、管、查、宣”八字方针：

水：即湿式作业，它适合于亲水性粉尘。

风：即通风除尘。

密：即密闭尘源，以达到控制尘源的目的。

革：即技术革新，改革产尘工艺，以无尘、少尘工艺代之。

护：即个体防护。

管：即对防尘设施维护管理。

查：即对接尘人员定期体检，对产尘点定期监测。

宣：即宣传教育，使接尘者提高自我保护意识和能力。

2. 技术措施

(1) 改革工艺过程　这是消除粉尘的根本途径。可采用管道负压输送、负压吸尘避免粉尘飞扬；以无硅物质代替石英；以机械装袋代替手工装袋，从而根本解决粉尘污染。

(2) 通风除尘，控制尘源　这是最为普遍的一种除尘方法。该方法是利用一套通风除尘系统包括吸尘罩、管道、除尘器、通风机等“四大件”来控制粉尘污染，使车间粉尘浓度达到国家卫生标准。

① 吸尘罩。吸尘罩设备是控制尘源的重要环节，应遵循近、顺、通、封、固、便的原则。

近：吸尘罩要尽可能接近尘源。

顺：指让吸尘罩口顺着（对准）含尘气流。

通：要有足够的通风量，否则粉尘不易吸入罩内。

封：尽可能把尘源包围在罩内并密封起来。

固：吸尘罩要有足够的强度，坚固耐用。

便：罩的设置要便于工人操作和设备维修。

一般吸尘罩应选用侧吸式或下吸式，尽量避免上吸式。因为取上吸式，含尘气体经过操作者的呼吸带，仍会被人体吸入，不能有效地防止粉尘的侵入。

② 管道。管道设置应避免过多弯头。因弯头处易积尘，会增大系统阻力，影响抽风量。输送易燃易爆的含尘气体，应考虑防爆。

③ 除尘器。除尘器的种类很多，可根据不同粉尘加以选择：

旋风除尘器，用于较大颗粒（$20\mu m$ 以上）的粉尘，经常用来作为一级除尘。由于旋风除尘器的整个工作过程为负压操作。因此，需要除尘器底部绝对密封。如底部有破损，则除尘器失效。

布袋除尘器，用于颗粒较小的粉尘。含尘气体通过布袋，尘粒阻留在袋上。应注意及时清理布袋上的粉尘，更换破损布袋。

静电除尘器，用于特别微细的粉尘。

④ 通风机。要保证足够的抽风量，必须合理选择通风机。这就需要整个通风除尘系统进行阻力计算，来确定通风机的型号。如果整个系统有两个以上吸尘罩口，就要进行阻力平衡，否则，就会出现有的罩口风量过大、有的罩口风量过小的现象，从而影响控制粉尘的效果。

3. 个体防护

当受条件所限，粉尘浓度暂达不到国家规定的卫生标准时，可佩戴防尘口罩加以防护。防尘口罩的滤料一般为阻尘率高、呼吸阻力小的材料。从事粉尘特大的作业时，可利用送风式防尘头盔。

4. 定期体检

为了早期发现肺尘埃沉着病患者，必须对接触硅尘职工定期进行体检，以便及早治疗，控制病情。浓度高，游离二氧化硅含量大，应半年至1年检查一次；浓度高，游离二氧化硅含量低，可每1～2年检查一次；浓度已达到卫生标准的，可2～3年检查一次。

【复习思考题】

1. 简述劳动保护法的主要内容。
2. 简述灼伤及其防护技术。
3. 简述物理性损伤及防护。
4. 简述机械设备安全技术。
5. 简述电气安全技术。
6. 简述焊接安全技术。
7. 简述个体劳动防护技术。
8. 简述生产环境中的毒物危害与防护技术。
9. 简述生活性粉尘的危害与防护技术。

第八章 08 Chapter

化工安全管理

学习目标

通过学习，了解现代安全管理的特点，熟悉掌握安全检查的组织形式、安全检查的一般程序、化工企业安全教育、事故隐患和职业危害作业点。

现代安全管理，即在传统安全管理的基础上，吸取长处与优点，利用系统论、信息论、控制论和行为科学等现代科学理论作为指导，树立以人为中心的管理思想，综合运用安全系统工程等现代科学方法和手段，对安全生产实行全员的、全面的、全过程的管理。

第一节 现代安全管理的特点

传统的安全管理是以组织、计划、技术、监督手段调节生产单位的安全活动，往往是凭多年积累的经验处理生产中的安全问题，这种管理模式在我国已经经历了一个长期的发展过程，亦已形成了一套管理理论和方法，对于企业的安全生产起到了一定促进作用。今后，在相当长的时间内仍然发挥其应有的作用。但是，随着社会主义市场经济的逐步建立，经济体制改革的不断深入，现代化建设的迅速发展，企业的安全生产出现了许多新情况，产生了许多新矛盾，发现了许多新问题，传统安全管理逐步暴露了许多自身难以克服的缺陷。与传统安全管理相比较，现代安全管理具有以下几个特点。

1. 实行系统安全管理着重提高整体管理的有效性

现代安全管理认为企业的安全管理应是一个以人为主体，由人、物资、机器和其他资源组成的系统。这个系统不是一个孤立的封闭系统，它由系统内部许多分系统组成，同时本身又是一个社会大系统中的分支，所以企业作为一个系统而言，它既要受系统外环境的影响，又会影响环境。现代安全管理往往是从企业的总体出发，从整个工程论证、设计、审核、制造、试车投产、生产运行、维修保养及产品使用的全过程来考虑它的安全性，既考虑到“物”的因素，更要考虑到“人”的因素，建立一个适当的人-机-环境的安全系统。而传统的安全管理是将有机整体人为地分割成多头管理，往往出现管生产、不管安全的局面，职能部门缺乏横向联系，安全工作对设计、计划、施工、检修等生产过程与部门缺少渗透性，安全部门往往单线作战。

2. 强调安全管理的科学性、预测性

现代安全管理着重应用现代多种学科的知识、科学原理、专门技术、科学的方法来管理安全生产。例如应用安全检查表、事故树分析、危险性预先分析、安全评价、行为科学与心理学、计算机辅助管理、电化教育等先进方法，不断提高企业的安全管理水平和灾害的控制预测能力，变“事后发现型”为“事前预测型”。传统安全管理多是凭经验处理生产系统中的安全问题，定性的概念多，定量的概念少，没有确定的管理目标值，所以安全管理往往心中无数，具有很大的盲目性，缺乏有效控制重大事故发生的能力。

3. 必须研究人的不安全行为产生的原因和规律性

将人身安全与设备安全有机地联系起来，掌握人和物在事故致因中的辩证关系，着重研究本质安全，创造本质安全的物质条件，以激励职工的自我保护意识，充分发挥职工自防、自保能力作为安全管理的基本点。传统安全管理往往缺乏科学和客观的分析，经常以工人违章作业作为结论，很少从安全管理和事故责任者的心理、生理、知识及技术等方面进行分析，不易做到举一反三、避免重复事故再度发生。

4. 现代安全管理采用动态管理，紧紧抓住信息流这一核心，利用安全信息构成策略因素指导安全生产的决策

信息和决策是现代安全管理的精髓，所谓动态管理即利用安全信息去不断调节、决策、执行、反馈、再决策、再执行、再反馈，使安全管理始终处在最佳有效状态。传统安全管理与此恰恰相反，处于一种静态管理状态，容易造成墨守成规，多少年一贯制，采用老套套、老框框，掌握不住安全生产主动权，安全管理发展缓慢，难以上台阶、上水平。

5. 安技部门在安全管理中占有重要地位

专职安技干部是生产企业工程技术人员的一部分，应该具有高级、中级及初级技术职称，企业应该逐步配备具有高中、中专以上文化程度，工作负责并有一定经验的人担任安全技术干部。传统安全管理，往往只是在口头上承认安技部门对企业安全生产起组织牵头作用，实际上安技部门在不少企业管理中地位一直不高，安全管理排不上重要位置，安全管理形不成安全生产保证体系，仅限少数领导、专职人员的空忙，成效不大。

6. 注重安全经济学和危险损失率的研究

现代安全管理将安全生产和经济效益密切挂钩，在技术评估中纳入安全评价。而传统安全管理往往忽视这一点，它将安全卫生管理和设施看成单纯的投入，见不到安全生产产生的效益，不能辩证地掌握安全投入与产出的关系。

第二节 安全检查

安全检查是企业贯彻执行党和国家的劳动安全卫生政策、法规，及时发现和解决存在的问题，推动安全生产工作的重要措施。

一、安全检查的概念

安全检查是指国家安全生产监察部门、工会、企业主管部门或企业自身以及各级安全卫生监督检查人员对企业贯彻国家劳动安全卫生法律法规和政策的情况、安全生产状况（包括劳动条件、劳动风险和事故隐患等），采取集体或个人形式进行的检查。

安全检查主要分为经常性检查、定期检查、专业检查和季节性检查等。

① 经常性检查是指企业安全管理者（或部门），组织或指导安全技术人员、车间和班组干部、劳动保护监督检查员、职工进行安全卫生自查、周查和月查。

② 定期检查是企业组织的定期（如季度、半年或一年）全面的安全检查。

③ 专业检查和季节性检查是根据行业特点、季节特性进行的专项安全检查，如防火、防爆、防暑检查等。

安全检查是企业安全管理的重要手段之一，是劳动生产环境的系统危险性识别方法，是事故控制、系统安全性评价的基础。

在安全检查中最重要最基本的是企业内部搞好安全生产、工业卫生方面的检查，这是安全管理的一项重要内容。

二、安全检查的范畴

安全检查涉及的内容非常广泛，凡是企业生产过程中影响或威胁到职工生命的安全与健康的因素都可属于安全检查的范畴，其主要内容是生产现场方面与安全管理方面的安全检查。

1. 生产现场的安全检查

主要涉及如下内容：

① 生产环境存在危险因素的情况。包括环境布置、照明、粉尘、有毒有害物质、事故火灾隐患、高空和狭小空间作业、环境温度和湿度、放射性物质及微波的辐射等情况。

② 生产工艺、生产流程及设备使用情况。主要包括潜在的机械、电伤害等情况。

③ 危险品使用保管情况。如易燃易爆物质、放射性物质的使用与保管情况。

④ 防护设施。如护栏、防护设备等。

2. 企业安全管理的安全检查

主要涉及如下内容：

① 劳动安全卫生的政策和规章制度的制定和落实情况。

② 劳动安全卫生管理的组织结构和人员素质情况。

③ 安全生产教育情况。

④ 安全生产计划（包括财政计划）和措施的制定和落实情况。

⑤ 劳动安全卫生标准的宣传落实情况等。

⑥ 人员意识和操作行为的管理等。

三、安全检查的组织形式

安全检查的组织形式需根据检查的目的和内容而定。大致分为：

(1) 以企业领导为主，组成安全检查组进行检查活动　该形式有利于调动各职能部门积极性，易于整改措施的落实。

(2) 以工会组织为主，组成安全检查组开展检查活动　它可以发挥各级工会劳动保护监督检查委员会的作用，使群众劳动保护监督检查更具体、更有效。

(3) 以技术人员为主体的组织形式开展检查活动　这种检查具有较大的针对性和专业要

求，适合难度较大项目的检查。

(4) 以职工为主体的检查形式 这种形式的检查，一方面，可以发挥一线职工了解工作现场的优势，检查事故隐患等；另一方面，职工对生产中的安全状况可有直接的认识，通过安全检查可以提高职工安全意识，接受安全教育。

(5) 个人检查 安全监督检查人员进行巡回性检查，有利于及时发现问题，并向领导和有关职能部门反映情况。

(6) 联合检查组 可以使安全检查更有代表性，更广泛。

四、安全检查的基本要求

国务院《关于加强企业生产中安全工作几项规定》中，把安全检查列为“五项规定”之一，对安全检查提出了明确要求。

① 企业要把安全检查列为安全工作的重要内容，使之成为规范化、制度化的检查活动。

② 安全检查必须有明确的目的、要求和具体计划。

③ 安全检查要遵循领导负责和依靠职工群众的原则。

④ 安全检查要贯彻边查边改的原则。在安全检查中发现的隐患要及时整改，对暂时不能解决的问题，要制定计划，分期分批有计划地整改。

五、安全检查的一般程序

通常安全检查的程序是：

① 确定检查的对象、范围、日期，制定检查计划。

② 根据检查的规模和主要程序，组织有关人员参加的检查组。

③ 编制安全检查表，根据生产实际情况确定检查的各个项目。

④ 根据各个项目对安全生产的重要性，确定检查表中各个项目的评分标准。

⑤ 依照安全检查表进行检查。

⑥ 对检查中发现的问题进行整改，对重大事故隐患应发出《隐患整改通知书》。隐患整改要确定责任，明确负责人和限定时间。

⑦ 问题解决后，进行效果评价，包括隐患是否消除，有何经验教训等。

六、安全检查报告书

安全检查报告书主要包括以下内容：

① 安全检查的概况。主要包括检查的宗旨，检查的重点，检查的时间、负责人、参加人员，分组情况，以及对检查活动的基本评价。

② 安全工作的经验和成绩。对经验和成绩加以肯定并加以推广。

③ 安全工作存在的问题。对存在的问题加以分析，找出产生的原因。

④ 对今后安全工作的意见和建议。针对检查中发现的问题提出改进措施。

七、安全检查表

1. 安全检查表的定义

安全检查表是安全（卫生）检查不可缺少的系统化依据，为了系统地发现企业安全生产系统中组织管理和劳动条件方面的危险因素，事先把检查对象加以剖析，把大系统分割成小的子系统，查出危险因素所在，然后确定检查项目，将检查项目按系统或子系统顺序编制成表，以便进行检查。根据上述顺序编制的表，可以避免安全检查的项目遗漏，这种表称作安全检查表。

安全检查表的使用在安全检查工作中是一种有效的手段，它能够大大提高安全检查的检查质量和效果。由于安全检查表集中了有经验人员和智慧，事先考虑系统基本单元的潜在危险性，就可以使安全检查做到周密和全面。经过编制人员从系统基本单元至整个系统详细推敲后，编制出安全检查的详细提纲，即可作为安全检查的指南和备忘录。

2. 安全检查表的特点

（1）全面性 由于安全检查表是组织对被检查对象熟悉的人员，经过充分讨论后编制出来的，所以可以做到系统化、完整化，不漏掉任何能导致危害的关键因素，克服了盲目性，起到了改进检查质量的作用。

（2）直观性 安全检查表通常采用提问方式，有问有答，令人印象深刻，能使人直观地知道如何做才正确，因而起到安全教育的作用。

（3）广泛性 安全检查表不仅可以用于系统安全设计、审查、验收，还可以用于安全检查、安全评价，还可以对职工进行安全教育，实行安全标准化作业。安全检查表在工厂、车间、班组都可以使用，因其简明易懂、使用方便，水平不同的人员都可以掌握，因此具有广泛性。

3. 安全检查表的编制

只有高质量的安全检查表才能适合实际应用的需要，起到全面系统地辨识危险性的作用。

因此，安全检查表应由熟悉该企业安全系统的专业人员、管理者和实际操作者编制。安全检查表的编制要以国家法规、制度、标准及公认安全要求为依据，对系统进行分割、剖析，找出一切影响系统安全的危险因素，列出清单。针对危险性因素清单，从有关法规、标准、制度及技术要求等文件资料中，逐个找出对应的安全要求，以及避免或减少危险因素发展为事故应采取的安全措施，形成对应危险因素的安全要求与安全措施清单。综合上述两个清单，按系统列出应检查问题的清单。每个检查问题包括是否存在危险因素、应达到的安全指标、应采用的安全措施。这种检查问题的清单就是最初编制的安全检查表。

检查表编制后，要经过多次实践检验，不断修改完善，才能成为标准的安全检查表。

4. 安全检查表的格式

目前，国内外采用的安全检查表有各种形式。在编制方法上，有按系统编写的；有按检查路线、检查顺序编写的；有按各检查项目的重要程度编写的。在检查内容的修辞上，有采用疑问句的；也有采用直接陈述句的。但无论采用什么样编写方式和修辞方式，安全检查表一般包括几个方面内容：

① 序号。

② 项目名称：子系统、项目、条款。

③ 检查表所依据的法律、标准。

④ 改进措施的要求。

⑤ 检查时间和检查人。

⑥ 负责人。安全检查示例：手持灭火器安全检查表见表 8-1。

表 8-1 手持灭火器安全检查表

序号	安全检查	是或否
1	有足够的手持灭火器吗？	
2	灭火器的设置能使任何人都能看到吗？（易看到，加标记且不宜太高）	

续表

序号	安全检查	是或否
3	通向灭火器的通道畅通无阻吗？	
4	每个灭火器都有有效的检验标志吗？	
5	每个灭火器对所要扑灭的火灾适用吗？	
6	操作人员都熟悉灭火器的操作吗？	
7	四氯化碳灭火器是否已被其他灭火器所取代？	
8	在规定的所有地点都配备了灭火器吗？	
9	灭火剂易冻的灭火器采取了防冻措施吗？	
10	用过的或损坏的灭火器是否马上更新了？	
11	每个人都知道自己工作区域内的灭火器所在位置吗？	
12	汽车库内有必备的灭火器吗？	

检查对象		检查时间		检查人	
被检查单位负责人		整改负责人		整改期限	

5. 安全检查表的种类

安全检查表按其应用范围大致可分为如下几类：

（1）设计审查用安全检查表 在某一项工程的设计工作开始之前，就为工程设计人员提供一个包括对该项工程的所有安全要求及有关标准的清单，以便使其依照标准要求来实现系统安全目标。这样既可以避免因设计不周而使系统安全性存在先天不足，也可在工程设计审查、验收阶段为安全审查人员提供依据。

设计用的安全检查表应有系统、全面的内容。主要用于厂区规划、工艺装置的布置、运输道路、材料储运、消防急救等方面。

（2）综合评价用安全检查表 综合评价用安全检查表用于掌握企业安全生产状况和衡量企业安全管理水平。这种检查表包括内容广泛，既可包括安全管理内容，如安全生产的制度、标准的落实；安全管理的人员结构；安全生产教育情况等，又可以把企业重点的危险区域或部位作为检查对象列出检查条款，以供全面检查评价的标准。

（3）现场施工用安全检查表 该表适用于施工现场的定期安全检查或预防性检查；主要集中在防止人身、设备等事故方面，其内容包括工艺安全、设备布置、安全通道、通风、照明、噪声、振动、安全标志、尘毒危害、消防设施及操作管理等。

（4）工段及岗位安全检查表 这是供工段及岗位进行自查、互查或进行安全教育用的安全检查表。主要集中用在防止误操作而引起的事故方面，其内容应根据岗位的工艺与设备的事故控制要点确定，要求内容具体、易行。

（5）专业性安全检查表 该表主要用于定期安全检查或季节性检查，如对电气设备、压力容器、特殊作业环境、特殊装置与设施等的专业检查。

第三节 化工企业安全教育

一、化工企业安全教育概念

化工单位三级安全教育是化工企业安全生产教育制度的基本形式。三级安全教育制度是企业安全教育的基本教育制度。教育对象是新进厂人员，包括新调入的工人、干部、学徒工、临时工、合同工、季节工、代培人员和实习人员。三级安全教育是入厂教育、车间教育和班组教育。企业必须对新工人进行安全生产的入厂教育、车间教育、班组教育；对调换新工种，采取新技术、新工艺、新设备、新材料的工人，必须进行新岗位、新操作方法的安全卫生教育。受教育者，经考试合格后，方可上岗操作。

二、安全教育的内容

1. 厂部安全教育的主要内容

① 讲解劳动保护的意义、任务、内容和其重要性，使新入厂的职工树立起“安全第一”和“安全生产，人人有责”的思想。

② 介绍企业的安全概况，包括企业安全工作发展史、企业生产特点、工厂设备分布情况（重点介绍接近要害部位、特殊设备的注意事项）和工厂安全生产的组织。

③ 介绍国务院颁发的《全国职工守则》和企业职工奖惩条例以及企业内设置的各种警告标志和信号装置等。

④ 介绍企业典型事故案例和教训，抢险、救灾、救人常识以及工伤事故报告程序等。

厂级安全教育一般由企业安技部门负责进行，时间为4～16h。讲解应和看图片、参观劳动保护教育室结合起来，并应发一本浅显易懂的规定手册。

2. 车间安全教育的主要内容

① 介绍车间的概况。如车间生产的产品、工艺流程及其特点，车间人员结构、安全生产组织状况及活动情况，车间危险区域、有毒有害工种情况，车间劳动保护方面的规章制度和对劳动保护用品的穿戴要求和注意事项，车间事故多发部位、原因、有什么特殊规定和安全要求，介绍车间常见事故和对典型事故案例的剖析，介绍车间安全生产中的好人好事，车间文明生产方面的具体做法和要求。

② 根据车间的特点介绍安全技术基础知识。如冷加工车间的特点是金属切削机床多、电气设备多、起重设备多、运输车辆多、各种油类多、生产人员多和生产场地比较拥挤等。机床旋转速度快、力矩大，要教育工人遵守劳动纪律，穿戴好防护用品，小心衣服、发辫被卷进机器，手被旋转的刀具擦伤。要告诉工人在装夹、检查、拆卸、搬运工件特别是大件时，要防止碰伤、压伤、割伤；调整工夹刀具、测量工件、加油以及调整机床速度均需停车进行；擦车时要切断电源，并悬挂警告牌，清扫铁屑时不能用手拉，要用钩子钩；工作场地应保持整洁，道路畅通；装砂轮要恰当，附件要符合要求规格，砂轮表面和托架之间的空隙不可过大，操作时不要用力过猛，站立的位置应与砂轮保持一定的距离和角度，并戴好防护眼镜；加工超长、超高产品，应有安全防护措施等。其他如铸造、锻造和热处理车间、锅炉房、变配电站、危险品仓库、油库等，均应根据各自的特点，对新工人进行安全技术知识教育。

③ 介绍车间防火知识。包括防火的方针，车间易燃易爆品的情况，防火的要害部位及防火的特殊需要，消防用品放置地点，灭火器的性能、使用方法，车间消防组织情况，遇到火险如何处理等。

④ 组织新工人学习安全生产文件和安全操作规程制度，并应教育新工人尊敬师傅，听从指挥，安全生产。车间安全教育由车间主任或安技人员负责，授课时间一般需要4～8课时。

3. 班组安全教育的主要内容

① 本班组的生产特点、作业环境、危险区域、设备状况、消防设施等。重点介绍高温、高压、易燃易爆、有毒有害、腐蚀、高空作业等方面可能导致发生事故的危险因素，交代本

班组容易出事故的部位和典型事故案例的剖析。

② 讲解本工种的安全操作规程和岗位责任，重点讲思想上应时刻重视安全生产，自觉遵守安全操作规程，不违章作业；爱护和正确使用机器设备和工具；介绍各种安全活动以及作业环境的安全检查和交接班制度。告诉新工人出了事故或发现了事故隐患，应及时报告领导，采取措施。

③ 讲解如何正确使用爱护劳动保护用品和文明生产的要求。要强调机床转动时不准戴手套操作，高速切削要戴保护眼镜，女工进入车间戴好工帽，进入施工现场和登高作业，必须戴好安全帽、系好安全带，工作场地要整洁，道路要畅通，物件堆放要整齐等。

④ 实行安全操作示范。组织重视安全、技术熟练、富有经验的老工人进行安全操作示范，边示范、边讲解，重点讲安全操作要领，说明怎样操作是危险的，怎样操作是安全的，不遵守操作规程将会造成的严重后果。

第四节 事故隐患和职业危害作业点

检查发现并监督整改工业生产中的各种事故隐患和职业危害，是贯彻落实“安全第一，预防为主”方针，预防各种事故和职业病发生的一项重要措施，也是工会劳动保护监督检查的一项重要任务。

一、事故隐患和职业危害作业点定义、分类及分级

事故隐患是指由人的不安全行为、物的不安全状态或工作环境及制度上缺陷的影响而有可能导致事故的，通过一定办法或采取措施，能够排除或抑制的潜在不安全因素。

从广义上讲，事故隐患是指在人-机-环境-信息这样一个大系统中的所有不安全因素。这一定义把隐患与不安全因素等同起来，且定得过大，这在实际中让人无所适从，无法操作。例如：高处施工的人员本身就处于一种危险状态，就算采取了一些安全防护措施，也只能说是在一定程度上降低了其危险性，并不能完全防止意外事故的发生。那么如果把高处作业也归结为事故隐患，显然是不合理的。因为工人在高处施工是不可避免的，只能说高空作业本身存在一定的危险性。再有，高速公路上的汽车，我们不能因为汽车的高速行驶而把它归结为事故隐患。因为这是我们的交通法本身所允许的。虽然它们处于某种不安全状态，有可能在一定的条件下造成事故，但不应把它们归结为事故隐患。否则对于消除事故隐患将造成一定的困难。

从狭义上讲，事故隐患是指生产过程中，在工艺设备、防护设施和作业环境等方面可能发生的事故缺陷。这一定义把事故隐患仅同生产过程联系起来，且没有考虑人为因素的影响，显然是不全面的。例如：在生产过程中，某些操作者存在侥幸心理，认为违章操作并非一定会发生事故，虽然通过管理，强化操作者的安全意识，侥幸心理会有所减少。但受心理、环境、情绪等诸多因素的影响，对群体而言它不会全杜绝。这种事故隐患的危害是极大的，最有效的措施，不断进行安全教育，强化操作人员的警惕性及安全文化水平，从内部提高工作人员的素质，使其危害降低。

职业危害作业点是指生产环境中，因工艺、设备、卫生设施等缺陷，使一些物理、化学生物性质的有害物质作业环境，使接触者造成急性、慢性中毒或职业性疾病的作业点。

二、事故隐患分类

事故隐患从与事故联系途径上分为直接事故隐患和间接事故隐患。

1. 直接事故隐患

在生产过程中直接能引起事故结果而导致事故产生的事故隐患，称为直接事故隐患。这类事故隐患与可能引起的事故结果之间的联系是直接的，不需要中间事物来传递这种作用。因此这类事故隐患比较容易被发现，其危害形式也较稳定，具有直接性、明显性、简单性的特点。例如：高处的重物掉下来可能伤人，这种不安全状态可以直接导致事故发生。隐患主体——重物可以直接成为伤害主体，这是很明显的，绝大多数这类事故隐患人们可以迅速发现并排除，有些甚至本来就是安全规程的防范对象。

2. 间接事故隐患

在生产过程中不可能直接引起事故结果，但能通过影响中间事物的行为而导致事故产生的事故隐患，称为间接事故隐患。这类事故隐患是通过中间媒介物导致事故发生的，故它是间接地起作用。这种联系是复杂的、间接的，因而它具有隐蔽性、复杂性、不稳定性的特点。其危害形式和严重程度有可能受到中间媒介物的传递形式不同的影响。例如：在比较恶劣的工作环境下，由于光线与空气等的影响，容易使操作者发生误操作，进而导致事故。就光线与空气讲，它对人不一定能造成直接的伤害，但人的不安全行为完全是由它造成的。因此，恶劣的工作环境就是间接事故隐患。

3. 事故隐患的分级

重大事故隐患按其可能造成的伤害程度及经济损失建议分为四级，见表 8-2。一般性事故隐患分级见表 8-3。

表 8-2 重大事故隐患分级

隐患级别	可能造成的结果	评 价 标 准
1 级	人身伤亡	可能造成 30 人以上死亡事故隐患(包括 30 人)
	经济损失	可能造成 1000 万元以上事故隐患(包括 1000 万元)
2 级	人身伤亡	可能造成 29 人以下 10 人以上死亡事故隐患
	经济损失	可能造成 1000 万元以下 100 万元以上事故隐患
3 级	人身伤亡	可能造成 3 人以上 9 人以下死亡事故隐患
	经济损失	可能造成 10 万元以上 100 万元以下事故隐患
4 级	人身伤亡	可能造成 2 人以下死亡事故隐患
	经济损失	可能造成 10 万元以下事故隐患(包括 10 万元)

表 8-3 一般性事故隐患分级

级别	可能结果	评 价 标 准
1 级	重伤	可能造成 10 人以上的事故隐患(包括 10 人)
	经济损失	可能造成 10 万元以下 5 万元以上(包括 5 万元)
2 级	重伤	可能造成 9 人以下 5 人以上事故隐患(包括 5 人)
	经济损失	可能造成 5 万元以下 3 万元以上(包括 3 万元)
3 级	重伤	可能造成 4 人以下的事故隐患
	经济损失	可能造成 3 万元以下事故隐患

三、事故隐患评估和建档

事故隐患评估包括定性评估和定量评估。定性评估主要内容有：国家、地方、行业管理部门及企业的安全生产法律及规章制度方面存在的事故隐患；国家、地方、行业及企业标准方面存在的事故隐患；安全检查中发现的易于整改的事故隐患；仅由于安全投入不足产生的事故隐患。

定量评估主要是重大、特大事故隐患。一方面，事故造成的危害比较大；另一方面，对于企业甚至行业主管理部门都要出台重大决策，或在经济上需要很大投入的事故隐患。对于这类隐患，不但要定性去分析，而且需要反复论证，拿出详细的理论依据，以提高决策的科学性和经济上的实效性。因此，对于这类事故隐患要作为重点加以研究。

1. 事故隐患的评估方法

事故隐患定量评估方法有很多，目前没有统一的认识，但普遍采用方法是美国 K. T. 格莱姆和 G. F. 金尼首先创立的 *LEC* 法，又称作为“格莱姆-金尼法”，他们指出：作业危险性可由三个因素的乘积（即 *LEC*）来反映。这三个因素为：

① 发生危险情况的可能性，用符号 *L*（likelihood）来表示；

② 人出现在危险环境中的时间，用符号 *E*（exposure）来表示；

③ 发生事故后可能产生的结果，用符号 *C*（consequence）来表示。

$$作业危险性=LEC$$

L，*E*，*C* 各分数值由下而来：

(1) 发生危险情况的可能性（*L*） 事故或危险事件发生的可能性与它们实际发生的数学概率相关联。即绝对不可能发生的事件其概率为零；而必然发生事件的概率则为 1。然而在考虑系统危险时，根本不能认为发生事故是绝对不可能的。所以这就不存在概率为零的情况。只能说，某种环境发生事故的可能性极小，其概率非常接近于 0。故把实际上是不可能的情况，人为地将“发生事故可能性极小”的分数定为 0.1，而必然要发生的事件的分数定为 10，对于两种情况之间的情况，由专家指定中间数值。于是，事故或危险事故发生可能性的分数范围从实际不可能事件的 0.1 直到完全可以预料事件的 10。

(2) 人出现在危险环境中的时间（*E*） 人员出现在危险环境中的时间越多，受到伤害的可能性越大，相应的危险性就越大。规定连续出现在危险环境的情况定为 10，而每年仅出现几次的时间相当少的情况定为 1，以上面两种情况为参考点，规定中间情况暴露的分数值。

(3) 发生事故后可能产生的结果（*C*） 事故或危险事件造成的人身伤害或物质损失是在很大范围内变化的。对伤亡事故来说，可以从轻微伤害直到产生人死亡的悲剧结果。对这样广阔的从量变到质变的变化范围，规定了分数值为 1～100，其中把需要救护的伤害的可能结果规定分数值为 1，把造成多人死亡的可能结果规定为 100，在 1～100 这两个参考点之间插入指定的中间值。

表 8-4～表 8-7 给出了 *L*，*E*，*C* 的分值。

表 8-4 事故发生后可能产生的结果（*C*）

可能结果	*C* 值	可能结果	*C* 值
大灾难许多人死亡	100	重大手足致残	5
灾难数人死亡	40	较大受伤较重	3
非常严重一人死亡	15	引人注目	1
严重伤害	7		

表 8-5 发生危险情况的可能性（*L*）

发生危险情况的可能性	*L* 值	发生危险情况的可能性	*L* 值
完全被预料到	10	相当可能	6

续表

发生危险情况的可能性	L 值	发生危险情况的可能性	L 值
不经常但可能	3	极不可能	0.2
完全意外极少可能	1	实际上不可能	0.1
可以设想但高度不可能	0.5		

表 8-6　人出现在危险环境中的时间（E）

出现在危险环境的情况	E 值	出现在危险环境的情况	E 值
连续处于危险环境中	10	每个月一次在危险中工作	2
每天在有危险环境工作	6	每年一次在危险中工作	1
每周一次在危险中工作	3	几年一次出现在危险环境中	0.5

表 8-7　作业危险性（LEC）

危险程度	LEC	危险程度	LEC
极其危险(停产整顿)	＞320	很危险(及时整改)	70～160
高度危险(立即整改)	160～320	稍有危险	＜20

从表中可以看出，作业危险性在 20 以下的环境被认为是稍有危险的，一般来说可以被人们接受，这种危险性比日常中的骑自行车去上班还要小。作业危险性达到 70～160，有显著的危险性，需要及时整改。作业危险性在 160～320 的环境是一种必须立即采取措施进行整改的高度危险性的环境。320 分以上的高分，表示环境非常危险，应立即停止生产，直到环境得到改善、危险性消除为止。

［评估举例］

隐患名称：某化工总厂转化炉车间焦炉事故隐患。

工艺概况：以焦炉气为主要原料，以富氧空气、蒸汽为氧化剂，在混合器内混合后，进入转化炉进行部分氧化反应及蒸汽转化反应，制取合成氨原料气的方法，称为催化部分氧化法。

简易流程：焦炉气经压缩机加压至 1.9～2.06MPa，经气体过滤器除油水，依次进入初预及再预换热器，在初预、再预换热器内焦炉气被高温的变换气加热到 350℃后，进入脱硫槽将有机硫、无机硫进一步脱除到 $30mg/m^3$ 以下，出槽后与 2.3～2.4MPa 的中压蒸汽混合后进入转化炉混合器列管间，在此，焦炉气、蒸汽与来自压力为 2.1MPa、浓度为 45%的富氧空气在混合器喷嘴处充分混合，以较高的速度喷出进入催化剂层，在镍催化剂的作用下，进行氧化反应，使甲烷含量在 0.5%以下。转化炉热总温度：1000～1200℃，出口温度：800～900℃，经淬冷器，废热锅炉温度降至 370℃以后，送变换炉变换，使变换气中含一氧化碳约 3%、二氧化碳 18%～20%、氢约 57%，送脱碳。

该工艺操作复杂，整个工艺过程都是在高温、高压下连续进行，而且易燃、易爆、易中毒，发生事故的严重性、可能性较大。主要隐患是：①由于设计缺陷，转化炉经常回火，系统阻力大，开停车频繁，最高峰时半年停车多达 40 多次。②转化炉底出口三通两次发生水夹套爆炸事故，原因是转化炉出口衬管变形，衬里耐火层脱落，使本体三通管局部过热，金属蠕变鼓包。

运用 LEC 法对该工艺过程的危险程度进行定量打分。

$$作业危险性 = LEC$$

根据 L、E、C 三因素的分值表，结合车间以往的事故教训和现实事故隐患，对事故隐患的危险程度进行打分，L 取 6 分，E 取 6 分，C 取 40 分，那么：

$$作业危险性=6\times6\times40=1440（分）$$

再依据危险的定性描述。此车间生产过程中事故隐患的危险程度属极其危险，因此要降低危险程度。E 值是由化工生产的特殊性所决定的，无法降低；C 值是由事故的客观规律所决定的，虽然含有较大的经验成分，但它具有不以人的主观意志所改变的客观性，也无法降低；只有 L 值，包括人和物的两方面因素，是可以通过治理而降低的唯一值。通过以上评估打分为事故隐患的治理指出了主攻方向。

该事故隐患的整改方案是：主要对物（工艺、设备）的不安全状态和人的不安全行为进行综合治理，特别是对转化工艺设备的改造，要在杜绝误操作引起的爆炸事故等方面下功夫。

(1) 改造炉顶 针对转化炉的原设计缺陷，炉顶空间过大，转化炉阻力在短时间内增加较大，造成混合器喇叭管被烧坏，转化炉回火，致使经常性停车这一问题进行治理。首先，取消转化炉炉顶短节，把炉顶割头直接焊在大法兰上，使炉顶标高降低了 1100mm，减少了炉顶空间。同时，对混合器进行了改造，使气流速度在 11m/s 以上，彻底解决了炉顶空间过大、阻力大、气体流速低于燃烧速度所造成的回火。

(2) 改造转化炉出口 对转化炉出口根部三通管水夹套爆炸事故进行治理。转化炉出口温度通常是 800～900℃，衬管材质为 Cr25Ni20，出口本体材质为 15MnV，水夹套为普通钢材。在长时间高温、高压作用下，衬管被烧变形，衬里耐火层脱落，致使炉体三通与封头结合处在运行过程中局部过热，金属蠕变，鼓包，造成冷却水迅速汽化，水夹套爆炸。通过治理，将原衬管结构改为承插式，将衬里耐火层重新浇注，由原砖石混凝土改为氧化铝空心球混凝土，并将夹套冷却水流程进行改造，由原来大、小水夹套分流冷却，改造为淬冷器转化炉的水夹套为一条龙的冷却水走向，有效地治理了该处事故隐患。

(3) 改进管线 为杜绝人误操作事故，分别在富氧管线和焦炉管线增设了蒸汽阀，用以进行密封和吹扫。

(4) 改进管理 以提高职工的主人翁精神和敬业精神，在业务上开展操作技术规程的再教育，开展岗位技术练兵；进行安全技术规程的教育，严格执行化工开停车票证制度，开展“三不伤害”活动。这样做最大限度地降低了人的不安全行为，减少了事故发生的概率。

结论：

经过这样双管齐下的治理，L 分值由原来的 6 分降至 0.5 分，在 E、C 值不变的情况下，作业危险性$=0.5\times6\times40=120$（分）

由过去的极其危险降至显著危险的程度，如果 C 分值的经验成分能有所改善，车间事故隐患的危险程度的定性描述就能降至可能危险的范围内，车间就能在处于相对安全的状态下进行生产。

2. 事故隐患和职业危害作业点的评估程序

① 成立隐患治理评估小组。领导小组应以主管厂长为组长，安全、工会等部门领导为副组长。小组成员包括主管安全和设备的领导，以及机动、技术、设计、安全、环保、工会等职能部门。

② 查找事故隐患。按事故隐患的定义界定、清理和分析，把那些真正属于事故隐患的挑出来，作为隐患评估的基础材料，即所谓的事故隐患的“筛选”过程。

③ 对危险源进行分类排队。分清哪些是由人为因素造成的；哪些是由物的不安全状态产生的；哪些是由周围的环境因素引起的；哪些是管理上的缺陷造成的，分类整理记入档案。建档的内容包括：企业名称、事故隐患和职业危害作业点的名称、地点、事故性质、级别、可能伤害的人数、可能造成的经济损失、粉尘、毒物浓度和超标倍数、应急处理措施和

整改措施、完成时间、评估人、整改单位和负责人、监督整改单位和负责人。

④ 用 LEC 法进行初评打分定级，并填写《事故隐患登记表》，按 LEC 的乘积数值划分隐患等级，然后报企业的主管领导审定。将审定后的《事故隐患登记表》作为基本台账供查阅。在初评打分定级中，对 LEC 乘积数值≤70 的事故隐患治理项目，由企业安全部门返回至车间自行安排，整改治理。对 LEC 乘积在 70 以上的事故隐患治理项目，由企业的主管领导、具有实际工作经验的工程技术人员和老工人“三结合”组成隐患自评小组，深入现场实地考察，实事求是地、细微全面地再按 LEC 评估法进行复评打分再次确认。

⑤ 企业安全部门及工会对隐患进行论证。包括理想状态下的技术标准和规范、现实状况、事故预想模型及同类性质事故国内外典型事例、事故后果及损失数据计算、原始记录、照片录像、维修诊断记录、临时措施、危险分级及分数值。

⑥ 专家论证。企业组织专家对各单位提出的重大事故隐患进行再论证，形成企业级专家意见。论证中应有生产、机动、技术、安全、消防、环保、设计、计量、工会等部门参加。

⑦ 临时安全措施。即在整改前应研究出临时预防措施。

⑧ 领导决策。由安全部门及工会组织向公司领导汇报，最后由公司领导核定是否正式列入重大事故隐患，整改费用计划及资金来源和安排整改顺序及时间表。

⑨ 组织上报工作。经领导核定后的重大事故隐患项目，由安全部门及工会组织汇总编写评估报告并分别上报上级主管部门。

四、隐患整改和监督检查

事故隐患经识别、分类、评估，已确定了其危险性，但要针对不同类型的隐患，制定相应的对策，治理隐患，实现安全生产。对评估和建档的事故隐患和职业危害作业点，企业应及时落实整改措施，工会负有跟踪监督检查的责任。凡是能够在班组、车间和企业解决的事故隐患和职业危害作业点，基层工会应列为跟踪监督检查的目标，监督与协助企业行政落实整改措施，动员职工参与整改，并教育职工提高安全防护意识，加强安全卫生设施的维护管理，预防各种事故和职业危害。

隐患整改要坚持“三定四不推”的原则，即：定人员、定措施、定期限；凡在本单位可以解决的问题，班组不推给车间（区、队），车间（区、队）不推给厂（矿），厂（矿）不推给主管部门，主管部门不推给省、自治区、直辖市。对于资金、技术条件已经具备的整改项目，应立即着手解决。依照各职能部门的安全责任，归口落实，限期解决。对于资金、技术条件尚不具备的整改项目，也应积极创造条件，通过协作攻关，统筹解决。

① 凡能列入企业安全措施计划、大修计划、技术改造工程和其他项目的事故隐患，工会应建议并督促企业行政将其列入有关措施计划认真落实。

② 重大问题应提交职工代表大会审议并监督执行。

③ 在事故隐患和职业危害作业点整改措施未落实期间，工会应建议、协助并监督企业行政采取应急防范措施，对可能发生火灾、爆炸、坍塌和急性中毒等一、二级事故隐患和职业危害作业点，要作为跟踪监督整改的重点。

④ 对企业自身无法解决的事故隐患和职业危害作业点问题，基层工会应及时填写事故隐患和职业危害作业点报告书，上报上级工会劳动保护部门，同时建议企业行政上报上级主管部门。

⑤ 上级工会劳动保护部门对下面上报的事故隐患应建档并实行跟踪监督检查，仍无法解决的应逐级上报建档，实行跟踪监督检查。

⑥ 对于已经建档的事故隐患，要定期认真进行统计、分析；自身无法解决的事故隐患，

要写出详细的专题报告，说明无法解决的理由，请上级组织给予解决。

⑦ 对于已经整改的事故隐患也应存档，在档案中要注明整改的日期、整改负责人、所采取的措施、整改效果及取得的经验和体会等。

【复习思考题】

1. 简述现代安全管理的特点。
2. 简述安全检查的组织形式。
3. 简述安全检查的一般程序。
4. 简述化工企业安全教育。
5. 简述事故隐患和职业危害作业点。

知识拓展

化工（危险化学品）企业保障生产安全十条规定

《化工（危险化学品）企业保障生产安全十条规定》（以下简称《十条规定》）由5个必须和5个严禁组成，紧抓化工（危险化学品）企业生产安全的主要矛盾和关键问题，规范了化工（危险化学品）企业安全生产过程中集中多发的问题。

主要特点

一是重点突出，针对性强。《十条规定》在归纳总结近年来造成危险化学品生产安全事故主要因素的基础上，从企业必须依法取得相关证照、建立健全并落实安全生产责任制等安全管理规章制度、严格从业人员资格及培训要求等方面强调了化工（危险化学品）企业保障生产安全的最基本的规定，突出了遏制危险化学品生产安全事故的关键因素。

二是编制依法，执行有据。《十条规定》中的每一个必须、每一个严禁，都是以《中华人民共和国安全生产法》《危险化学品安全管理条例》及其配套规章等重要法规标准为依据，都是有法可依的，化工（危险化学品）企业必须严格执行。违反了规定，就要依法进行处罚。

三是简明扼要，便于普及。《十条规定》的内容只有十句话，239个字，言简意赅，一目了然。虽然这些内容过去都有规定，但散落在多项法规标准之中，许多化工（危险化学品）企业负责人、安全管理人员和从业人员对其不够熟悉。《十条规定》明确将法规标准中规定的化工（危险化学品）企业应该做、必须做的最基本的要求规范出来，便于企业及相关人员记忆和执行。

五必须

一、必须依法设立，证照齐全有效

依法设立是要求：企业的设立应当符合国家产业政策和当地产业结构规划；企业的选址应当符合当地城乡规划；新建化工企业必须按照有关规定进入化工园区（或集中区），必须经过正规设计，必须装备自动监控系统及必要的安全仪表系统，周边距离不足和城区内的化工企业要搬迁进入化工园区。

证照齐全主要是指各种企业安全许可证照，包括建设项目“三同时”审查和各类相应的安全许可证不仅要齐全，还要确保在有效期内。

依法设立是企业安全生产的首要条件和前提保障。安全生产行政审批是危险化学品企业准入的首要关口，是检查企业是否具备基本安全生产条件的重要环节，是安全监管部门强化安全生产监管的重要行政手段。而非法生产行为一直是引发事故，特别是较大以上群死群伤事故的主要原因之一。例如，2013 年 3 月 1 日，辽宁省朝阳市建平县鸿燊商贸有限责任公司硫酸储罐爆炸泄漏事故，导致 7 人死亡、2 人受伤。事故企业未取得工商注册，在项目建设过程中，除办理了临时占地手续外，项目可研、环评、安全评价、设计等相关手续均未办理。

二、必须建立健全并严格落实全员安全生产责任制，严格执行领导带班值班制度

安全生产责任制是生产经营单位安全生产的重要制度，建立健全并严格落实全员安全生产责任制，是企业加强安全管理的重要基础。严格领导带班值班制度是强化企业领导安全生产责任意识、及时掌握安全生产动态的重要途径，是及时应对突发事件的重要保障。

安全生产责任制不健全、不落实，领导带班值班制度执行不严格往往是事故发生的首要潜在因素。例如，2012 年 12 月 31 日，山西省潞城市山西潞安集团天脊煤化工集团股份有限公司苯胺泄漏事故，造成区域环境污染事件，直接经济损失约 235.92 万元。事故直接原因虽然是事故储罐进料管道上的金属软管破裂导致的，但经调查发现安全生产责任制不落实（当班员工 18 个小时不巡检）和领导带班值班制度未严格落实是导致事故发生的重要原因。

三、必须确保从业人员符合录用条件并培训合格，依法持证上岗

化工生产、储存、使用过程中涉及品种繁多、特性各异的危险化学品，涉及复杂多样的工艺技术、设备、仪表、电气等设施。特别是近年来，化工生产呈现出装置大型化、集约化的发展，对从业人员提出了更高的要求。因此，从业人员的良好素质是化工企业实现安全生产必须具备的基础条件。只有经过严格的培训，掌握生产工艺及设备操作技能、熟知本岗位存在的安全隐患及防范措施、需要取证的岗位依法取证后，才能承担并完成自己的本职工作，保证自身和装置的安全。

不符合录用条件、不具备相关知识和技能、不持证上岗的“三不”人员从事化工生产极易发生事故。例如，2012 年 2 月 28 日，河北省石家庄市赵县河北克尔化工有限公司重大爆炸事故，造成 29 人死亡、46 人受伤，直接经济损失 4459 万元。事故暴露出的主要问题之一就是公司从业人员不具备化工生产的专业技能。该公司车间主任和重要岗位员工多为周边村里的农民（初中以下文化程度），缺乏化工生产必备的专业知识和技能，未经有效的安全教育培训即上岗作业，把危险程度较低的生产过程变成了高度危险的生产过程，针对突发异常情况，缺乏及时有效应对紧急情况的知识和能力，最终导致事故发生。

四、必须严格管控重大危险源，严格变更管理，遇险科学施救

严格管控危险化学品重大危险源是有效预防、遏制重特大事故的重要途径和基础性、长效性措施。2011 年 12 月 1 日起施行的《危险化学品重大危险源监督管理暂行规定》（国家安全监管总局令第 40 号）明确提出了对危险化学品重大危险源要完善监测监控手段和落实安全监督管理责任等要求。由于构成危险化学品重大危险源的危险化学品数量较大，一旦发生事故，造成的后果和影响十分巨大。例如，2008 年 8 月 26 日，广西河池市广维化工股份有限公司爆炸事故，造成 21 人死亡、59 人受伤，厂区附近 3km 范围共 11500 多名群众疏散，直接经济损失 7586 万元。事后调查发现，该起事故与罐区重大危险源监控措施不到位有直接关系，事故储罐没有安装液位、温度、压力测量监控仪表和可燃气体泄漏报警仪表。

变更管理是指对人员、工作过程、工作程序、技术、设施等永久性或暂时性的变化进行有计划的控制，确保变更带来的危害得到充分识别，风险得到有效控制。变更按内容分为工艺技术变更、设备设施变更和管理变更等。变更管理在我国化工企业安全管理中是薄弱环节。发生变更时，如果未对风险进行分析并采取安全措施，就极易形成重大事故隐患，甚至造成事故。例如，2010 年 7 月 16 日，辽宁省大连市的大连中石油国际储运有限公司原油罐区发生的输油管道爆炸事故，造成严重环境污染和 1 名作业人员失踪、1 名消防战士牺牲。

该起事故是未严格执行变更管理程序导致事故发生的典型案例。事故单位的原油硫化氢脱除剂的活性组分由有机胺类变更为双氧水，脱除剂组分发生了变更，加注过程操作条件也发生了变化，但企业没有针对这些变更进行风险分析，也没有制定风险控制方案，导致了在加剂过程中发生火灾爆炸事故，大火持续燃烧15个小时，泄漏原油流入附近海域。

在作业遇险时，不能保证自身安全的情况下盲目施救，往往会使事故扩大，造成施救者受到伤害甚至死亡。例如，2012年5月26日，江苏省盐城市大丰跃龙化学有限公司中毒事故，导致2人死亡。事故原因是尾气吸收岗位因有毒气体外逸并在密闭空间积聚，导致当班操作人员中毒，当班职工在组织救援的过程中因防范措施不当，盲目施救，致使3名救援人员在施救过程中相继中毒。

五、必须按照《危险化学品企业事故隐患排查治理实施导则》要求排查治理隐患

隐患是事故的根源。排查治理隐患，是安全生产工作的最基本任务，是预防和减少事故的最有效手段，也是安全生产的重要基础性工作。

《危险化学品企业事故隐患排查治理实施导则》对企业建立并不断完善隐患排查体制机制、制定完善管理制度、扎实开展隐患排查治理工作提出了明确要求和细致的规定。隐患排查走过场、隐患消除不及时，都可能成为事故的诱因。例如，2011年11月6日，吉林省松原市松原石油化工股份有限公司气体分馏车间发生爆炸引起火灾，造成4人死亡、1人重伤、6人轻伤。事后调查发现，事故发生时，气体分馏装置存在硫化氢腐蚀，事发前曾出现硫化氢严重超标现象，企业没有据此缩短设备监测检查周期，排查隐患，加强维护保养，充分暴露出企业隐患治理工作没有落实到位，为事故发生埋下伏笔。

五个严禁

一、严禁设备、设施带病运行和未经审批停用报警联锁系统

设备、设施是化工生产的基础，设备、设施带病运行是事故的主要根源之一。例如，2010年5月9日，上海中石化高桥分公司炼油事业部储运2号罐区石脑油储罐火灾事故，造成1613＃罐罐顶掀开，1615＃罐罐顶局部开裂，经济损失60余万元。事故直接原因是1613＃油罐铝制浮盘腐蚀穿孔，造成罐内硫化亚铁遇空气自燃。事故企业从2003年至事发时只做过一次内壁防腐，石脑油罐罐壁和铝制浮盘严重腐蚀，一直带病运行，最终导致了事故的发生。

报警联锁系统是规范危险化学品企业安全生产管理、降低安全风险、保证装置的平稳运行、安全生产的有效手段，是防止事故发生的重要措施，也是提升企业本质安全水平的有效途径。未经审批、随意停用报警联锁系统会给安全生产造成极大的隐患。例如，2011年7月11日，广东省惠州市中海油炼化公司惠州炼油分公司芳烃联合装置火灾事故，造成重整生成油分离塔塔底泵的轴承、密封及进出口管线及附近管线、电缆及管廊结构等损毁。直接原因是重整生成油分离塔塔底泵非驱动端的止推轴承损坏，造成轴剧烈振动和轴位移，导致该泵非驱动端的两级机械密封的严重损坏造成泄漏，泄漏的介质遇到轴套与密封端盖发生硬摩擦产生的高温导致着火。但是调查发现，事故发生的一个重要原因是由于DCS通道不足，仪表系统没有按照规范设置泵的机械密封油罐低液位信号，进入控制室的信号只设置了状态显示，没有声光报警，致使控制室值班人员未能及时发现异常情况。

二、严禁可燃和有毒气体泄漏等报警系统处于非正常状态

可燃气体和有毒气体泄漏等报警系统是可燃有毒气体泄漏的重要预警手段。可燃和有毒气体含量超出安全规定要求但不能被检测出时，极易发生事故。例如，2010年11月20日，榆社化工股份有限公司树脂二厂2＃聚合厂房内发生了空间爆炸，造成4人死亡、2人重伤、3人轻伤，经济损失达2500万元。虽然事故直接原因是位于2＃聚合厂房四层南侧待出料的9号釜顶部氯乙烯单体进料管与总排空管控制阀下连接的上弯头焊缝开裂导致氯乙烯

泄漏，泄漏的氯乙烯漏进 9 号釜一层东侧出料泵旁的混凝土柱上的聚合釜出料泵启动开关，产生电气火花，引起厂房内的氯乙烯气体空间爆炸，但是本应起到报警作用的泄漏气体检测仪却没有发出报警，未起到预防事故发生的作用，最终导致了事故的发生。

三、严禁未经审批进行动火、进入受限空间、高处、吊装、临时用电、动土、检维修、盲板抽堵等作业

化工企业动火、进入受限空间、高处、吊装、临时用电、动土、检维修、盲板抽堵等作业均具有很大的风险。严格八大作业的安全管理，就是要审查作业过程中风险是否分析全面，确认作业条件是否具备、安全措施是否足够并落实，相关人员是否按要求现场确认、签字。同时，必须加强作业过程监督，作业过程中必须有监护人进行现场监护。作业过程中因审批制度不完善、执行不到位导致的人身伤亡的事故时有发生。例如，2010 年 6 月 29 日，辽宁省辽阳市中石油辽阳石化分公司炼油厂原油输转站 1 个 3 万立方米的原油罐在清罐作业过程中，发生可燃气体爆燃事故，致使罐内作业人员 3 人死亡、7 人受伤。事故的主要原因之一就是作业现场负责人在没有监护人员在场的情况下，带领作业人员进入作业现场作业，同时，在“有限空间作业票”和“进入有限空间作业安全监督卡”上的安全措施未落实，用阀门代替盲板，就签字确认，使工人在存在较大事故隐患的环境里作业，导致了事故的发生。

四、严禁违章指挥和强令他人冒险作业

违章指挥，往往会造成额外的风险，给作业者带来伤害，甚至是血的教训，违章指挥和强令他人冒险作业是不顾他人安全的恶劣行为，经常成为事故的诱因。例如，2010 年 7 月 28 日，江苏省南京市扬州鸿运建设配套工程有限公司在江苏省南京市栖霞区迈皋桥街道万寿村 15 号的原南京塑料四厂旧址，平整拆迁土地过程中，挖掘机挖穿了地下丙烯管道，丙烯泄漏后遇到明火发生爆燃事故，造成 22 人死亡、120 人住院治疗，事故还造成周边近 $2km^2$ 范围内的 3000 多户居民住房及部分商店玻璃、门窗不同程度受损。事故的主要原因之一就是现场施工安全管理缺失，施工队伍盲目施工，现场作业负责人在明知拆除地块内有地下丙烯管道的情况下，不顾危险，违章指挥，野蛮操作，造成管道被挖穿，从而酿成重大事故。

五、严禁违章作业、脱岗和在岗做与工作无关的事

作业人员在岗期间，若脱岗、酒后上岗，从事与工作无关的事，一旦生产过程中出现异常情况，不能及时发现和处理，往往造成严重后果。例如，2008 年 9 月 14 日，辽宁省辽阳市金航石油化工有限公司爆炸事故，造成 2 人死亡、1 人下落不明、2 人受轻伤。事故原因就是在滴加异辛醇进行硝化反应的过程中，当班操作工违章脱岗，反应失控时没能及时发现和处置。

附录

附录一 中华人民共和国安全生产法

（中华人民共和国主席令第13号）

第一章 总则

第一条 为了加强安全生产工作，防止和减少生产安全事故，保障人民群众生命和财产安全，促进经济社会持续健康发展，制定本法。

第二条 在中华人民共和国领域内从事生产经营活动的单位（以下统称生产经营单位）的安全生产，适用本法；有关法律、行政法规对消防安全和道路交通安全、铁路交通安全、水上交通安全、民用航空安全以及核与辐射安全、特种设备安全另有规定的，适用其规定。

第三条 安全生产工作应当以人为本，坚持安全发展，坚持安全第一、预防为主、综合治理的方针，强化和落实生产经营单位的主体责任，建立生产经营单位负责、职工参与、政府监管、行业自律和社会监督的机制。

第四条 生产经营单位必须遵守本法和其他有关安全生产的法律、法规，加强安全生产管理，建立、健全安全生产责任制和安全生产规章制度，改善安全生产条件，推进安全生产标准化建设，提高安全生产水平，确保安全生产。

第五条 生产经营单位的主要负责人对本单位的安全生产工作全面负责。

第六条 生产经营单位的从业人员有依法获得安全生产保障的权利，并应当依法履行安全生产方面的义务。

第七条 工会依法对安全生产工作进行监督。

生产经营单位的工会依法组织职工参加本单位安全生产工作的民主管理和民主监督，维护职工在安全生产方面的合法权益。生产经营单位制定或者修改有关安全生产的规章制度，应当听取工会的意见。

第八条 国务院和县级以上地方各级人民政府应当根据国民经济和社会发展规划制定安全生产规划，并组织实施。安全生产规划应当与城乡规划相衔接。

国务院和县级以上地方各级人民政府应当加强对安全生产工作的领导，支持、督促各有关部门依法履行安全生产监督管理职责，建立健全安全生产工作协调机制，及时协调、解决安全生产监督管理中存在的重大问题。

乡、镇人民政府以及街道办事处、开发区管理机构等地方人民政府的派出机关应当按照职责，加强对本行政区域内生产经营单位安全生产状况的监督检查，协助上级人民政府有关部门依法履行安全生产监督管理职责。

第九条 国务院安全生产监督管理部门依照本法，对全国安全生产工作实施综合监督管理；县级以上地方各级人民政府安全生产监督管理部门依照本法，对本行政区域内安全生产工作实施综合监督管理。

国务院有关部门依照本法和其他有关法律、行政法规的规定，在各自的职责范围内对有关行业、领域的安全生产工作实施监督管理；县级以上地方各级人民政府有关部门依照本法和其他有关法律、法规的规定，在各自的职责范围内对有关行业、领域的安全生产工作实施监督管理。

安全生产监督管理部门和对有关行业、领域的安全生产工作实施监督管理的部门，统称负有安全生产监督管理职责的部门。

第十条 国务院有关部门应当按照保障安全生产的要求，依法及时制定有关的国家标准或者行业标准，并根据科技进步和经济发展适时修订。

生产经营单位必须执行依法制定的保障安全生产的国家标准或者行业标准。

第十一条 各级人民政府及其有关部门应当采取多种形式，加强对有关安全生产的法律、法规和安全生产知识的宣传，增强全社会的安全生产意识。

第十二条 有关协会组织依照法律、行政法规和章程，为生产经营单位提供安全生产方面的信息、培训等服务，发挥自律作用，促进生产经营单位加强安全生产管理。

第十三条 依法设立的为安全生产提供技术、管理服务的机构，依照法律、行政法规和执业准则，接受生产经营单位的委托为其安全生产工作提供技术、管理服务。

生产经营单位委托前款规定的机构提供安全生产技术、管理服务的，保证安全生产的责任仍由本单位负责。

第十四条 国家实行生产安全事故责任追究制度，依照本法和有关法律、法规的规定，追究生产安全事故责任人员的法律责任。

第十五条 国家鼓励和支持安全生产科学技术研究和安全生产先进技术的推广应用，提高安全生产水平。

第十六条 国家对在改善安全生产条件、防止生产安全事故、参加抢险救护等方面取得显著成绩的单位和个人，给予奖励。

第二章 生产经营单位的安全生产保障

第十七条 生产经营单位应当具备本法和有关法律、行政法规和国家标准或者行业标准规定的安全生产条件；不具备安全生产条件的，不得从事生产经营活动。

第十八条 生产经营单位的主要负责人对本单位安全生产工作负有下列职责：

（一）建立、健全本单位安全生产责任制；

（二）组织制定本单位安全生产规章制度和操作规程；

（三）组织制定并实施本单位安全生产教育和培训计划；

（四）保证本单位安全生产投入的有效实施；

（五）督促、检查本单位的安全生产工作，及时消除生产安全事故隐患；

（六）组织制定并实施本单位的生产安全事故应急救援预案；

（七）及时、如实报告生产安全事故。

第十九条 生产经营单位的安全生产责任制应当明确各岗位的责任人员、责任范围和考核标准等内容。

生产经营单位应当建立相应的机制，加强对安全生产责任制落实情况的监督考核，保证安全生产责任制的落实。

第二十条 生产经营单位应当具备的安全生产条件所必需的资金投入，由生产经营单位的决策机构、主要负责人或者个人经营的投资人予以保证，并对由于安全生产所必需的资金投入不足导致的后果承担责任。

有关生产经营单位应当按照规定提取和使用安全生产费用，专门用于改善安全生产条件。安全生产费用在成本中据实列支。安全生产费用提取、使用和监督管理的具体办法由国务院财政部门会同国务院安全生产监督管理部门征求国务院有关部门意见后制定。

第二十一条 矿山、金属冶炼、建筑施工、道路运输单位和危险物品的生产、经营、储存单位，应当设置安全生产管理机构或者配备专职安全生产管理人员。

前款规定以外的其他生产经营单位，从业人员超过一百人的，应当设置安全生产管理机构或者配备专职安全生产管理人员；从业人员在一百人以下的，应当配备专职或者兼职的安全生产管理人员。

第二十二条 生产经营单位的安全生产管理机构以及安全生产管理人员履行下列职责：

（一）组织或者参与拟订本单位安全生产规章制度、操作规程和生产安全事故应急救援预案；

（二）组织或者参与本单位安全生产教育和培训，如实记录安全生产教育和培训情况；

（三）督促落实本单位重大危险源的安全管理措施；

（四）组织或者参与本单位应急救援演练；

（五）检查本单位的安全生产状况，及时排查生产安全事故隐患，提出改进安全生产管理的建议；

（六）制止和纠正违章指挥、强令冒险作业、违反操作规程的行为；

（七）督促落实本单位安全生产整改措施。

第二十三条 生产经营单位的安全生产管理机构以及安全生产管理人员应当恪尽职守，依法履行职责。

生产经营单位作出涉及安全生产的经营决策，应当听取安全生产管理机构以及安全生产管理人员的意见。

生产经营单位不得因安全生产管理人员依法履行职责而降低其工资、福利等待遇或者解除与其订立的劳动合同。

危险物品的生产、储存单位以及矿山、金属冶炼单位的安全生产管理人员的任免，应当告知主管的负有安全生产监督管理职责的部门。

第二十四条 生产经营单位的主要负责人和安全生产管理人员必须具备与本单位所从事的生产经营活动相应的安全生产知识和管理能力。

危险物品的生产、经营、储存单位以及矿山、金属冶炼、建筑施工、道路运输单位的主要负责人和安全生产管理人员，应当由主管的负有安全生产监督管理职责的部门对其安全生产知识和管理能力考核合格。考核不得收费。

危险物品的生产、储存单位以及矿山、金属冶炼单位应当有注册安全工程师从事安全生产管理工作。鼓励其他生产经营单位聘用注册安全工程师从事安全生产管理工作。注册安全工程师按专业分类管理，具体办法由国务院人力资源和社会保障部门、国务院安全生产监督管理部门会同国务院有关部门制定。

第二十五条 生产经营单位应当对从业人员进行安全生产教育和培训，保证从业人员具备必要的安全生产知识，熟悉有关的安全生产规章制度和安全操作规程，掌握本岗位的安全操作技能，了解事故应急处理措施，知悉自身在安全生产方面的权利和义务。未经安全生产教育和培训合格的从业人员，不得上岗作业。

生产经营单位使用被派遣劳动者的，应当将被派遣劳动者纳入本单位从业人员统一管理，对被派遣劳动者进行岗位安全操作规程和安全操作技能的教育和培训。劳务派遣单位应当对被派遣劳动者进行必要的安全生产教育和培训。

生产经营单位接收中等职业学校、高等学校学生实习的，应当对实习学生进行相应的安全生产教育和培训，提供必要的劳动防护用品。学校应当协助生产经营单位对实习学生进行安全生产教育和培训。

生产经营单位应当建立安全生产教育和培训档案，如实记录安全生产教育和培训的时间、内容、参加人员以及考核结果等情况。

第二十六条 生产经营单位采用新工艺、新技术、新材料或者使用新设备，必须了解、掌握其安全技术特性，采取有效的安全防护措施，并对从业人员进行专门的安全生产教育和培训。

第二十七条 生产经营单位的特种作业人员必须按照国家有关规定经专门的安全作业培训，取得相应资格，方可上岗作业。

特种作业人员的范围由国务院安全生产监督管理部门会同国务院有关部门确定。

第二十八条 生产经营单位新建、改建、扩建工程项目（以下统称建设项目）的安全设施，必须与主体工程同时设计、同时施工、同时投入生产和使用。安全设施投资应当纳入建设项目概算。

第二十九条 矿山、金属冶炼建设项目和用于生产、储存、装卸危险物品的建设项目，应当按照国家有关规定进行安全评价。

第三十条 建设项目安全设施的设计人、设计单位应当对安全设施设计负责。

矿山、金属冶炼建设项目和用于生产、储存、装卸危险物品的建设项目的安全设施设计应当按照国家有关规定报经有关部门审查，审查部门及其负责审查的人员对审查结果负责。

第三十一条 矿山、金属冶炼建设项目和用于生产、储存、装卸危险物品的建设项目的施工单位必须按照批准的安全设施设计施工，并对安全设施的工程质量负责。

矿山、金属冶炼建设项目和用于生产、储存危险物品的建设项目竣工投入生产或者使用前，应当由建设单位负责组织对安全设施进行验收；验收合格后，方可投入生产和使用。安全生产监督管理部门应当加强对建设单位验收活动和验收结果的监督核查。

第三十二条 生产经营单位应当在有较大危险因素的生产经营场所和有关设施、设备上，设置明显的安全警示标志。

第三十三条 安全设备的设计、制造、安装、使用、检测、维修、改造和报废，应当符合国家标准或者行业标准。

生产经营单位必须对安全设备进行经常性维护、保养，并定期检测，保证正常运转。维护、保养、检测应当作好记录，并由有关人员签字。

第三十四条 生产经营单位使用的危险物品的容器、运输工具，以及涉及人身安全、危险性较大的海洋石油开采特种设备和矿山井下特种设备，必须按照国家有关规定，由专业生产单位生产，并经具有专业资质的检测、检验机构检测、检验合格，取得安全使用证或者安全标志，方可投入使用。检测、检验机构对检测、检验结果负责。

第三十五条 国家对严重危及生产安全的工艺、设备实行淘汰制度，具体目录由国务院安全生产监督管理部门会同国务院有关部门制定并公布。法律、行政法规对目录的制定另有规定的，适用其规定。

省、自治区、直辖市人民政府可以根据本地区实际情况制定并公布具体目录，对前款规定以外的危及生产安全的工艺、设备予以淘汰。

生产经营单位不得使用应当淘汰的危及生产安全的工艺、设备。

第三十六条 生产、经营、运输、储存、使用危险物品或者处置废弃危险物品的，由有关主管部门依照有关法律、法规的规定和国家标准或者行业标准审批并实施监督管理。

生产经营单位生产、经营、运输、储存、使用危险物品或者处置废弃危险物品，必须执行有关法律、法规和国家标准或者行业标准，建立专门的安全管理制度，采取可靠的安全措施，接受有关主管部门依法实施的监督管理。

第三十七条 生产经营单位对重大危险源应当登记建档，进行定期检测、评估、监控，并制定应急预案，告知从业人员和相关人员在紧急情况下应当采取的应急措施。

生产经营单位应当按照国家有关规定将本单位重大危险源及有关安全措施、应急措施报有关地方人民政府安全生产监督管理部门和有关部门备案。

第三十八条 生产经营单位应当建立健全生产安全事故隐患排查治理制度，采取技术、管理措施，及时发现并消除事故隐患。事故隐患排查治理情况应当如实记录，并向从业人员通报。

县级以上地方各级人民政府负有安全生产监督管理职责的部门应当建立健全重大事故隐患治理督办制度，督促生产经营单位消除重大事故隐患。

第三十九条 生产、经营、储存、使用危险物品的车间、商店、仓库不得与员工宿舍在同一座建筑物内，并应当与员工宿舍保持安全距离。

生产经营场所和员工宿舍应当设有符合紧急疏散要求、标志明显、保持畅通的出口。禁止锁闭、封堵生产经营场所或者员工宿舍的出口。

第四十条 生产经营单位进行爆破、吊装以及国务院安全生产监督管理部门会同国务院有关部门规定的其他危险作业，应当安排专门人员进行现场安全管理，确保操作规程的遵守和安全措施的落实。

第四十一条 生产经营单位应当教育和督促从业人员严格执行本单位的安全生产规章制度和安全操作规程；并向从业人员如实告知作业场所和工作岗位存在的危险因素、防范措施以及事故应急措施。

第四十二条 生产经营单位必须为从业人员提供符合国家标准或者行业标准的劳动防护用品，并监督、教育从业人员按照使用规则佩戴、使用。

第四十三条 生产经营单位的安全生产管理人员应当根据本单位的生产经营特点，对安全生产状况进行经常性检查；对检查中发现的安全问题，应当立即处理；不能处理的，应当及时报告本单位有关负责人，有关负责人应当及时处理。检查及处理情况应当如实记录在案。

生产经营单位的安全生产管理人员在检查中发现重大事故隐患，依照前款规定向本单位有关负责人报告，有关负责人不及时处理的，安全生产管理人员可以向主管的负有安全生产监督管理职责的部门报告，接到报告的部门应当依法及时处理。

第四十四条 生产经营单位应当安排用于配备劳动防护用品、进行安全生产培训的经费。

第四十五条 两个以上生产经营单位在同一作业区域内进行生产经营活动，可能危及对方生产安全的，应当签订安全生产管理协议，明确各自的安全生产管理职责和应当采取的安全措施，并指定专职安全生产管理人员进行安全检查与协调。

第四十六条 生产经营单位不得将生产经营项目、场所、设备发包或者出租给不具备安全生产条件或者相应资质的单位或者个人。

生产经营项目、场所发包或者出租给其他单位的，生产经营单位应当与承包单位、承租单位签订专门的安全生产管理协议，或者在承包合同、租赁合同中约定各自的安全生产管理职责；生产经营单位对承包单位、承租单位的安全生产工作统一协调、管理，定期进行安全检查，发现安全问题的，应当及时督促整改。

第四十七条 生产经营单位发生生产安全事故时，单位的主要负责人应当立即组织抢救，并不得在事故调查处理期间擅离职守。

第四十八条 生产经营单位必须依法参加工伤保险，为从业人员缴纳保险费。

国家鼓励生产经营单位投保安全生产责任保险。

第三章　从业人员的安全生产权利义务

第四十九条　生产经营单位与从业人员订立的劳动合同，应当载明有关保障从业人员劳动安全、防止职业危害的事项，以及依法为从业人员办理工伤保险的事项。

生产经营单位不得以任何形式与从业人员订立协议，免除或者减轻其对从业人员因生产安全事故伤亡依法应承担的责任。

第五十条　生产经营单位的从业人员有权了解其作业场所和工作岗位存在的危险因素、防范措施及事故应急措施，有权对本单位的安全生产工作提出建议。

第五十一条　从业人员有权对本单位安全生产工作中存在的问题提出批评、检举、控告；有权拒绝违章指挥和强令冒险作业。

生产经营单位不得因从业人员对本单位安全生产工作提出批评、检举、控告或者拒绝违章指挥、强令冒险作业而降低其工资、福利等待遇或者解除与其订立的劳动合同。

第五十二条　从业人员发现直接危及人身安全的紧急情况时，有权停止作业或者在采取可能的应急措施后撤离作业场所。

生产经营单位不得因从业人员在前款紧急情况下停止作业或者采取紧急撤离措施而降低其工资、福利等待遇或者解除与其订立的劳动合同。

第五十三条　因生产安全事故受到损害的从业人员，除依法享有工伤保险外，依照有关民事法律尚有获得赔偿的权利的，有权向本单位提出赔偿要求。

第五十四条　从业人员在作业过程中，应当严格遵守本单位的安全生产规章制度和操作规程，服从管理，正确佩戴和使用劳动防护用品。

第五十五条　从业人员应当接受安全生产教育和培训，掌握本职工作所需的安全生产知识，提高安全生产技能，增强事故预防和应急处理能力。

第五十六条　从业人员发现事故隐患或者其他不安全因素，应当立即向现场安全生产管理人员或者本单位负责人报告；接到报告的人员应当及时予以处理。

第五十七条　工会有权对建设项目的安全设施与主体工程同时设计、同时施工、同时投入生产和使用进行监督，提出意见。

工会对生产经营单位违反安全生产法律、法规，侵犯从业人员合法权益的行为，有权要求纠正；发现生产经营单位违章指挥、强令冒险作业或者发现事故隐患时，有权提出解决的建议，生产经营单位应当及时研究答复；发现危及从业人员生命安全的情况时，有权向生产经营单位建议组织从业人员撤离危险场所，生产经营单位必须立即作出处理。

工会有权依法参加事故调查，向有关部门提出处理意见，并要求追究有关人员的责任。

第五十八条　生产经营单位使用被派遣劳动者的，被派遣劳动者享有本法规定的从业人员的权利，并应当履行本法规定的从业人员的义务。

第四章　安全生产的监督管理

第五十九条　县级以上地方各级人民政府应当根据本行政区域内的安全生产状况，组织有关部门按照职责分工，对本行政区域内容易发生重大生产安全事故的生产经营单位进行严格检查。

安全生产监督管理部门应当按照分类分级监督管理的要求，制定安全生产年度监督检查计划，并按照年度监督检查计划进行监督检查，发现事故隐患，应当及时处理。

第六十条　负有安全生产监督管理职责的部门依照有关法律、法规的规定，对涉及安全生产的事项需要审查批准（包括批准、核准、许可、注册、认证、颁发证照等，下同）或者验收的，必须严格依照有关法律、法规和国家标准或者行业标准规定的安全生产条件和程序进行审查；不符合有关法律、法规和国家标准或者行业标准规定的安全生产条件的，不得批准或者验收通过。对未依法取得批准或者验收合格的单位擅自从事有关活动的，负责行政审批的部门发现或者接到举报后应当立即予以取缔，并依法予以处理。对已经依法取得批准的单位，负责行政审批的部门发现其不再具备安全生产条件的，应当撤销原批准。

第六十一条 负有安全生产监督管理职责的部门对涉及安全生产的事项进行审查、验收，不得收取费用；不得要求接受审查、验收的单位购买其指定品牌或者指定生产、销售单位的安全设备、器材或者其他产品。

第六十二条 安全生产监督管理部门和其他负有安全生产监督管理职责的部门依法开展安全生产行政执法工作，对生产经营单位执行有关安全生产的法律、法规和国家标准或者行业标准的情况进行监督检查，行使以下职权：

（一）进入生产经营单位进行检查，调阅有关资料，向有关单位和人员了解情况。

（二）对检查中发现的安全生产违法行为，当场予以纠正或者要求限期改正；对依法应当给予行政处罚的行为，依照本法和其他有关法律、行政法规的规定作出行政处罚决定。

（三）对检查中发现的事故隐患，应当责令立即排除；重大事故隐患排除前或者排除过程中无法保证安全的，应当责令从危险区域内撤出作业人员，责令暂时停产停业或者停止使用相关设施、设备；重大事故隐患排除后，经审查同意，方可恢复生产经营和使用。

（四）对有根据认为不符合保障安全生产的国家标准或者行业标准的设施、设备、器材以及违法生产、储存、使用、经营、运输的危险物品予以查封或者扣押，对违法生产、储存、使用、经营危险物品的作业场所予以查封，并依法作出处理决定。

监督检查不得影响被检查单位的正常生产经营活动。

第六十三条 生产经营单位对负有安全生产监督管理职责的部门的监督检查人员（以下统称安全生产监督检查人员）依法履行监督检查职责，应当予以配合，不得拒绝、阻挠。

第六十四条 安全生产监督检查人员应当忠于职守，坚持原则，秉公执法。

安全生产监督检查人员执行监督检查任务时，必须出示有效的监督执法证件；对涉及被检查单位的技术秘密和业务秘密，应当为其保密。

第六十五条 安全生产监督检查人员应当将检查的时间、地点、内容、发现的问题及其处理情况，作出书面记录，并由检查人员和被检查单位的负责人签字；被检查单位的负责人拒绝签字的，检查人员应当将情况记录在案，并向负有安全生产监督管理职责的部门报告。

第六十六条 负有安全生产监督管理职责的部门在监督检查中，应当互相配合，实行联合检查；确需分别进行检查的，应当互通情况，发现存在的安全问题应当由其他有关部门进行处理的，应当及时移送其他有关部门并形成记录备查，接受移送的部门应当及时进行处理。

第六十七条 负有安全生产监督管理职责的部门依法对存在重大事故隐患的生产经营单位作出停产停业、停止施工、停止使用相关设施或者设备的决定，生产经营单位应当依法执行，及时消除事故隐患。生产经营单位拒不执行，有发生生产安全事故的现实危险的，在保证安全的前提下，经本部门主要负责人批准，负有安全生产监督管理职责的部门可以采取通知有关单位停止供电、停止供应民用爆炸物品等措施，强制生产经营单位履行决定。通知应当采用书面形式，有关单位应当予以配合。

负有安全生产监督管理职责的部门依照前款规定采取停止供电措施，除有危及生产安全的紧急情形外，应当提前二十四小时通知生产经营单位。生产经营单位依法履行行政决定、采取相应措施消除事故隐患的，负有安全生产监督管理职责的部门应当及时解除前款规定的措施。

第六十八条 监察机关依照行政监察法的规定，对负有安全生产监督管理职责的部门及其工作人员履行安全生产监督管理职责实施监察。

第六十九条 承担安全评价、认证、检测、检验的机构应当具备国家规定的资质条件，并对其作出的安全评价、认证、检测、检验的结果负责。

第七十条 负有安全生产监督管理职责的部门应当建立举报制度，公开举报电话、信箱或者电子邮件地址，受理有关安全生产的举报；受理的举报事项经调查核实后，应当形成书面材料；需要落实整改措施的，报经有关负责人签字并督促落实。

第七十一条 任何单位或者个人对事故隐患或者安全生产违法行为，均有权向负有安全生产监督管理职责的部门报告或者举报。

第七十二条 居民委员会、村民委员会发现其所在区域内的生产经营单位存在事故隐患或者安全生产违法行为时，应当向当地人民政府或者有关部门报告。

第七十三条 县级以上各级人民政府及其有关部门对报告重大事故隐患或者举报安全生产违法行为的有功人员，给予奖励。具体奖励办法由国务院安全生产监督管理部门会同国务院财政部门制定。

第七十四条 新闻、出版、广播、电影、电视等单位有进行安全生产公益宣传教育的义务，有对违反安全生产法律、法规的行为进行舆论监督的权利。

第七十五条 负有安全生产监督管理职责的部门应当建立安全生产违法行为信息库，如实记录生产经营单位的安全生产违法行为信息；对违法行为情节严重的生产经营单位，应当向社会公告，并通报行业主管部门、投资主管部门、国土资源主管部门、证券监督管理机构以及有关金融机构。

第五章　生产安全事故的应急救援与调查处理

第七十六条 国家加强生产安全事故应急能力建设，在重点行业、领域建立应急救援基地和应急救援队伍，鼓励生产经营单位和其他社会力量建立应急救援队伍，配备相应的应急救援装备和物资，提高应急救援的专业化水平。

国务院安全生产监督管理部门建立全国统一的生产安全事故应急救援信息系统，国务院有关部门建立健全相关行业、领域的生产安全事故应急救援信息系统。

第七十七条 县级以上地方各级人民政府应当组织有关部门制定本行政区域内生产安全事故应急救援预案，建立应急救援体系。

第七十八条 生产经营单位应当制定本单位生产安全事故应急救援预案，与所在地县级以上地方人民政府组织制定的生产安全事故应急救援预案相衔接，并定期组织演练。

第七十九条 危险物品的生产、经营、储存单位以及矿山、金属冶炼、城市轨道交通运营、建筑施工单位应当建立应急救援组织；生产经营规模较小的，可以不建立应急救援组织，但应当指定兼职的应急救援人员。

危险物品的生产、经营、储存、运输单位以及矿山、金属冶炼、城市轨道交通运营、建筑施工单位应当配备必要的应急救援器材、设备和物资，并进行经常性维护、保养，保证正常运转。

第八十条 生产经营单位发生生产安全事故后，事故现场有关人员应当立即报告本单位负责人。

单位负责人接到事故报告后，应当迅速采取有效措施，组织抢救，防止事故扩大，减少人员伤亡和财产损失，并按照国家有关规定立即如实报告当地负有安全生产监督管理职责的部门，不得隐瞒不报、谎报或者迟报，不得故意破坏事故现场、毁灭有关证据。

第八十一条 负有安全生产监督管理职责的部门接到事故报告后，应当立即按照国家有关规定上报事故情况。负有安全生产监督管理职责的部门和有关地方人民政府对事故情况不得隐瞒不报、谎报或者迟报。

第八十二条 有关地方人民政府和负有安全生产监督管理职责的部门的负责人接到生产安全事故报告后，应当按照生产安全事故应急救援预案的要求立即赶到事故现场，组织事故抢救。

参与事故抢救的部门和单位应当服从统一指挥，加强协同联动，采取有效的应急救援措施，并根据事故救援的需要采取警戒、疏散等措施，防止事故扩大和次生灾害的发生，减少人员伤亡和财产损失。

事故抢救过程中应当采取必要措施，避免或者减少对环境造成的危害。

任何单位和个人都应当支持、配合事故抢救，并提供一切便利条件。

第八十三条 事故调查处理应当按照科学严谨、依法依规、实事求是、注重实效的原则，及时、准确地查清事故原因，查明事故性质和责任，总结事故教训，提出整改措施，并对事故责任者提出处理意见。事故调查报告应当依法及时向社会公布。事故调查和处理的具体办法由国务院制定。

事故发生单位应当及时全面落实整改措施，负有安全生产监督管理职责的部门应当加强监督检查。

第八十四条 生产经营单位发生生产安全事故，经调查确定为责任事故的，除了应当查明事故单位的责任并依法予以追究外，还应当查明对安全生产的有关事项负有审查批准和监督职责的行政部门的责任，对有失职、渎职行为的，依照本法第八十七条的规定追究法律责任。

第八十五条 任何单位和个人不得阻挠和干涉对事故的依法调查处理。

第八十六条 县级以上地方各级人民政府安全生产监督管理部门应当定期统计分析本行政区域内发生生产安全事故的情况，并定期向社会公布。

第六章 法律责任

第八十七条 负有安全生产监督管理职责的部门的工作人员，有下列行为之一的，给予降级或者撤职的处分；构成犯罪的，依照刑法有关规定追究刑事责任：

（一）对不符合法定安全生产条件的涉及安全生产的事项予以批准或者验收通过的；

（二）发现未依法取得批准、验收的单位擅自从事有关活动或者接到举报后不予取缔或者不依法予以处理的；

（三）对已经依法取得批准的单位不履行监督管理职责，发现其不再具备安全生产条件而不撤销原批准或者发现安全生产违法行为不予查处的；

（四）在监督检查中发现重大事故隐患，不依法及时处理的。

负有安全生产监督管理职责的部门的工作人员有前款规定以外的滥用职权、玩忽职守、徇私舞弊行为的，依法给予处分；构成犯罪的，依照刑法有关规定追究刑事责任。

第八十八条 负有安全生产监督管理职责的部门，要求被审查、验收的单位购买其指定的安全设备、器材或者其他产品的，在对安全生产事项的审查、验收中收取费用的，由其上级机关或者监察机关责令改正，责令退还收取的费用；情节严重的，对直接负责的主管人员和其他直接责任人员依法给予处分。

第八十九条 承担安全评价、认证、检测、检验工作的机构，出具虚假证明的，没收违法所得；违法所得在十万元以上的，并处违法所得二倍以上五倍以下的罚款；没有违法所得或者违法所得不足十万元的，单处或者并处十万元以上二十万元以下的罚款；对其直接负责的主管人员和其他直接责任人员处二万元以上五万元以下的罚款；给他人造成损害的，与生产经营单位承担连带赔偿责任；构成犯罪的，依照刑法有关规定追究刑事责任。

对有前款违法行为的机构，吊销其相应资质。

第九十条 生产经营单位的决策机构、主要负责人或者个人经营的投资人不依照本法规定保证安全生产所必需的资金投入，致使生产经营单位不具备安全生产条件的，责令限期改正，提供必需的资金；逾期未改正的，责令生产经营单位停产停业整顿。

有前款违法行为，导致发生生产安全事故的，对生产经营单位的主要负责人给予撤职处分，对个人经营的投资人处二万元以上二十万元以下的罚款；构成犯罪的，依照刑法有关规定追究刑事责任。

第九十一条 生产经营单位的主要负责人未履行本法规定的安全生产管理职责的，责令限期改正；逾期未改正的，处二万元以上五万元以下的罚款，责令生产经营单位停产停业整顿。

生产经营单位的主要负责人有前款违法行为，导致发生生产安全事故的，给予撤职处分；构成犯罪的，依照刑法有关规定追究刑事责任。

生产经营单位的主要负责人依照前款规定受刑事处罚或者撤职处分的，自刑罚执行完毕或者受处分之日起，五年内不得担任任何生产经营单位的主要负责人；对重大、特别重大生产安全事故负有责任的，终身不得担任本行业生产经营单位的主要负责人。

第九十二条 生产经营单位的主要负责人未履行本法规定的安全生产管理职责，导致发生生产安全事故的，由安全生产监督管理部门依照下列规定处以罚款：

（一）发生一般事故的，处上一年年收入百分之三十的罚款；

（二）发生较大事故的，处上一年年收入百分之四十的罚款；

（三）发生重大事故的，处上一年年收入百分之六十的罚款；

（四）发生特别重大事故的，处上一年年收入百分之八十的罚款。

第九十三条 生产经营单位的安全生产管理人员未履行本法规定的安全生产管理职责的，责令限期改正；导致发生生产安全事故的，暂停或者撤销其与安全生产有关的资格；构成犯罪的，依照刑法有关规定追究刑事责任。

第九十四条 生产经营单位有下列行为之一的，责令限期改正，可以处五万元以下的罚款；逾期未改正的，责令停产停业整顿，并处五万元以上十万元以下的罚款，对其直接负责的主管人员和其他直接责任人员处一万元以上二万元以下的罚款：

（一）未按照规定设置安全生产管理机构或者配备安全生产管理人员的；

（二）危险物品的生产、经营、储存单位以及矿山、金属冶炼、建筑施工、道路运输单位的主要负责人和安全生产管理人员未按照规定经考核合格的；

（三）未按照规定对从业人员、被派遣劳动者、实习学生进行安全生产教育和培训，或者未按照规定如实告知有关的安全生产事项的；

（四）未如实记录安全生产教育和培训情况的；

（五）未将事故隐患排查治理情况如实记录或者未向从业人员通报的；

（六）未按照规定制定生产安全事故应急救援预案或者未定期组织演练的；

（七）特种作业人员未按照规定经专门的安全作业培训并取得相应资格，上岗作业的。

第九十五条 生产经营单位有下列行为之一的，责令停止建设或者停产停业整顿，限期改正；逾期未改正的，处五十万元以上一百万元以下的罚款，对其直接负责的主管人员和其他直接责任人员处二万元以上五万元以下的罚款；构成犯罪的，依照刑法有关规定追究刑事责任：

（一）未按照规定对矿山、金属冶炼建设项目或者用于生产、储存、装卸危险物品的建设项目进行安全评价的；

（二）矿山、金属冶炼建设项目或者用于生产、储存、装卸危险物品的建设项目没有安全设施设计或者安全设施设计未按照规定报经有关部门审查同意的；

（三）矿山、金属冶炼建设项目或者用于生产、储存、装卸危险物品的建设项目的施工单位未按照批准的安全设施设计施工的；

（四）矿山、金属冶炼建设项目或者用于生产、储存危险物品的建设项目竣工投入生产或者使用前，安全设施未经验收合格的。

第九十六条 生产经营单位有下列行为之一的，责令限期改正，可以处五万元以下的罚款；逾期未改正的，处五万元以上二十万元以下的罚款，其直接负责的主管人员和其他直接责任人员处一万元以上二万元以下的罚款；情节严重的，责令停产停业整顿；构成犯罪的，依照刑法有关规定追究刑事责任：

（一）未在有较大危险因素的生产经营场所和有关设施、设备上设置明显的安全警示标志的；

（二）安全设备的安装、使用、检测、改造和报废不符合国家标准或者行业标准的；

（三）未对安全设备进行经常性维护、保养和定期检测的；

（四）未为从业人员提供符合国家标准或者行业标准的劳动防护用品的；

（五）危险物品的容器、运输工具，以及涉及人身安全、危险性较大的海洋石油开采特种设备和矿山井下特种设备未经具有专业资质的机构检测、检验合格，取得安全使用证或者安全标志，投入使用的；

（六）使用应当淘汰的危及生产安全的工艺、设备的。

第九十七条 未经依法批准，擅自生产、经营、运输、储存、使用危险物品或者处置废弃危险物品的，依照有关危险物品安全管理的法律、行政法规的规定予以处罚；构成犯罪的，依照刑法有关规定追究刑事责任。

第九十八条 生产经营单位有下列行为之一的，责令限期改正，可以处十万元以下的罚款；逾期未改正的，责令停产停业整顿，并处十万元以上二十万元以下的罚款，对其直接负责的主管人员和其他直接责任人员处二万元以上五万元以下的罚款；构成犯罪的，依照刑法有关规定追究刑事责任：

（一）生产、经营、运输、储存、使用危险物品或者处置废弃危险物品，未建立专门安全管理制度、未采取可靠的安全措施的；

（二）对重大危险源未登记建档，或者未进行评估、监控，或者未制定应急预案的；

（三）进行爆破、吊装以及国务院安全生产监督管理部门会同国务院有关部门规定的其他危险作业，未安排专门人员进行现场安全管理的；

（四）未建立事故隐患排查治理制度的。

第九十九条 生产经营单位未采取措施消除事故隐患的，责令立即消除或者限期消除；生产经营单位拒不执行的，责令停产停业整顿，并处十万元以上五十万元以下的罚款，对其直接负责的主管人员和其他直接责任人员处二万元以上五万元以下的罚款。

第一百条 生产经营单位将生产经营项目、场所、设备发包或者出租给不具备安全生产条件或者相应资质的单位或者个人的，责令限期改正，没收违法所得；违法所得十万元以上的，并处违法所得二倍以上五倍以下的罚款；没有违法所得或者违法所得不足十万元的，单处或者并处十万元以上二十万元以下的罚款；对其直接负责的主管人员和其他直接责任人员处一万元以上二万元以下的罚款；导致发生生产安全事故给他人造成损害的，与承包方、承租方承担连带赔偿责任。

生产经营单位未与承包单位、承租单位签订专门的安全生产管理协议或者未在承包合同、租赁合同中明确各自的安全生产管理职责，或者未对承包单位、承租单位的安全生产统一协调、管理的，责令限期改正，可以处五万元以下的罚款，对其直接负责的主管人员和其他直接责任人员可以处一万元以下的罚款；逾期未改正的，责令停产停业整顿。

第一百零一条 两个以上生产经营单位在同一作业区域内进行可能危及对方安全生产的生产经营活动，未签订安全生产管理协议或者未指定专职安全生产管理人员进行安全检查与协调的，责令限期改正，可以处五万元以下的罚款，对其直接负责的主管人员和其他直接责任人员可以处一万元以下的罚款；逾期未改正的，责令停产停业。

第一百零二条 生产经营单位有下列行为之一的，责令限期改正，可以处五万元以下的罚款，对其直接负责的主管人员和其他直接责任人员可以处一万元以下的罚款；逾期未改正的，责令停产停业整顿；构成犯罪的，依照刑法有关规定追究刑事责任：

（一）生产、经营、储存、使用危险物品的车间、商店、仓库与员工宿舍在同一座建筑内，或者与员工宿舍的距离不符合安全要求的；

（二）生产经营场所和员工宿舍未设有符合紧急疏散需要、标志明显、保持畅通的出口，或者锁闭、封堵生产经营场所或者员工宿舍出口的。

第一百零三条 生产经营单位与从业人员订立协议，免除或者减轻其对从业人员因生产安全事故伤亡依法应承担的责任的，该协议无效；对生产经营单位的主要负责人、个人经营的投资人处二万元以上十万元以下的罚款。

第一百零四条 生产经营单位的从业人员不服从管理，违反安全生产规章制度或者操作规程的，由生产经营单位给予批评教育，依照有关规章制度给予处分；构成犯罪的，依照刑法有关规定追究刑事责任。

第一百零五条 违反本法规定，生产经营单位拒绝、阻碍负有安全生产监督管理职责的部门依法实施监督检查的，责令改正；拒不改正的，处二万元以上二十万元以下的罚款；对其直接负责的主管人员其他直接责任人员处一万元以上二万元以下的罚款；构成犯罪的，依照刑法有关规定追究刑事责任。

第一百零六条 生产经营单位的主要负责人在本单位发生生产安全事故时，不立即组织抢救或者在事故调查处理期间擅离职守或者逃匿的，给予降级、撤职的处分，并由安全生产监督管理部门处上一年年收入百分之六十至百分之一百的罚款；对逃匿的处十五日以下拘留；构成犯罪的，依照刑法有关规定追究刑事责任。

生产经营单位的主要负责人对生产安全事故隐瞒不报、谎报或者迟报的，依照前款规定处罚。

第一百零七条 有关地方人民政府、负有安全生产监督管理职责的部门，对生产安全事故隐瞒不报、谎报或者迟报的，对直接负责的主管人员和其他直接责任人员依法给予处分；构成犯罪的，依照刑法有关规定追究刑事责任。

第一百零八条 生产经营单位不具备本法和其他有关法律、行政法规和国家标准或者行业标准规定的安全生产条件，经停产停业整顿仍不具备安全生产条件的，予以关闭；有关部门应当依法吊销其有关证照。

第一百零九条 发生生产安全事故，对负有责任的生产经营单位除要求其依法承担相应的赔偿等责任外，由安全生产监督管理部门依照下列规定处以罚款：

（一）发生一般事故的，处二十万元以上五十万元以下的罚款。

（二）发生较大事故的，处五十万元以上一百万元以下的罚款。

（三）发生重大事故的，处一百万元以上五百万元以下的罚款。

（四）发生特别重大事故的，处五百万元以上一千万元以下的罚款；情节特别严重的，处一千万元以上二千万元以下的罚款。

第一百一十条 本法规定的行政处罚，由安全生产监督管理部门和其他负有安全生产监督管理职责的部门按照职责分工决定。予以关闭的行政处罚由负有安全生产监督管理职责的部门报请县级以上人民政府按照国务院规定的权限决定；给予拘留的行政处罚由公安机关依照治安管理处罚法的规定决定。

第一百一十一条 生产经营单位发生生产安全事故造成人员伤亡、他人财产损失的，应当依法承担赔偿责任；拒不承担或者其负责人逃匿的，由人民法院依法强制执行。

生产安全事故的责任人未依法承担赔偿责任，经人民法院依法采取执行措施后，仍不能对受害人给予足额赔偿的，应当继续履行赔偿义务；受害人发现责任人有其他财产的，可以随时请求人民法院执行。

第七章 附则

第一百一十二条 本法下列用语的含义：

危险物品，是指易燃易爆物品、危险化学品、放射性物品等能够危及人身安全和财产安全的物品。

重大危险源，是指长期地或者临时地生产、搬运、使用或者储存危险物品，且危险物品的数量等于或者超过临界量的单元（包括场所和设施）。

第一百一十三条 本法规定的生产安全一般事故、较大事故、重大事故、特别重大事故的划分标准由国务院规定。

国务院安全生产监督管理部门和其他负有安全生产监督管理职责的部门应当根据各自的职责分工，制定相关行业、领域重大事故隐患的判定标准。

第一百一十四条 本法自2014年12月1日起施行。

附录二 安全生产许可证条例

（中华人民共和国国务院令第397号）

第一条 为了严格规范安全生产条件，进一步加强安全生产监督管理，防止和减少生产安全事故，根据《中华人民共和国安全生产法》的有关规定，制定本条例。

第二条 国家对矿山企业、建筑施工企业和危险化学品、烟花爆竹、民用爆炸物品生产企业（以下统称企业）实行安全生产许可制度。

企业未取得安全生产许可证的，不得从事生产活动。

第三条 国务院安全生产监督管理部门负责中央管理的非煤矿矿山企业和危险化学品、烟花爆竹生产企业安全生产许可证的颁发和管理。

省、自治区、直辖市人民政府安全生产监督管理部门负责前款规定以外的非煤矿矿山企业和危险化学品、烟花爆竹生产企业安全生产许可证的颁发和管理，并接受国务院安全生产监督管理部门的指导和监督。

国家煤矿安全监察机构负责中央管理的煤矿企业安全生产许可证的颁发和管理。

在省、自治区、直辖市设立的煤矿安全监察机构负责前款规定以外的其他煤矿企业安全生产许可证的颁发和管理，并接受国家煤矿安全监察机构的指导和监督。

第四条 省、自治区、直辖市人民政府建设主管部门负责建筑施工企业安全生产许可证的颁发和管理，并接受国务院建设主管部门的指导和监督。

第五条 省、自治区、直辖市人民政府民用爆炸物品行业主管部门负责民用爆炸物品生产企业安全生产许可证的颁发和管理，并接受国务院民用爆炸物品行业主管部门的指导和监督。

第六条 企业取得安全生产许可证，应当具备下列安全生产条件：

（一）建立、健全安全生产责任制，制定完备的安全生产规章制度和操作规程；

（二）安全投入符合安全生产要求；

（三）设置安全生产管理机构，配备专职安全生产管理人员；

（四）主要负责人和安全生产管理人员经考核合格；

（五）特种作业人员经有关业务主管部门考核合格，取得特种作业操作资格证书；

（六）从业人员经安全生产教育和培训合格；

（七）依法参加工伤保险，为从业人员缴纳保险费；

（八）厂房、作业场所和安全设施、设备、工艺符合有关安全生产法律、法规、标准和规程的要求；

（九）有职业危害防治措施，并为从业人员配备符合国家标准或者行业标准的劳动防护用品；

（十）依法进行安全评价；

（十一）有重大危险源检测、评估、监控措施和应急预案；

（十二）有生产安全事故应急救援预案、应急救援组织或者应急救援人员，配备必要的应急救援器材、设备；

（十三）法律、法规规定的其他条件。

第七条 企业进行生产前，应当依照本条例的规定向安全生产许可证颁发管理机关申请领取安全生产许可证，并提供本条例第六条规定的相关文件、资料。安全生产许可证颁发管理机关应当自收到申请之日起 45 日内审查完毕，经审查符合本条例规定的安全生产条件的，颁发安全生产许可证；不符合本条例规定的安全生产条件的，不予颁发安全生产许可证，书面通知企业并说明理由。

煤矿企业应当以矿（井）为单位，依照本条例的规定取得安全生产许可证。

第八条 安全生产许可证由国务院安全生产监督管理部门规定统一的式样。

第九条 安全生产许可证的有效期为 3 年。安全生产许可证有效期满需要延期的，企业应当于期满前 3 个月向原安全生产许可证颁发管理机关办理延期手续。

企业在安全生产许可证有效期内，严格遵守有关安全生产的法律法规，未发生死亡事故的，安全生产许可证有效期届满时，经原安全生产许可证颁发管理机关同意，不再审查，安全生产许可证有效期延期 3 年。

第十条 安全生产许可证颁发管理机关应当建立、健全安全生产许可证档案管理制度，并定期向社会公布企业取得安全生产许可证的情况。

第十一条 煤矿企业安全生产许可证颁发管理机关、建筑施工企业安全生产许可证颁发管理机关、民用爆炸物品生产企业安全生产许可证颁发管理机关，应当每年向同级安全生产监督管理部门通报其安全生产许可证颁发和管理情况。

第十二条 国务院安全生产监督管理部门和省、自治区、直辖市人民政府安全生产监督管理部门对建筑施工企业、民用爆炸物品生产企业、煤矿企业取得安全生产许可证的情况进行监督。

第十三条 企业不得转让、冒用安全生产许可证或者使用伪造的安全生产许可证。

第十四条 企业取得安全生产许可证后，不得降低安全生产条件，并应当加强日常安全生产管理，接受安全生产许可证颁发管理机关的监督检查。

安全生产许可证颁发管理机关应当加强对取得安全生产许可证的企业的监督检查，发现其不再具备本条例规定的安全生产条件的，应当暂扣或者吊销安全生产许可证。

第十五条 安全生产许可证颁发管理机关工作人员在安全生产许可证颁发、管理和监督检查工作中，不得索取或者接受企业的财物，不得谋取其他利益。

第十六条 监察机关依照《中华人民共和国行政监察法》的规定，对安全生产许可证颁发管理机关及其工作人员履行本条例规定的职责实施监察。

第十七条 任何单位或者个人对违反本条例规定的行为，有权向安全生产许可证颁发管理机关或者监察机关等有关部门举报。

第十八条 安全生产许可证颁发管理机关工作人员有下列行为之一的，给予降级或者撤职的行政处分；构成犯罪的，依法追究刑事责任：

（一）向不符合本条例规定的安全生产条件的企业颁发安全生产许可证的；

（二）发现企业未依法取得安全生产许可证擅自从事生产活动，不依法处理的；

（三）发现取得安全生产许可证的企业不再具备本条例规定的安全生产条件，不依法处理的；

（四）接到对违反本条例规定行为的举报后，不及时处理的；

（五）在安全生产许可证颁发、管理和监督检查工作中，索取或者接受企业的财物，或者谋取其他利益的。

第十九条 违反本条例规定，未取得安全生产许可证擅自进行生产的，责令停止生产，没收违法所得，并处10万元以上50万元以下的罚款；造成重大事故或者其他严重后果，构成犯罪的，依法追究刑事责任。

第二十条 违反本条例规定，安全生产许可证有效期满未办理延期手续，继续进行生产的，责令停止生产，限期补办延期手续，没收违法所得，并处5万元以上10万元以下的罚款；逾期仍不办理延期手续，继续进行生产的，依照本条例第十九条的规定处罚。

第二十一条 违反本条例规定，转让安全生产许可证的，没收违法所得，处10万元以上50万元以下的罚款，并吊销其安全生产许可证；构成犯罪的，依法追究刑事责任；接受转让的，依照本条例第十九条的规定处罚。

冒用安全生产许可证或者使用伪造的安全生产许可证的，依照本条例第十九条的规定处罚。

第二十二条 本条例施行前已经进行生产的企业，应当自本条例施行之日起1年内，依照本条例的规定向安全生产许可证颁发管理机关申请办理安全生产许可证；逾期不办理安全生产许可证，或者经审查不符合本条例规定的安全生产条件，未取得安全生产许可证，继续进行生产的，依照本条例第十九条的规定处罚。

第二十三条 本条例规定的行政处罚，由安全生产许可证颁发管理机关决定。

第二十四条 本条例自公布之日起施行。

附录三 生产安全事故报告和调查处理条例

（中华人民共和国国务院令第493号）

第一章 总则

第一条 为了规范生产安全事故的报告和调查处理，落实生产安全事故责任追究制度，防止和减少生产安全事故，根据《中华人民共和国安全生产法》和有关法律，制定本条例。

第二条 生产经营活动中发生的造成人身伤亡或者直接经济损失的生产安全事故的报告和调查处理，适用本条例；环境污染事故、核设施事故、国防科研生产事故的报告和调查处理不适用本条例。

第三条 根据生产安全事故（以下简称事故）造成的人员伤亡或者直接经济损失，事故一般分为以下等级：

（一）特别重大事故，是指造成30人以上死亡，或者100人以上重伤（包括急性工业中毒，下同），或者1亿元以上直接经济损失的事故；

（二）重大事故，是指造成10人以上30人以下死亡，或者50人以上100人以下重伤，或者5000万元以上1亿元以下直接经济损失的事故；

（三）较大事故，是指造成3人以上10人以下死亡，或者10人以上50人以下重伤，或者1000万元以上5000万元以下直接经济损失的事故；

（四）一般事故，是指造成3人以下死亡，或者10人以下重伤，或者1000万元以下直接经济损失的事故。

国务院安全生产监督管理部门可以会同国务院有关部门，制定事故等级划分的补充性规定。

本条第一款所称的“以上”包括本数，所称的“以下”不包括本数。

第四条 事故报告应当及时、准确、完整，任何单位和个人对事故不得迟报、漏报、谎报或者瞒报。

事故调查处理应当坚持实事求是、尊重科学的原则，及时、准确地查清事故经过、事故原因和事故损失，查明事故性质，认定事故责任，总结事故教训，提出整改措施，并对事故责任者依法追究责任。

第五条 县级以上人民政府应当依照本条例的规定，严格履行职责，及时、准确地完成事故调查处理工作。

事故发生地有关地方人民政府应当支持、配合上级人民政府或者有关部门的事故调查处理工作，并提供必要的便利条件。

参加事故调查处理的部门和单位应当互相配合，提高事故调查处理工作的效率。

第六条 工会依法参加事故调查处理，有权向有关部门提出处理意见。

第七条 任何单位和个人不得阻挠和干涉对事故的报告和依法调查处理。

第八条 对事故报告和调查处理中的违法行为，任何单位和个人有权向安全生产监督管理部门、监察机关或者其他有关部门举报，接到举报的部门应当依法及时处理。

第二章 事故报告

第九条 事故发生后，事故现场有关人员应当立即向本单位负责人报告；单位负责人接到报告后，应当于1小时内向事故发生地县级以上人民政府安全生产监督管理部门和负有安全生产监督管理职责的有关部门报告。

情况紧急时，事故现场有关人员可以直接向事故发生地县级以上人民政府安全生产监督管理部门和负有安全生产监督管理职责的有关部门报告。

第十条 安全生产监督管理部门和负有安全生产监督管理职责的有关部门接到事故报告后，应当依照下列规定上报事故情况，并通知公安机关、劳动保障行政部门、工会和人民检察院：

（一）特别重大事故、重大事故逐级上报至国务院安全生产监督管理部门和负有安全生产监督管理职责的有关部门；

（二）较大事故逐级上报至省、自治区、直辖市人民政府安全生产监督管理部门和负有安全生产监督管理职责的有关部门；

（三）一般事故上报至设区的市级人民政府安全生产监督管理部门和负有安全生产监督管理职责的有关部门。

安全生产监督管理部门和负有安全生产监督管理职责的有关部门依照前款规定上报事故

情况，应当同时报告本级人民政府。国务院安全生产监督管理部门和负有安全生产监督管理职责的有关部门以及省级人民政府接到发生特别重大事故、重大事故的报告后，应当立即报告国务院。

必要时，安全生产监督管理部门和负有安全生产监督管理职责的有关部门可以越级上报事故情况。

第十一条 安全生产监督管理部门和负有安全生产监督管理职责的有关部门逐级上报事故情况，每级上报的时间不得超过2小时。

第十二条 报告事故应当包括下列内容：

（一）事故发生单位概况；

（二）事故发生的时间、地点以及事故现场情况；

（三）事故的简要经过；

（四）事故已经造成或者可能造成的伤亡人数（包括下落不明的人数）和初步估计的直接经济损失；

（五）已经采取的措施；

（六）其他应当报告的情况。

第十三条 事故报告后出现新情况的，应当及时补报。

自事故发生之日起30日内，事故造成的伤亡人数发生变化的，应当及时补报。道路交通事故、火灾事故自发生之日起7日内，事故造成的伤亡人数发生变化的，应当及时补报。

第十四条 事故发生单位负责人接到事故报告后，应当立即启动事故相应应急预案，或者采取有效措施，组织抢救，防止事故扩大，减少人员伤亡和财产损失。

第十五条 事故发生地有关地方人民政府、安全生产监督管理部门和负有安全生产监督管理职责的有关部门接到事故报告后，其负责人应当立即赶赴事故现场，组织事故救援。

第十六条 事故发生后，有关单位和人员应当妥善保护事故现场以及相关证据，任何单位和个人不得破坏事故现场、毁灭相关证据。

因抢救人员、防止事故扩大以及疏通交通等原因，需要移动事故现场物件的，应当做出标志，绘制现场简图并做出书面记录，妥善保存现场重要痕迹、物证。

第十七条 事故发生地公安机关根据事故的情况，对涉嫌犯罪的，应当依法立案侦查，采取强制措施和侦查措施。犯罪嫌疑人逃匿的，公安机关应当迅速追捕归案。

第十八条 安全生产监督管理部门和负有安全生产监督管理职责的有关部门应当建立值班制度，并向社会公布值班电话，受理事故报告和举报。

第三章　事故调查

第十九条 特别重大事故由国务院或者国务院授权有关部门组织事故调查组进行调查。

重大事故、较大事故、一般事故分别由事故发生地省级人民政府、设区的市级人民政府、县级人民政府负责调查。省级人民政府、设区的市级人民政府、县级人民政府可以直接组织事故调查组进行调查，也可以授权或者委托有关部门组织事故调查组进行调查。

未造成人员伤亡的一般事故，县级人民政府也可以委托事故发生单位组织事故调查组进行调查。

第二十条 上级人民政府认为必要时，可以调查由下级人民政府负责调查的事故。

自事故发生之日起30日内（道路交通事故、火灾事故自发生之日起7日内），因事故伤亡人数变化导致事故等级发生变化，依照本条例规定应当由上级人民政府负责调查的，上级人民政府可以另行组织事故调查组进行调查。

第二十一条 特别重大事故以下等级事故，事故发生地与事故发生单位不在同一个县级以上行政区域的，由事故发生地人民政府负责调查，事故发生单位所在地人民政府应当派人参加。

第二十二条 事故调查组的组成应当遵循精简、效能的原则。

根据事故的具体情况，事故调查组由有关人民政府、安全生产监督管理部门、负有安全生产监督管理职责的有关部门、监察机关、公安机关以及工会派人组成，并应当邀请人民检察院派人参加。

事故调查组可以聘请有关专家参与调查。

第二十三条 事故调查组成员应当具有事故调查所需要的知识和专长，并与所调查的事故没有直接利害关系。

第二十四条 事故调查组组长由负责事故调查的人民政府指定。事故调查组组长主持事故调查组的工作。

第二十五条 事故调查组履行下列职责：

（一）查明事故发生的经过、原因、人员伤亡情况及直接经济损失；

（二）认定事故的性质和事故责任；

（三）提出对事故责任者的处理建议；

（四）总结事故教训，提出防范和整改措施；

（五）提交事故调查报告。

第二十六条 事故调查组有权向有关单位和个人了解与事故有关的情况，并要求其提供相关文件、资料，有关单位和个人不得拒绝。

事故发生单位的负责人和有关人员在事故调查期间不得擅离职守，并应当随时接受事故调查组的询问，如实提供有关情况。

事故调查中发现涉嫌犯罪的，事故调查组应当及时将有关材料或者其复印件移交司法机关处理。

第二十七条 事故调查中需要进行技术鉴定的，事故调查组应当委托具有国家规定资质的单位进行技术鉴定。必要时，事故调查组可以直接组织专家进行技术鉴定。技术鉴定所需时间不计入事故调查期限。

第二十八条 事故调查组成员在事故调查工作中应当诚信公正、恪尽职守，遵守事故调查组的纪律，保守事故调查的秘密。

未经事故调查组组长允许，事故调查组成员不得擅自发布有关事故的信息。

第二十九条 事故调查组应当自事故发生之日起 60 日内提交事故调查报告；特殊情况下，经负责事故调查的人民政府批准，提交事故调查报告的期限可以适当延长，但延长的期限最长不超过 60 日。

第三十条 事故调查报告应当包括下列内容：

（一）事故发生单位概况；

（二）事故发生经过和事故救援情况；

（三）事故造成的人员伤亡和直接经济损失；

（四）事故发生的原因和事故性质；

（五）事故责任的认定以及对事故责任者的处理建议；

（六）事故防范和整改措施。

事故调查报告应当附具有关证据材料。事故调查组成员应当在事故调查报告上签名。

第三十一条 事故调查报告报送负责事故调查的人民政府后，事故调查工作即告结束。事故调查的有关资料应当归档保存。

第四章　事故处理

第三十二条　重大事故、较大事故、一般事故，负责事故调查的人民政府应当自收到事故调查报告之日起15日内做出批复；特别重大事故，30日内做出批复，特殊情况下，批复时间可以适当延长，但延长的时间最长不超过30日。

有关机关应当按照人民政府的批复，依照法律、行政法规规定的权限和程序，对事故发生单位和有关人员进行行政处罚，对负有事故责任的国家工作人员进行处分。

事故发生单位应当按照负责事故调查的人民政府的批复，对本单位负有事故责任的人员进行处理。

负有事故责任的人员涉嫌犯罪的，依法追究刑事责任。

第三十三条　事故发生单位应当认真吸取事故教训，落实防范和整改措施，防止事故再次发生。防范和整改措施的落实情况应当接受工会和职工的监督。

安全生产监督管理部门和负有安全生产监督管理职责的有关部门应当对事故发生单位落实防范和整改措施的情况进行监督检查。

第三十四条　事故处理的情况由负责事故调查的人民政府或者其授权的有关部门、机构向社会公布，依法应当保密的除外。

第五章　法律责任

第三十五条　事故发生单位主要负责人有下列行为之一的，处上一年年收入40%至80%的罚款；属于国家工作人员的，并依法给予处分；构成犯罪的，依法追究刑事责任：

（一）不立即组织事故抢救的；

（二）迟报或者漏报事故的；

（三）在事故调查处理期间擅离职守的。

第三十六条　事故发生单位及其有关人员有下列行为之一的，对事故发生单位处100万元以上500万元以下的罚款；对主要负责人、直接负责的主管人员和其他直接责任人员处上一年年收入60%至100%的罚款；属于国家工作人员的，并依法给予处分；构成违反治安管理行为的，由公安机关依法给予治安管理处罚；构成犯罪的，依法追究刑事责任：

（一）谎报或者瞒报事故的；

（二）伪造或者故意破坏事故现场的；

（三）转移、隐匿资金、财产，或者销毁有关证据、资料的；

（四）拒绝接受调查或者拒绝提供有关情况和资料的；

（五）在事故调查中作伪证或者指使他人作伪证的；

（六）事故发生后逃匿的。

第三十七条　事故发生单位对事故发生负有责任的，依照下列规定处以罚款：

（一）发生一般事故的，处10万元以上20万元以下的罚款；

（二）发生较大事故的，处20万元以上50万元以下的罚款；

（三）发生重大事故的，处50万元以上200万元以下的罚款；

（四）发生特别重大事故的，处200万元以上500万元以下的罚款。

第三十八条　事故发生单位主要负责人未依法履行安全生产管理职责，导致事故发生的，依照下列规定处以罚款；属于国家工作人员的，并依法给予处分；构成犯罪的，依法追究刑事责任：

（一）发生一般事故的，处上一年年收入30%的罚款；

（二）发生较大事故的，处上一年年收入40%的罚款；

（三）发生重大事故的，处上一年年收入 60%的罚款；

（四）发生特别重大事故的，处上一年年收入 80%的罚款。

第三十九条 有关地方人民政府、安全生产监督管理部门和负有安全生产监督管理职责的有关部门有下列行为之一的，对直接负责的主管人员和其他直接责任人员依法给予处分；构成犯罪的，依法追究刑事责任：

（一）不立即组织事故抢救的；

（二）迟报、漏报、谎报或者瞒报事故的；

（三）阻碍、干涉事故调查工作的；

（四）在事故调查中作伪证或者指使他人作伪证的。

第四十条 事故发生单位对事故发生负有责任的，由有关部门依法暂扣或者吊销其有关证照；对事故发生单位负有事故责任的有关人员，依法暂停或者撤销其与安全生产有关的执业资格、岗位证书；事故发生单位主要负责人受到刑事处罚或者撤职处分的，自刑罚执行完毕或者受处分之日起，5 年内不得担任任何生产经营单位的主要负责人。

为发生事故的单位提供虚假证明的中介机构，由有关部门依法暂扣或者吊销其有关证照及其相关人员的执业资格；构成犯罪的，依法追究刑事责任。

第四十一条 参与事故调查的人员在事故调查中有下列行为之一的，依法给予处分；构成犯罪的，依法追究刑事责任：

（一）对事故调查工作不负责任，致使事故调查工作有重大疏漏的；

（二）包庇、袒护负有事故责任的人员或者借机打击报复的。

第四十二条 违反本条例规定，有关地方人民政府或者有关部门故意拖延或者拒绝落实经批复的对事故责任人的处理意见的，由监察机关对有关责任人员依法给予处分。

第四十三条 本条例规定的罚款的行政处罚，由安全生产监督管理部门决定。

法律、行政法规对行政处罚的种类、幅度和决定机关另有规定的，依照其规定。

第六章　附则

第四十四条 没有造成人员伤亡，但是社会影响恶劣的事故，国务院或者有关地方人民政府认为需要调查处理的，依照本条例的有关规定执行。

国家机关、事业单位、人民团体发生的事故的报告和调查处理，参照本条例的规定执行。

第四十五条 特别重大事故以下等级事故的报告和调查处理，有关法律、行政法规或者国务院另有规定的，依照其规定。

第四十六条 本条例自 2007 年 6 月 1 日起施行。国务院 1989 年 3 月 29 日公布的《特别重大事故调查程序暂行规定》和 1991 年 2 月 22 日公布的《企业职工伤亡事故报告和处理规定》同时废止。

附录四 重大事故隐患管理规定

（劳部发［1995］322 号）

第一章　总则

第一条 为贯彻“安全第一，预防为主”的方针，加强对重大事故隐患的管理，预防重大事故的发生，制定本规定。

第二条 本规定所称重大事故隐患，是指可能导致重大人身伤亡或者重大经济损失的事故隐患。

第三条 本规定适用于中华人民共和国境内的企业、事业组织和社会公共场所（以下统称单位）。

第二章 评估和报告

第四条 重大事故隐患根据作业场所、设备及设施的不安全状态，人的不安全行为和管理上的缺陷，可能导致事故损失的程度分为两级：

特别重大事故隐患是指可能造成死亡50人以上，或直接经济损失1000万元以上的事故隐患。

重大事故隐患是指可能造成死亡10人以上，或直接经济损失500万元以上的事故隐患。

重大事故隐患的具体分级标准和评估方法由国务院劳动行政部门会同国务院有关部门制定。

第五条 特别重大事故隐患由国务院劳动行政部门会同国务院有关部门组织评估。

重大事故隐患由省、自治区、直辖市劳动行政部门会同主管部门组织评估。

第六条 重大事故隐患评估费用由被评估单位支付。

第七条 单位一旦发现事故隐患，应立即报告主管部门和当地人民政府，并申请对事故隐患进行初步评估和分级。

第八条 主管部门和当地人民政府对单位存在的事故隐患进行初步评估和分级，确定存在重大事故隐患的单位。重大事故隐患的初步评估结果报送省级以上劳动行政部门和主管部门，并申请对重大事故隐患组织评估。

第九条 经省级以上劳动行政部门和主管部门评估，并确认存在重大事故隐患的单位应编写重大事故隐患报告书。

特别重大事故隐患报告书应报送国务院劳动行政部门和有关部门，并应同时报送当地人民政府和劳动行政部门。

重大事故隐患报告书应报送省级劳动行政部门和主管部门，并应同时报送当地人民政府和劳动行政部门。

第十条 重大事故隐患报告书应包括以下内容：

（一）事故隐患类别；

（二）事故隐患等级；

（三）影响范围；

（四）影响程度；

（五）整改措施；

（六）整改资金来源及其保障措施；

（七）整改目标。

第三章 组织管理

第十一条 存在重大事故隐患的单位应成立隐患管理小组。小组由法定代表人负责。

第十二条 隐患管理小组应履行以下职责：

（一）掌握本单位重大事故隐患的分布、发生事故的可能性及其程度，负责重大事故隐患的现场管理；

（二）制定应急计划，并报当地人民政府和劳动行政部门备案；

（三）进行安全教育，组织模拟重大事故发生时应采取的紧急处置措施，必要时组织救援设施、设备调配和人员疏散演习；

（四）随时掌握重大事故隐患的动态变化；

（五）保持消防器材、救护用品完好有效。

第十三条 省级以上主管部门负责督促单位对重大事故隐患的管理和组织整改。

第十四条 省级以上劳动行政部门会同主管部门组织专家对重大事故隐患进行评估，监督和检查单位对重大事故隐患进行整改。

第十五条 各级工会组织督促并协助单位对重大事故隐患的管理和整改。

第十六条 县级以上劳动行政部门应负责处理、协商重大事故隐患管理和整改中的重大问题，经同级人民政府批准后，签发《重大事故隐患停产、停业整改通知书》。

第四章 整改

第十七条 存在重大事故隐患的单位，应立即采取相应的整改措施。难以立即整改的单位，应采取防范、监控措施。

第十八条 对在短时间内即可发生重大事故的隐患，县级以上劳动行政部门可按有关法律规定查处；也可以报请当地人民政府批准，指令单位停产、停业进行整改。

第十九条 接到《重大事故隐患停产、停业整改通知书》的单位，应立即停产、停业进行整改。

第二十条 完成重大事故隐患整改的单位，应及时报告省级以上劳动行政部门和主管部门，申请审查验收。

第二十一条 重大事故隐患整改资金由单位筹集，必要时报请当地人民政府和主管部门给予支持。

第五章 奖励与处罚

第二十二条 对及时发现重大事故隐患，积极整改并有效防止事故发生的单位和个人，应给予表彰和奖励。

第二十三条 对存在的重大事故隐患隐瞒不报的单位，应给予批评教育，并责令上报。

第二十四条 对重大事故隐患未进行整改或未采取防范、监控措施的单位，由劳动行政部门责令改正；情节严重的，可给予经济处罚或提请主管部门给予单位法定代表人行政处分。

第二十五条 对接到《重大事故隐患停产、停业整改通知书》而未立即停产、停业进行整改的单位，劳动行政部门可给予经济处罚或提请主管部门给予单位法定代表人行政处分。

第二十六条 对重大事故隐瞒不采取措施，致使发生重大事故，造成生命和财产损失的，对责任人员比照刑法第一百八十七条的规定追究刑事责任。

第二十七条 对矿山事故隐患的查处按《矿山安全法》第七章有关规定办理。

第六章 附则

第二十八条 省、自治区、直辖市劳动行政部门可根据本规定制定实施办法。

第二十九条 本规定自 1995 年 10 月 1 日起施行。

附录五 危险化学品安全管理条例

（中华人民共和国国务院令第591号）

第一章 总则

第一条 为了加强危险化学品的安全管理，预防和减少危险化学品事故，保障人民群众生命财产安全，保护环境，制定本条例。

第二条 危险化学品生产、储存、使用、经营和运输的安全管理，适用本条例。

废弃危险化学品的处置，依照有关环境保护的法律、行政法规和国家有关规定执行。

第三条 本条例所称危险化学品，是指具有毒害、腐蚀、爆炸、燃烧、助燃等性质，对人体、设施、环境具有危害的剧毒化学品和其他化学品。

危险化学品目录，由国务院安全生产监督管理部门会同国务院工业和信息化、公安、环境保护、卫生、质量监督检验检疫、交通运输、铁路、民用航空、农业主管部门，根据化学品危险特性的鉴别和分类标准确定、公布，并适时调整。

第四条 危险化学品安全管理，应当坚持安全第一、预防为主、综合治理的方针，强化和落实企业的主体责任。

生产、储存、使用、经营、运输危险化学品的单位（以下统称危险化学品单位）的主要负责人对本单位的危险化学品安全管理工作全面负责。

危险化学品单位应当具备法律、行政法规规定和国家标准、行业标准要求的安全条件，建立、健全安全管理规章制度和岗位安全责任制度，对从业人员进行安全教育、法制教育和岗位技术培训。从业人员应当接受教育和培训，考核合格后上岗作业；对有资格要求的岗位，应当配备依法取得相应资格的人员。

第五条 任何单位和个人不得生产、经营、使用国家禁止生产、经营、使用的危险化学品。

国家对危险化学品的使用有限制性规定的，任何单位和个人不得违反限制性规定使用危险化学品。

第六条 对危险化学品的生产、储存、使用、经营、运输实施安全监督管理的有关部门（以下统称负有危险化学品安全监督管理职责的部门），依照下列规定履行职责：

（一）安监部门负责危险化学品安全监督管理综合工作，组织确定、公布、调整危险化学品目录，对新建、改建、扩建生产、储存危险化学品（包括使用长输管道输送危险化学品，下同）的建设项目进行安全条件审查，核发危险化学品安全生产许可证、危险化学品安全使用许可证和危险化学品经营许可证，并负责危险化学品登记工作。

（二）公安机关负责危险化学品的公共安全管理，核发剧毒化学品购买许可证、剧毒化学品道路运输通行证，并负责危险化学品运输车辆的道路交通安全管理。

（三）质检部门负责核发危险化学品及其包装物、容器（不包括储存危险化学品的固定式大型储罐，下同）生产企业的工业产品生产许可证，并依法对其产品质量实施监督，负责对进出口危险化学品及其包装实施检验。

（四）环保部门负责废弃危险化学品处置的监督管理，组织危险化学品的环境危害性鉴定和环境风险程度评估，确定实施重点环境管理的危险化学品，负责危险化学品环境管理登记和新化学物质环境管理登记；依照职责分工调查相关危险化学品环境污染事故和生态破坏事件，负责危险化学品事故现场的应急环境监测。

（五）交通部门负责危险化学品道路运输、水路运输的许可以及运输工具的安全管理，对危险化学品水路运输安全实施监督，负责危险化学品道路运输企业、水路运输企业驾驶人员、船员、装卸管理人员、押运人员、申报人员、集装箱装箱现场检查员的资格认定。铁路监管部门负责危险化学品铁路运输及其运输工具的安全管理。民航部门负责危险化学品航空运输以及航空运输企业及其运输工具的安全管理。

（六）卫生部门负责危险化学品毒性鉴定的管理，负责组织、协调危险化学品事故受伤人员的医疗卫生救援工作。

（七）工商行政部门依据有关部门的许可证件，核发危险化学品生产、储存、经营、运输企业营业执照，查处危险化学品经营企业违法采购危险化学品的行为。

（八）邮政部门负责依法查处寄递危险化学品的行为。

第七条 负有危险化学品安全监督管理职责的部门依法进行监督检查，可以采取下列措施：

（一）进入危险化学品作业场所实施现场检查，向有关单位和人员了解情况，查阅、复制有关文件、资料；

（二）发现危险化学品事故隐患，责令立即消除或者限期消除；

（三）对不符合法律、行政法规、规章规定或者国家标准、行业标准要求的设施、设备、装置、器材、运输工具，责令立即停止使用；

（四）经本部门主要负责人批准，查封违法生产、储存、使用、经营危险化学品的场所，扣押违法生产、储存、使用、经营、运输的危险化学品以及用于违法生产、使用、运输危险化学品的原材料、设备、运输工具；

（五）发现影响危险化学品安全的违法行为，当场予以纠正或者责令限期改正。

负有危险化学品安全监督管理职责的部门依法进行监督检查，监督检查人员不得少于2人，并应当出示执法证件；有关单位和个人对依法进行的监督检查应当予以配合，不得拒绝、阻碍。

第八条 县级以上人民政府应当建立危险化学品安全监督管理工作协调机制，支持、督促负有危险化学品安全监督管理职责的部门依法履行职责，协调、解决危险化学品安全监督管理工作中的重大问题。

负有危险化学品安全监督管理职责的部门应当相互配合、密切协作，依法加强对危险化学品的安全监督管理。

第九条 任何单位和个人对违反本条例规定的行为，有权向负有危险化学品安全监督管理职责的部门举报。负有危险化学品安全监督管理职责的部门接到举报，应当及时依法处理；对不属于本部门职责的，应当及时移送有关部门处理。

第十条 国家鼓励危险化学品生产企业和使用危险化学品从事生产的企业采用有利于提高安全保障水平的先进技术、工艺、设备以及自动控制系统，鼓励对危险化学品实行专门储存、统一配送、集中销售。

第二章 生产、储存安全

第十一条 国家对危险化学品的生产、储存实行统筹规划、合理布局。

国务院工信部门以及国务院其他有关部门依据各自职责，负责危险化学品生产、储存的行业规划和布局。

地方人民政府组织编制城乡规划，应当根据本地区的实际情况，按照确保安全的原则，规划适当区域专门用于危险化学品的生产、储存。

第十二条 新建、改建、扩建生产、储存危险化学品的建设项目（以下简称建设项目），应当由安监部门进行安全条件审查。

建设单位应当对建设项目进行安全条件论证，委托具备国家规定的资质条件的机构对建设项目进行安全评价，并将安全条件论证和安全评价的情况报告报建设项目所在地设区的市级以上人民政府安监部门；安监部门应当自收到报告之日起 45 日内作出审查决定，并书面通知建设单位。具体办法由国务院安监部门制定。

新建、改建、扩建储存、装卸危险化学品的港口建设项目，由港口部门按照国务院交通部门的规定进行安全条件审查。

第十三条 生产、储存危险化学品的单位，应当对其铺设的危险化学品管道设置明显标志，并对危险化学品管道定期检查、检测。

进行可能危及危险化学品管道安全的施工作业，施工单位应当在开工的 7 日前书面通知管道所属单位，并与管道所属单位共同制定应急预案，采取相应的安全防护措施。管道所属单位应当指派专门人员到现场进行管道安全保护指导。

第十四条 危险化学品生产企业进行生产前，应当依照《安全生产许可证条例》的规定，取得危险化学品安全生产许可证。

生产列入国家实行生产许可证制度的工业产品目录的危险化学品的企业，应当依照《工业产品生产许可证管理条例》的规定，取得工业产品生产许可证。

负责颁发危险化学品安全生产许可证、工业产品生产许可证的部门，应当将其颁发许可证的情况及时向同级工信部门、环保部门和公安机关通报。

第十五条 危险化学品生产企业应当提供与其生产的危险化学品相符的化学品安全技术说明书，并在危险化学品包装（包括外包装件）上粘贴或者拴挂与包装内危险化学品相符的化学品安全标签。化学品安全技术说明书和化学品安全标签所载明的内容应当符合国家标准的要求。

危险化学品生产企业发现其生产的危险化学品有新的危险特性的，应当立即公告，并及时修订其化学品安全技术说明书和化学品安全标签。

第十六条 生产实施重点环境管理的危险化学品的企业，应当按照国务院环保部门的规定，将该危险化学品向环境中释放等相关信息向环保部门报告。环保部门可以根据情况采取相应的环境风险控制措施。

第十七条 危险化学品的包装应当符合法律、行政法规、规章的规定以及国家标准、行业标准的要求。

危险化学品包装物、容器的材质以及危险化学品包装的型式、规格、方法和单件质量（重量），应当与所包装的危险化学品的性质和用途相适应。

第十八条 生产列入国家实行生产许可证制度的工业产品目录的危险化学品包装物、容器的企业，应当依照《工业产品生产许可证管理条例》的规定，取得工业产品生产许可证；其生产的危险化学品包装物、容器经国务院质检部门认定的检验机构检验合格，方可出厂销售。

运输危险化学品的船舶及其配载的容器，应当按照国家船舶检验规范进行生产，并经海事机构认定的船舶检验机构检验合格，方可投入使用。

对重复使用的危险化学品包装物、容器，使用单位在重复使用前应当进行检查；发现存在安全隐患的，应当维修或者更换。使用单位应当对检查情况作出记录，记录的保存期限不得少于 2 年。

第十九条 危险化学品生产装置或者储存数量构成重大危险源的危险化学品储存设施（运输工具加油站、加气站除外），与下列场所、设施、区域的距离应当符合国家有关规定：

（一）居住区以及商业中心、公园等人员密集场所；

（二）学校、医院、影剧院、体育场（馆）等公共设施；

（三）饮用水源、水厂以及水源保护区；

（四）车站、码头（依法经许可从事危险化学品装卸作业的除外）、机场以及通信干线、通信枢纽、铁路线路、道路交通干线、水路交通干线、地铁风亭以及地铁站出入口；

（五）基本农田保护区、基本草原、畜禽遗传资源保护区、畜禽规模化养殖场（养殖小区）、渔业水域以及种子、种畜禽、水产苗种生产基地；

（六）河流、湖泊、风景名胜区、自然保护区；

（七）军事禁区、军事管理区；

（八）法律、行政法规规定的其他场所、设施、区域。

已建的危险化学品生产装置或者储存数量构成重大危险源的危险化学品储存设施不符合前款规定的，由所在地设区的市级人民政府安监部门会同有关部门监督其所属单位在规定期限内进行整改；需要转产、停产、搬迁、关闭的，由本级人民政府决定并组织实施。

储存数量构成重大危险源的危险化学品储存设施的选址，应当避开地震活动断层和容易发生洪灾、地质灾害的区域。

本条例所称重大危险源，是指生产、储存、使用或者搬运危险化学品，且危险化学品的数量等于或者超过临界量的单元（包括场所和设施）。

第二十条 生产、储存危险化学品的单位，应当根据其生产、储存的危险化学品的种类和危险特性，在作业场所设置相应的监测、监控、通风、防晒、调温、防火、灭火、防爆、泄压、防毒、中和、防潮、防雷、防静电、防腐、防泄漏以及防护围堤或者隔离操作等安全设施、设备，并按照国家标准、行业标准或者国家有关规定对安全设施、设备进行经常性维护、保养，保证安全设施、设备的正常使用。

生产、储存危险化学品的单位，应当在其作业场所和安全设施、设备上设置明显的安全警示标志。

第二十一条 生产、储存危险化学品的单位，应当在其作业场所设置通信、报警装置，并保证处于适用状态。

第二十二条 生产、储存危险化学品的企业，应当委托具备国家规定的资质条件的机构，对本企业的安全生产条件每 3 年进行一次安全评价，提出安全评价报告。安全评价报告的内容应当包括对安全生产条件存在的问题进行整改的方案。

生产、储存危险化学品的企业，应当将安全评价报告以及整改方案的落实情况报所在地县级安监部门备案。在港区内储存危险化学品的企业，应当将安全评价报告以及整改方案的落实情况报港口部门备案。

第二十三条 生产、储存剧毒化学品或者国务院公安部门规定的可用于制造爆炸物品的危险化学品（以下简称易制爆危险化学品）的单位，应当如实记录其生产、储存的剧毒化学品、易制爆危险化学品的数量、流向，并采取必要的安全防范措施，防止剧毒化学品、易制爆危险化学品丢失或者被盗；发现剧毒化学品、易制爆危险化学品丢失或者被盗的，应当立即向当地公安机关报告。

生产、储存剧毒化学品、易制爆危险化学品的单位，应当设置治安保卫机构，配备专职治安保卫人员。

第二十四条 危险化学品应当储存在专用仓库、专用场地或者专用储存室（以下统称专用仓库）内，并由专人负责管理；剧毒化学品以及储存数量构成重大危险源的其他危险化学品，应当在专用仓库内单独存放，并实行双人收发、双人保管制度。

危险化学品的储存方式、方法以及储存数量应当符合国家标准或者国家有关规定。

第二十五条 储存危险化学品的单位应当建立危险化学品出入库核查、登记制度。

对剧毒化学品以及储存数量构成重大危险源的其他危险化学品，储存单位应当将其储存数量、储存地点以及管理人员的情况，报所在地县级安监部门（在港区内储存的，报港口部门）和公安机关备案。

第二十六条 危险化学品专用仓库应当符合国家标准、行业标准的要求，并设置明显的标志。储存剧毒化学品、易制爆危险化学品的专用仓库，应当按照国家有关规定设置相应的技术防范设施。

储存危险化学品的单位应当对其危险化学品专用仓库的安全设施、设备定期进行检测、检验。

第二十七条 生产、储存危险化学品的单位转产、停产、停业或者解散的，应当采取有效措施，及时、妥善处置其危险化学品生产装置、储存设施以及库存的危险化学品，不得丢弃危险化学品；处置方案应当报所在地县级安监部门、工信部门、环保部门和公安机关备案。安监部门应当会同环保部门和公安机关对处置情况进行监督检查，发现未依照规定处置的，应当责令其立即处置。

第三章 使用安全

第二十八条 使用危险化学品的单位，其使用条件（包括工艺）应当符合法律、行政法规的规定和国家标准、行业标准的要求，并根据所使用的危险化学品的种类、危险特性以及使用量和使用方式，建立、健全使用危险化学品的安全管理规章制度和安全操作规程，保证危险化学品的安全使用。

第二十九条 使用危险化学品从事生产并且使用量达到规定数量的化工企业（属于危险化学品生产企业的除外，下同），应当依照本条例的规定取得危险化学品安全使用许可证。

前款规定的危险化学品使用量的数量标准，由国务院安监部门会同国务院公安部门、农业部门确定并公布。

第三十条 申请危险化学品安全使用许可证的化工企业，除应当符合本条例第二十八条的规定外，还应当具备下列条件：

（一）有与所使用的危险化学品相适应的专业技术人员；

（二）有安全管理机构和专职安全管理人员；

（三）有符合国家规定的危险化学品事故应急预案和必要的应急救援器材、设备；

（四）依法进行了安全评价。

第三十一条 申请危险化学品安全使用许可证的化工企业，应当向所在地设区的市级人民政府安监部门提出申请，并提交其符合本条例第三十条规定条件的证明材料。设区的市级人民政府安监部门应当依法进行审查，自收到证明材料之日起45日内作出批准或者不予批准的决定。予以批准的，颁发危险化学品安全使用许可证；不予批准的，书面通知申请人并说明理由。

安监部门应当将其颁发危险化学品安全使用许可证的情况及时向同级环保部门和公安机关通报。

第三十二条 本条例第十六条关于生产实施重点环境管理的危险化学品的企业的规定，适用于使用实施重点环境管理的危险化学品从事生产的企业；第二十条、第二十一条、第二十三条第一款、第二十七条关于生产、储存危险化学品的单位的规定，适用于使用危险化学品的单位；第二十二条关于生产、储存危险化学品的企业的规定，适用于使用危险化学品从事生产的企业。

第四章 经营安全

第三十三条 国家对危险化学品经营（包括仓储经营，下同）实行许可制度。未经许可，任何单位和个人不得经营危险化学品。

依法设立的危险化学品生产企业在其厂区范围内销售本企业生产的危险化学品，不需要取得危险化学品经营许可。

依照《港口法》的规定取得港口经营许可证的港口经营人，在港区内从事危险化学品仓储经营，不需要取得危险化学品经营许可。

第三十四条 从事危险化学品经营的企业应当具备下列条件：

（一）有符合国家标准、行业标准的经营场所，储存危险化学品的，还应当有符合国家标准、行业标准的储存设施；

（二）从业人员经过专业技术培训并经考核合格；

（三）有健全的安全管理规章制度；

（四）有专职安全管理人员；

（五）有符合国家规定的危险化学品事故应急预案和必要的应急救援器材、设备；

（六）法律、法规规定的其他条件。

第三十五条 从事剧毒化学品、易制爆危险化学品经营的企业，应当向所在地设区的市级人民政府安监部门提出申请，从事其他危险化学品经营的企业，应当向所在地县级安监部门提出申请（有储存设施的，应当向所在地设区的市级人民政府安监部门提出申请）。申请人应当提交其符合本条例第三十四条规定条件的证明材料。设区的市级人民政府安监部门或者县级安监部门应当依法进行审查，并对申请人的经营场所、储存设施进行现场核查，自收到证明材料之日起 30 日内作出批准或者不予批准的决定。予以批准的，颁发危险化学品经营许可证；不予批准的，书面通知申请人并说明理由。

设区的市级人民政府安监部门和县级安监部门应当将其颁发危险化学品经营许可证的情况及时向同级环保部门和公安机关通报。

申请人持危险化学品经营许可证向工商行政部门办理登记手续后，方可从事危险化学品经营活动。法律、行政法规或者国务院规定经营危险化学品还需要经其他有关部门许可的，申请人向工商行政部门办理登记手续时还应当持相应的许可证件。

第三十六条 危险化学品经营企业储存危险化学品的，应当遵守本条例第二章关于储存危险化学品的规定。危险化学品商店内只能存放民用小包装的危险化学品。

第三十七条 危险化学品经营企业不得向未经许可从事危险化学品生产、经营活动的企业采购危险化学品，不得经营没有化学品安全技术说明书或者化学品安全标签的危险化学品。

第三十八条 依法取得危险化学品安全生产许可证、危险化学品安全使用许可证、危险化学品经营许可证的企业，凭相应的许可证件购买剧毒化学品、易制爆危险化学品。民用爆炸物品生产企业凭民用爆炸物品生产许可证购买易制爆危险化学品。

前款规定以外的单位购买剧毒化学品的，应当向所在地县级公安机关申请取得剧毒化学品购买许可证；购买易制爆危险化学品的，应当持本单位出具的合法用途说明。

个人不得购买剧毒化学品（属于剧毒化学品的农药除外）和易制爆危险化学品。

第三十九条 申请取得剧毒化学品购买许可证，申请人应当向所在地县级公安机关提交下列材料：

（一）营业执照或者法人证书（登记证书）的复印件；

（二）拟购买的剧毒化学品品种、数量的说明；

（三）购买剧毒化学品用途的说明；

（四）经办人的身份证明。

县级公安机关应当自收到前款规定的材料之日起 3 日内，作出批准或者不予批准的决定。予以批准的，颁发剧毒化学品购买许可证；不予批准的，书面通知申请人并说明理由。

剧毒化学品购买许可证管理办法由国务院公安部门制定。

第四十条 危险化学品生产企业、经营企业销售剧毒化学品、易制爆危险化学品，应当查验本条例第三十八条第一款、第二款规定的相关许可证件或者证明文件，不得向不具有相关许可证件或者证明文件的单位销售剧毒化学品、易制爆危险化学品。对持剧毒化学品购买许可证购买剧毒化学品的，应当按照许可证载明的品种、数量销售。

禁止向个人销售剧毒化学品（属于剧毒化学品的农药除外）和易制爆危险化学品。

第四十一条 危险化学品生产企业、经营企业销售剧毒化学品、易制爆危险化学品，应当如实记录购买单位的名称、地址、经办人的姓名、身份证号码以及所购买的剧毒化学品、易制爆危险化学品的品种、数量、用途。销售记录以及经办人的身份证明复印件、相关许可证件复印件或者证明文件的保存期限不得少于1年。

剧毒化学品、易制爆危险化学品的销售企业、购买单位应当在销售、购买后5日内，将所销售、购买的剧毒化学品、易制爆危险化学品的品种、数量以及流向信息报所在地县级公安机关备案，并输入计算机系统。

第四十二条 使用剧毒化学品、易制爆危险化学品的单位不得出借、转让其购买的剧毒化学品、易制爆危险化学品；因转产、停产、搬迁、关闭等确需转让的，应当向具有本条例第三十八条第一款、第二款规定的相关许可证件或者证明文件的单位转让，并在转让后将有关情况及时向所在地县级公安机关报告。

第五章 运输安全

第四十三条 从事危险化学品道路运输、水路运输的，应当分别依照有关道路运输、水路运输的法律、行政法规的规定，取得危险货物道路运输许可、危险货物水路运输许可，并向工商行政部门办理登记手续。

危险化学品道路运输企业、水路运输企业应当配备专职安全管理人员。

第四十四条 危险化学品道路运输企业、水路运输企业的驾驶人员、船员、装卸管理人员、押运人员、申报人员、集装箱装箱现场检查员应当经交通部门考核合格，取得从业资格。具体办法由国务院交通部门制定。

危险化学品的装卸作业应当遵守安全作业标准、规程和制度，并在装卸管理人员的现场指挥或者监控下进行。水路运输危险化学品的集装箱装箱作业应当在集装箱装箱现场检查员的指挥或者监控下进行，并符合积载、隔离的规范和要求；装箱作业完毕后，集装箱装箱现场检查员应当签署装箱证明书。

第四十五条 运输危险化学品，应当根据危险化学品的危险特性采取相应的安全防护措施，并配备必要的防护用品和应急救援器材。

用于运输危险化学品的槽罐以及其他容器应当封口严密，能够防止危险化学品在运输过程中因温度、湿度或者压力的变化发生渗漏、洒漏；槽罐以及其他容器的溢流和泄压装置应当设置准确、起闭灵活。

运输危险化学品的驾驶人员、船员、装卸管理人员、押运人员、申报人员、集装箱装箱现场检查员，应当了解所运输的危险化学品的危险特性及其包装物、容器的使用要求和出现危险情况时的应急处置方法。

第四十六条 通过道路运输危险化学品的，托运人应当委托依法取得危险货物道路运输许可的企业承运。

第四十七条 通过道路运输危险化学品的，应当按照运输车辆的核定载质量装载危险化学品，不得超载。

危险化学品运输车辆应当符合国家标准要求的安全技术条件，并按照国家有关规定定期进行安全技术检验。

危险化学品运输车辆应当悬挂或者喷涂符合国家标准要求的警示标志。

第四十八条 通过道路运输危险化学品的，应当配备押运人员，并保证所运输的危险化学品处于押运人员的监控之下。

运输危险化学品途中因住宿或者发生影响正常运输的情况，需要较长时间停车的，驾驶人员、押运人员应当采取相应的安全防范措施；运输剧毒化学品或者易制爆危险化学品的，还应当向当地公安机关报告。

第四十九条 未经公安机关批准，运输危险化学品的车辆不得进入危险化学品运输车辆限制通行的区域。危险化学品运输车辆限制通行的区域由县级公安机关划定，并设置明显的标志。

第五十条 通过道路运输剧毒化学品的，托运人应当向运输始发地或者目的地县级公安机关申请剧毒化学品道路运输通行证。

申请剧毒化学品道路运输通行证，托运人应当向县级公安机关提交下列材料：

（一）拟运输的剧毒化学品品种、数量的说明；

（二）运输始发地、目的地、运输时间和运输路线的说明；

（三）承运人取得危险货物道路运输许可、运输车辆取得营运证以及驾驶人员、押运人员取得上岗资格的证明文件；

（四）本条例第三十八条第一款、第二款规定的购买剧毒化学品的相关许可证件，或者海关出具的进出口证明文件。

县级公安机关应当自收到前款规定的材料之日起 7 日内，作出批准或者不予批准的决定。予以批准的，颁发剧毒化学品道路运输通行证；不予批准的，书面通知申请人并说明理由。

剧毒化学品道路运输通行证管理办法由国务院公安部门制定。

第五十一条 剧毒化学品、易制爆危险化学品在道路运输途中丢失、被盗、被抢或者出现流散、泄漏等情况的，驾驶人员、押运人员应当立即采取相应的警示措施和安全措施，并向当地公安机关报告。公安机关接到报告后，应当根据实际情况立即向安监部门、环保部门、卫生部门通报。有关部门应当采取必要的应急处置措施。

第五十二条 通过水路运输危险化学品的，应当遵守法律、行政法规以及国务院交通部门关于危险货物水路运输安全的规定。

第五十三条 海事机构应当根据危险化学品的种类和危险特性，确定船舶运输危险化学品的相关安全运输条件。

拟交付船舶运输的化学品的相关安全运输条件不明确的，货物所有人或者代理人应当委托相关技术机构进行评估，明确相关安全运输条件并经海事机构确认后，方可交付船舶运输。

第五十四条 禁止通过内河封闭水域运输剧毒化学品以及国家规定禁止通过内河运输的其他危险化学品。

前款规定以外的内河水域，禁止运输国家规定禁止通过内河运输的剧毒化学品以及其他危险化学品。

禁止通过内河运输的剧毒化学品以及其他危险化学品的范围，由国务院交通部门会同国务院环保部门、工信部门、安监部门，根据危险化学品的危险特性、危险化学品对人体和水环境的危害程度以及消除危害后果的难易程度等因素规定并公布。

第五十五条 国务院交通部门应当根据危险化学品的危险特性，对通过内河运输本条例

第五十四条规定以外的危险化学品（以下简称通过内河运输危险化学品）实行分类管理，对各类危险化学品的运输方式、包装规范和安全防护措施等分别作出规定并监督实施。

第五十六条 通过内河运输危险化学品，应当由依法取得危险货物水路运输许可的水路运输企业承运，其他单位和个人不得承运。托运人应当委托依法取得危险货物水路运输许可的水路运输企业承运，不得委托其他单位和个人承运。

第五十七条 通过内河运输危险化学品，应当使用依法取得危险货物适装证书的运输船舶。水路运输企业应当针对所运输的危险化学品的危险特性，制定运输船舶危险化学品事故应急救援预案，并为运输船舶配备充足、有效的应急救援器材和设备。

通过内河运输危险化学品的船舶，其所有人或者经营人应当取得船舶污染损害责任保险证书或者财务担保证明。船舶污染损害责任保险证书或者财务担保证明的副本应当随船携带。

第五十八条 通过内河运输危险化学品，危险化学品包装物的材质、型式、强度以及包装方法应当符合水路运输危险化学品包装规范的要求。国务院交通部门对单船运输的危险化学品数量有限制性规定的，承运人应当按照规定安排运输数量。

第五十九条 用于危险化学品运输作业的内河码头、泊位应当符合国家有关安全规范，与饮用水取水口保持国家规定的距离。有关管理单位应当制定码头、泊位危险化学品事故应急预案，并为码头、泊位配备充足、有效的应急救援器材和设备。

用于危险化学品运输作业的内河码头、泊位，经交通部门按照国家有关规定验收合格后方可投入使用。

第六十条 船舶载运危险化学品进出内河港口，应当将危险化学品的名称、危险特性、包装以及进出港时间等事项，事先报告海事机构。海事机构接到报告后，应当在国务院交通部门规定的时间内作出是否同意的决定，通知报告人，同时通报港口部门。定船舶、定航线、定货种的船舶可以定期报告。

在内河港口内进行危险化学品的装卸、过驳作业，应当将危险化学品的名称、危险特性、包装和作业的时间、地点等事项报告港口部门。港口部门接到报告后，应当在国务院交通部门规定的时间内作出是否同意的决定，通知报告人，同时通报海事机构。

载运危险化学品的船舶在内河航行，通过过船建筑物的，应当提前向交通部门申报，并接受交通部门的管理。

第六十一条 载运危险化学品的船舶在内河航行、装卸或者停泊，应当悬挂专用的警示标志，按照规定显示专用信号。

载运危险化学品的船舶在内河航行，按照国务院交通部门的规定需要引航的，应当申请引航。

第六十二条 载运危险化学品的船舶在内河航行，应当遵守法律、行政法规和国家其他有关饮用水水源保护的规定。内河航道发展规划应当与依法经批准的饮用水水源保护区划定方案相协调。

第六十三条 托运危险化学品的，托运人应当向承运人说明所托运的危险化学品的种类、数量、危险特性以及发生危险情况的应急处置措施，并按照国家有关规定对所托运的危险化学品妥善包装，在外包装上设置相应的标志。

运输危险化学品需要添加抑制剂或者稳定剂的，托运人应当添加，并将有关情况告知承运人。

第六十四条 托运人不得在托运的普通货物中夹带危险化学品，不得将危险化学品匿报或者谎报为普通货物托运。

任何单位和个人不得交寄危险化学品或者在邮件、快件内夹带危险化学品，不得将危险化学品匿报或者谎报为普通物品交寄。邮政企业、快递企业不得收寄危险化学品。

对涉嫌违反本条第一款、第二款规定的，交通部门、邮政部门可以依法开拆查验。

第六十五条 通过铁路、航空运输危险化学品的安全管理，依照有关铁路、航空运输的法律、行政法规、规章的规定执行。

第六章 危险化学品登记与事故应急救援

第六十六条 国家实行危险化学品登记制度，为危险化学品安全管理以及危险化学品事故预防和应急救援提供技术、信息支持。

第六十七条 危险化学品生产企业、进口企业，应当向国务院安监部门负责危险化学品登记的机构（以下简称危险化学品登记机构）办理危险化学品登记。

危险化学品登记包括下列内容：

（一）分类和标签信息；

（二）物理、化学性质；

（三）主要用途；

（四）危险特性；

（五）储存、使用、运输的安全要求；

（六）出现危险情况的应急处置措施。

对同一企业生产、进口的同一品种的危险化学品，不进行重复登记。危险化学品生产企业、进口企业发现其生产、进口的危险化学品有新的危险特性的，应当及时向危险化学品登记机构办理登记内容变更手续。

危险化学品登记的具体办法由国务院安监部门制定。

第六十八条 危险化学品登记机构应当定期向工信、环保、公安、卫生、交通、铁路、质检等部门提供危险化学品登记的有关信息和资料。

第六十九条 县级以上地方人民政府安监部门应当会同工信、环保、公安、卫生、交通、铁路、质检等部门，根据本地区实际情况，制定危险化学品事故应急预案，报本级人民政府批准。

第七十条 危险化学品单位应当制定本单位危险化学品事故应急预案，配备应急救援人员和必要的应急救援器材、设备，并定期组织应急救援演练。

危险化学品单位应当将其危险化学品事故应急预案报所在地设区的市级人民政府安监部门备案。

第七十一条 发生危险化学品事故，事故单位主要负责人应当立即按照本单位危险化学品应急预案组织救援，并向当地安监部门和环保、公安、卫生部门报告；道路运输、水路运输过程中发生危险化学品事故的，驾驶人员、船员或者押运人员还应当向事故发生地交通部门报告。

第七十二条 发生危险化学品事故，有关地方人民政府应当立即组织安全生产监督管理、环保、公安、卫生、交通等有关部门，按照本地区危险化学品事故应急预案组织实施救援，不得拖延、推诿。

有关地方人民政府及其有关部门应当按照下列规定，采取必要的应急处置措施，减少事故损失，防止事故蔓延、扩大：

（一）立即组织营救和救治受害人员，疏散、撤离或者采取其他措施保护危害区域内的其他人员；

（二）迅速控制危害源，测定危险化学品的性质、事故的危害区域及危害程度；

（三）针对事故对人体、动植物、土壤、水源、大气造成的现实危害和可能产生的危害，迅速采取封闭、隔离、洗消等措施；

（四）对危险化学品事故造成的环境污染和生态破坏状况进行监测、评估，并采取相应的环境污染治理和生态修复措施。

第七十三条 有关危险化学品单位应当为危险化学品事故应急救援提供技术指导和必要的协助。

第七十四条 危险化学品事故造成环境污染的，由设区的市级以上人民政府环保部门统一发布有关信息。

第七章 法律责任

第七十五条 生产、经营、使用国家禁止生产、经营、使用的危险化学品的，由安监部门责令停止生产、经营、使用活动，处20万元以上50万元以下的罚款，有违法所得的，没收违法所得；构成犯罪的，依法追究刑事责任。

有前款规定行为的，安监部门还应当责令其对所生产、经营、使用的危险化学品进行无害化处理。

违反国家关于危险化学品使用的限制性规定使用危险化学品的，依照本条第一款的规定处理。

第七十六条 未经安全条件审查，新建、改建、扩建生产、储存危险化学品的建设项目的，由安监部门责令停止建设，限期改正；逾期不改正的，处50万元以上100万元以下的罚款；构成犯罪的，依法追究刑事责任。

未经安全条件审查，新建、改建、扩建储存、装卸危险化学品的港口建设项目的，由港口部门依照前款规定予以处罚。

第七十七条 未依法取得危险化学品安全生产许可证从事危险化学品生产，或者未依法取得工业产品生产许可证从事危险化学品及其包装物、容器生产的，分别依照《安全生产许可证条例》、《工业产品生产许可证管理条例》的规定处罚。

违反本条例规定，化工企业未取得危险化学品安全使用许可证，使用危险化学品从事生产的，由安监部门责令限期改正，处10万元以上20万元以下的罚款；逾期不改正的，责令停产整顿。

违反本条例规定，未取得危险化学品经营许可证从事危险化学品经营的，由安监部门责令停止经营活动，没收违法经营的危险化学品以及违法所得，并处10万元以上20万元以下的罚款；构成犯罪的，依法追究刑事责任。

第七十八条 有下列情形之一的，由安监部门责令改正，可以处5万元以下的罚款；拒不改正的，处5万元以上10万元以下的罚款；情节严重的，责令停产停业整顿：

（一）生产、储存危险化学品的单位未对其铺设的危险化学品管道设置明显的标志，或者未对危险化学品管道定期检查、检测的；

（二）进行可能危及危险化学品管道安全的施工作业，施工单位未按照规定书面通知管道所属单位，或者未与管道所属单位共同制定应急预案、采取相应的安全防护措施，或者管道所属单位未指派专门人员到现场进行管道安全保护指导的；

（三）危险化学品生产企业未提供化学品安全技术说明书，或者未在包装（包括外包装件）上粘贴、拴挂化学品安全标签的；

（四）危险化学品生产企业提供的化学品安全技术说明书与其生产的危险化学品不相符，或者在包装（包括外包装件）粘贴、拴挂的化学品安全标签与包装内危险化学品不相符，或者化学品安全技术说明书、化学品安全标签所载明的内容不符合国家标准要求的；

（五）危险化学品生产企业发现其生产的危险化学品有新的危险特性不立即公告，或者不及时修订其化学品安全技术说明书和化学品安全标签的；

（六）危险化学品经营企业经营没有化学品安全技术说明书和化学品安全标签的危险化学品的；

（七）危险化学品包装物、容器的材质以及包装的型式、规格、方法和单件质量（重量）与所包装的危险化学品的性质和用途不相适应的；

（八）生产、储存危险化学品的单位未在作业场所和安全设施、设备上设置明显的安全警示标志，或者未在作业场所设置通信、报警装置的；

（九）危险化学品专用仓库未设专人负责管理，或者对储存的剧毒化学品以及储存数量构成重大危险源的其他危险化学品未实行双人收发、双人保管制度的；

（十）储存危险化学品的单位未建立危险化学品出入库核查、登记制度的；

（十一）危险化学品专用仓库未设置明显标志的；

（十二）危险化学品生产企业、进口企业不办理危险化学品登记，或者发现其生产、进口的危险化学品有新的危险特性不办理危险化学品登记内容变更手续的。

从事危险化学品仓储经营的港口经营人有前款规定情形的，由港口部门依照前款规定予以处罚。储存剧毒化学品、易制爆危险化学品的专用仓库未按照国家有关规定设置相应的技术防范设施的，由公安机关依照前款规定予以处罚。

生产、储存剧毒化学品、易制爆危险化学品的单位未设置治安保卫机构、配备专职治安保卫人员的，依照《企业事业单位内部治安保卫条例》的规定处罚。

第七十九条 危险化学品包装物、容器生产企业销售未经检验或者经检验不合格的危险化学品包装物、容器的，由质检部门责令改正，处10万元以上20万元以下的罚款，有违法所得的，没收违法所得；拒不改正的，责令停产停业整顿；构成犯罪的，依法追究刑事责任。

将未经检验合格的运输危险化学品的船舶及其配载的容器投入使用的，由海事机构依照前款规定予以处罚。

第八十条 生产、储存、使用危险化学品的单位有下列情形之一的，由安监部门责令改正，处5万元以上10万元以下的罚款；拒不改正的，责令停产停业整顿直至由原发证机关吊销其相关许可证件，并由工商行政部门责令其办理经营范围变更登记或者吊销其营业执照；有关责任人员构成犯罪的，依法追究刑事责任：

（一）对重复使用的危险化学品包装物、容器，在重复使用前不进行检查的；

（二）未根据其生产、储存的危险化学品的种类和危险特性，在作业场所设置相关安全设施、设备，或者未按照国家标准、行业标准或者国家有关规定对安全设施、设备进行经常性维护、保养的；

（三）未依照本条例规定对其安全生产条件定期进行安全评价的；

（四）未将危险化学品储存在专用仓库内，或者未将剧毒化学品以及储存数量构成重大危险源的其他危险化学品在专用仓库内单独存放的；

（五）危险化学品的储存方式、方法或者储存数量不符合国家标准或者国家有关规定的；

（六）危险化学品专用仓库不符合国家标准、行业标准的要求的；

（七）未对危险化学品专用仓库的安全设施、设备定期进行检测、检验的。

从事危险化学品仓储经营的港口经营人有前款规定情形的，由港口部门依照前款规定予以处罚。

第八十一条 有下列情形之一的，由公安机关责令改正，可以处1万元以下的罚款；拒不改正的，处1万元以上5万元以下的罚款：

（一）生产、储存、使用剧毒化学品、易制爆危险化学品的单位不如实记录生产、储存、使用的剧毒化学品、易制爆危险化学品的数量、流向的；

（二）生产、储存、使用剧毒化学品、易制爆危险化学品的单位发现剧毒化学品、易制爆危险化学品丢失或者被盗，不立即向公安机关报告的；

（三）储存剧毒化学品的单位未将剧毒化学品的储存数量、储存地点以及管理人员的情况报所在地县级公安机关备案的；

（四）危险化学品生产企业、经营企业不如实记录剧毒化学品、易制爆危险化学品购买单位的名称、地址、经办人的姓名、身份证号码以及所购买的剧毒化学品、易制爆危险化学品的品种、数量、用途，或者保存销售记录和相关材料的时间少于1年的；

（五）剧毒化学品、易制爆危险化学品的销售企业、购买单位未在规定的时限内将所销售、购买的剧毒化学品、易制爆危险化学品的品种、数量以及流向信息报所在地县级公安机关备案的；

（六）使用剧毒化学品、易制爆危险化学品的单位依照本条例规定转让其购买的剧毒化学品、易制爆危险化学品，未将有关情况向所在地县级公安机关报告的。

生产、储存危险化学品的企业或者使用危险化学品从事生产的企业未按照本条例规定将安全评价报告以及整改方案的落实情况报安监部门或者港口部门备案，或者储存危险化学品的单位未将其剧毒化学品以及储存数量构成重大危险源的其他危险化学品的储存数量、储存地点以及管理人员的情况报安监部门或者港口部门备案的，分别由安监部门或者港口部门依照前款规定予以处罚。

生产实施重点环境管理的危险化学品的企业或者使用实施重点环境管理的危险化学品从事生产的企业未按照规定将相关信息向环保部门报告的，由环保部门依照本条第一款的规定予以处罚。

第八十二条 生产、储存、使用危险化学品的单位转产、停产、停业或者解散，未采取有效措施及时、妥善处置其危险化学品生产装置、储存设施以及库存的危险化学品，或者丢弃危险化学品的，由安监部门责令改正，处5万元以上10万元以下的罚款；构成犯罪的，依法追究刑事责任。

生产、储存、使用危险化学品的单位转产、停产、停业或者解散，未依照本条例规定将其危险化学品生产装置、储存设施以及库存危险化学品的处置方案报有关部门备案的，分别由有关部门责令改正，可以处1万元以下的罚款；拒不改正的，处1万元以上5万元以下的罚款。

第八十三条 危险化学品经营企业向未经许可违法从事危险化学品生产、经营活动的企业采购危险化学品的，由工商行政部门责令改正，处10万元以上20万元以下的罚款；拒不改正的，责令停业整顿直至由原发证机关吊销其危险化学品经营许可证，并由工商行政部门责令其办理经营范围变更登记或者吊销其营业执照。

第八十四条 危险化学品生产企业、经营企业有下列情形之一的，由安监部门责令改正，没收违法所得，并处10万元以上20万元以下的罚款；拒不改正的，责令停产停业整顿直至吊销其危险化学品安全生产许可证、危险化学品经营许可证，并由工商行政部门责令其办理经营范围变更登记或者吊销其营业执照：

（一）向不具有本条例第三十八条第一款、第二款规定的相关许可证件或者证明文件的单位销售剧毒化学品、易制爆危险化学品的；

（二）不按照剧毒化学品购买许可证载明的品种、数量销售剧毒化学品的；

（三）向个人销售剧毒化学品（属于剧毒化学品的农药除外）、易制爆危险化学品的。

不具有本条例第三十八条第一款、第二款规定的相关许可证件或者证明文件的单位购买剧毒化学品、易制爆危险化学品，或者个人购买剧毒化学品（属于剧毒化学品的农药除外）、易制爆危险化学品的，由公安机关没收所购买的剧毒化学品、易制爆危险化学品，可以并处5000元以下的罚款。

使用剧毒化学品、易制爆危险化学品的单位出借或者向不具有本条例第三十八条第一款、第二款规定的相关许可证件的单位转让其购买的剧毒化学品、易制爆危险化学品，或者向个人转让其购买的剧毒化学品（属于剧毒化学品的农药除外）、易制爆危险化学品的，由公安机关责令改正，处10万元以上20万元以下的罚款；拒不改正的，责令停产停业整顿。

第八十五条 未依法取得危险货物道路运输许可、危险货物水路运输许可，从事危险化学品道路运输、水路运输的，分别依照有关道路运输、水路运输的法律、行政法规的规定处罚。

第八十六条 有下列情形之一的，由交通部门责令改正，处5万元以上10万元以下的罚款；拒不改正的，责令停产停业整顿；构成犯罪的，依法追究刑事责任：

（一）危险化学品道路运输企业、水路运输企业的驾驶人员、船员、装卸管理人员、押运人员、申报人员、集装箱装箱现场检查员未取得从业资格上岗作业的；

（二）运输危险化学品，未根据危险化学品的危险特性采取相应的安全防护措施，或者未配备必要的防护用品和应急救援器材的；

（三）使用未依法取得危险货物适装证书的船舶，通过内河运输危险化学品的；

（四）通过内河运输危险化学品的承运人违反国务院交通部门对单船运输的危险化学品数量的限制性规定运输危险化学品的；

（五）用于危险化学品运输作业的内河码头、泊位不符合国家有关安全规范，或者未与饮用水取水口保持国家规定的安全距离，或者未经交通部门验收合格投入使用的；

（六）托运人不向承运人说明所托运的危险化学品的种类、数量、危险特性以及发生危险情况的应急处置措施，或者未按照国家有关规定对所托运的危险化学品妥善包装并在外包装上设置相应标志的；

（七）运输危险化学品需要添加抑制剂或者稳定剂，托运人未添加或者未将有关情况告知承运人的。

第八十七条 有下列情形之一的，由交通部门责令改正，处10万元以上20万元以下的罚款，有违法所得的，没收违法所得；拒不改正的，责令停产停业整顿；构成犯罪的，依法追究刑事责任：

（一）委托未依法取得危险货物道路运输许可、危险货物水路运输许可的企业承运危险化学品的；

（二）通过内河封闭水域运输剧毒化学品以及国家规定禁止通过内河运输的其他危险化学品的；

（三）通过内河运输国家规定禁止通过内河运输的剧毒化学品以及其他危险化学品的；

（四）在托运的普通货物中夹带危险化学品，或者将危险化学品谎报或者匿报为普通货物托运的。

在邮件、快件内夹带危险化学品，或者将危险化学品谎报为普通物品交寄的，依法给予治安管理处罚；构成犯罪的，依法追究刑事责任。

邮政企业、快递企业收寄危险化学品的，依照《邮政法》的规定处罚。

第八十八条 有下列情形之一的，由公安机关责令改正，处5万元以上10万元以下的罚款；构成违反治安管理行为的，依法给予治安管理处罚；构成犯罪的，依法追究刑事责任：

（一）超过运输车辆的核定载质量装载危险化学品的；

（二）使用安全技术条件不符合国家标准要求的车辆运输危险化学品的；

（三）运输危险化学品的车辆未经公安机关批准进入危险化学品运输车辆限制通行的区域的；

（四）未取得剧毒化学品道路运输通行证，通过道路运输剧毒化学品的。

第八十九条 有下列情形之一的，由公安机关责令改正，处1万元以上5万元以下的罚款；构成违反治安管理行为的，依法给予治安管理处罚：

（一）危险化学品运输车辆未悬挂或者喷涂警示标志，或者悬挂或者喷涂的警示标志不符合国家标准要求的；

（二）通过道路运输危险化学品，不配备押运人员的；

（三）运输剧毒化学品或者易制爆危险化学品途中需要较长时间停车，驾驶人员、押运人员不向当地公安机关报告的；

（四）剧毒化学品、易制爆危险化学品在道路运输途中丢失、被盗、被抢或者发生流散、泄漏等情况，驾驶人员、押运人员不采取必要的警示措施和安全措施，或者不向当地公安机关报告的。

第九十条 对发生交通事故负有全部责任或者主要责任的危险化学品道路运输企业，由公安机关责令消除安全隐患，未消除安全隐患的危险化学品运输车辆，禁止上道路行驶。

第九十一条 有下列情形之一的，由交通部门责令改正，可以处1万元以下的罚款；拒不改正的，处1万元以上5万元以下的罚款：

（一）危险化学品道路运输企业、水路运输企业未配备专职安全管理人员的；

（二）用于危险化学品运输作业的内河码头、泊位的管理单位未制定码头、泊位危险化学品事故应急救援预案，或者未为码头、泊位配备充足、有效的应急救援器材和设备的。

第九十二条 有下列情形之一的，依照《内河交通安全管理条例》的规定处罚：

（一）通过内河运输危险化学品的水路运输企业未制定运输船舶危险化学品事故应急救援预案，或者未为运输船舶配备充足、有效的应急救援器材和设备的；

（二）通过内河运输危险化学品的船舶的所有人或者经营人未取得船舶污染损害责任保险证书或者财务担保证明的；

（三）船舶载运危险化学品进出内河港口，未将有关事项事先报告海事机构并经其同意的；

（四）载运危险化学品的船舶在内河航行、装卸或者停泊，未悬挂专用的警示标志，或者未按照规定显示专用信号，或者未按照规定申请引航的。

未向港口部门报告并经其同意，在港口内进行危险化学品的装卸、过驳作业的，依照《港口法》的规定处罚。

第九十三条 伪造、变造或者出租、出借、转让危险化学品安全生产许可证、工业产品生产许可证，或者使用伪造、变造的危险化学品安全生产许可证、工业产品生产许可证的，分别依照《安全生产许可证条例》《工业产品生产许可证管理条例》的规定处罚。

伪造、变造或者出租、出借、转让本条例规定的其他许可证，或者使用伪造、变造的本条例规定的其他许可证的，分别由相关许可证的颁发管理机关处10万元以上20万元以下的罚款，有违法所得的，没收违法所得；构成违反治安管理行为的，依法给予治安管理处罚；构成犯罪的，依法追究刑事责任。

第九十四条 危险化学品单位发生危险化学品事故，其主要负责人不立即组织救援或者不立即向有关部门报告的，依照《生产安全事故报告和调查处理条例》的规定处罚。

危险化学品单位发生危险化学品事故，造成他人人身伤害或者财产损失的，依法承担赔偿责任。

第九十五条 发生危险化学品事故，有关地方人民政府及其有关部门不立即组织实施救援，或者不采取必要的应急处置措施减少事故损失，防止事故蔓延、扩大的，对直接负责的主管人员和其他直接责任人员依法给予处分；构成犯罪的，依法追究刑事责任。

第九十六条 负有危险化学品安全监督管理职责的部门的工作人员，在危险化学品安全监督管理工作中滥用职权、玩忽职守、徇私舞弊，构成犯罪的，依法追究刑事责任；尚不构成犯罪的，依法给予处分。

第八章　附则

第九十七条 监控化学品、属于危险化学品的药品和农药的安全管理，依照本条例的规定执行；法律、行政法规另有规定的，依照其规定。

民用爆炸物品、烟花爆竹、放射性物品、核能物质以及用于国防科研生产的危险化学品的安全管理，不适用本条例。

法律、行政法规对燃气的安全管理另有规定的，依照其规定。

危险化学品容器属于特种设备的，其安全管理依照有关特种设备安全的法律、行政法规的规定执行。

第九十八条 危险化学品的进出口管理，依照有关对外贸易的法律、行政法规、规章的规定执行；进口的危险化学品的储存、使用、经营、运输的安全管理，依照本条例的规定执行。

危险化学品环境管理登记和新化学物质环境管理登记，依照有关环境保护的法律、行政法规、规章的规定执行。危险化学品环境管理登记，按照国家有关规定收取费用。

第九十九条 公众发现、捡拾的无主危险化学品，由公安机关接收。公安机关接收或者有关部门依法没收的危险化学品，需要进行无害化处理的，交由环境保护主管部门组织其认定的专业单位进行处理，或者交由有关危险化学品生产企业进行处理。处理所需费用由国家财政负担。

第一百条 化学品的危险特性尚未确定的，由国务院安全生产监督管理部门、国务院环境保护主管部门、国务院卫生主管部门分别负责组织对该化学品的物理危险性、环境危害性、毒理特性进行鉴定。根据鉴定结果，需要调整危险化学品目录的，依照本条例第三条第二款的规定办理。

第一百零一条 本条例施行前已经使用危险化学品从事生产的化工企业，依照本条例规定需要取得危险化学品安全使用许可证的，应当在国务院安全生产监督管理部门规定的期限内，申请取得危险化学品安全使用许可证。

第一百零二条 本条例自 2011 年 12 月 1 日起施行。

附录六　工作场所安全使用化学品规定

（劳动和社会保障部、化学工业部 1996 年 12 月 20 日颁布）

第一章　总则

第一条 为保障工作场所安全使用化学品，保护劳动者的安全与健康，根据《劳动法》和有关法规，制定本规定。

第二条 本规定适用于生产、经营、运输、贮存和使用化学品的单位和人员。

第三条 本规定所称工作场所使用化学品，是指工作人员因工作而接触化学品的作业活动；本规定所称化学品，是指各类化学单质、化合物或混合物；本规定所称危险化学品，是指按国家标准 GB 13690 分类的常用危险化学品。

第四条 生产、经营、运输、贮存和使用危险化学品的单位应向周围单位和居民宣传有关危险化学品的防护知识及发生化学品事故的急救方法。

第五条 县级以上各级人民政府劳动行政部门对本行政区域内的工作场所安全使用化学品的情况进行监督检查。

第二章 生产单位的职责

第六条 生产单位应执行《化工企业安全管理制度》及国家有关法规和标准，并到化工行政部门进行危险化学品登记注册。

第七条 生产单位应对所生产的化学品进行危险性鉴别，并对其进行标识。

第八条 生产单位应对所生产的危险化学品挂贴"危险化学品安全标签"（以下简称安全标签），填写"危险化学品安全技术说明书"（以下简称安全技术说明书）。

第九条 生产单位应在危险化学品作业点，利用"安全周知卡"或"安全标志"等方式，标明其危险性。

第十条 生产单位生产危险化学品，在填写安全技术说明书时，若涉及商业秘密，经化学品登记部门批准后，可不填写有关内容，但必须列出该种危险化学品的主要危害特性。

第十一条 安全技术说明书每五年更换一次。在此期间若发现新的危害特性，在有关信息发布后的半年内，生产单位必须相应修改安全技术说明书，并提供给经营、运输、贮存和使用单位。

第三章 使用单位的职责

第十二条 使用单位使用的化学品应有标识，危险化学品应有安全标签，并向操作人员提供安全技术说明书。

第十三条 使用单位购进危险化学品时，必须核对包装（或容器）上的安全标签。安全标签若脱落或损坏，经检查确认后应补贴。

第十四条 使用单位购进的化学品需要转移或分装到其他容器时，应标明其内容。对于危险化学品，在转移或分装后的容器上应贴安全标签；盛装危险化学品的容器在未净化处理前，不得更换原安全标签。

第十五条 使用单位对工作场所使用的危险化学品产生的危害应定期进行检测和评估，对检测和评估结果应建立档案。作业人员接触的危险化学品浓度不得高于国家规定的标准暂没有规定的，使用单位应在保证安全作业的情况下使用。

第十六条 使用单位应通过下列方法，消除、减少和控制工作场所危险化学品产生的危害：

（一）选用无毒或低毒的化学替代品；

（二）选用可将危害消除或减少到最低程度的技术；

（三）采用能消除或降低危害的工程控制措施（如隔离、密闭等）；

（四）采用能减少或消除危害的作业制度和作业时间；

（五）采取其他的劳动安全卫生措施。

第十七条 使用单位在危险化学品工作场所应设有急救设施，并提供应急处理的方法。

第十八条 使用单位应按国家有关规定清除化学废料和清洗盛装危险化学品的废旧容器。

第十九条 使用单位应对盛装、输送、贮存危险化学品的设备，采用颜色、标牌、标签等形式，标明其危险性。

第二十条　使用单位应将危险化学品的有关安全卫生资料向职工公开，教育职工识别安全标签、了解安全技术说明书、掌握必要的应急处理方法和自救措施，并经常对职工进行工作场所安全使用化学品的教育和培训。

第四章　经营、运输和贮存单位的责任

第二十一条　经营单位经营的化学品应有标识。经营的危险化学品必须具有安全标签和安全技术说明书。进口危险化学品时，应有符合本规定要求的中文安全技术说明书，并在包装上加贴中文安全标签。出口危险化学品时，应向外方提供安全技术说明书。对于我国禁用，而外方需要的危险化学品，应将禁用的事项及原因向外方说明。

第二十二条　运输单位必须执行《危险货物运输包装通用技术条件》和《危险货物包装标志》等国家标准和有关规定，有权要求托运方提供危险化学品安全技术说明书。

第二十三条　危险化学品的贮存必须符合《常用化学危险品贮存通则》国家标准和有关规定。

第五章　职工的义务和权利

第二十四条　职工应遵守劳动安全卫生规章制度和安全操作规程，并应及时报告认为可能造成危害和自己无法处理的情况。

第二十五条　职工应采取合理方法，消除或减少工作场所不安全因素。

第二十六条　职工对违章指挥或强令冒险作业，有权拒绝执行对危害人身安全和健康的行为，有权检举和控告。

第二十七条　职工有权获得：

（一）工作场所使用化学品的特性、有害成分、安全标签以及安全技术说明书等资料；

（二）在其工作过程中危险化学品可能导致危害安全与健康的资料；

（三）安全技术的培训，包括预防、控制及防止危险方法的培训和紧急情况处理或应急措施的培训；

（四）符合国家规定的劳动防护用品；

（五）法律、法规赋予的其他权利。

第六章　罚则

第二十八条　生产危险化学品的单位没有到指定单位进行登记注册的，由县级以上人民政府劳动行政部门责令有关单位限期改正；逾期不改的，可处以一万元以下罚款。

第二十九条　生产单位生产的危险化学品未填写“安全技术说明书”和没有“安全标签”的，由县级以上人民政府劳动行政部门责令有关单位限期改正；逾期不改的，可处以一万元以下罚款。

第三十条　经营单位经营没有安全技术说明书和安全标签危险化学品的，由县级以上人民政府劳动行政部门责令有关单位限期改正；逾期不改的，可处以一万元以下罚款。

第三十一条　对隐瞒危险化学品特性，而未执行本规定的，由县级以上人民政府劳动行政部门就地扣押封存产品，并处以一万元以下罚款；构成犯罪的，由司法机关依法追究有关人员的刑事责任。

第三十二条　危险化学品工作场所没有急救设施和应急处理方法的，由县级以上人民政府劳动行政部门责令有关单位限期改正，并可处以一千元以下罚款；逾期不改的，可处以一万元以下罚款。

第三十三条　危险化学品的贮存不符合《常用化学危险品贮存通则》国家标准的，由县

级以上人民政府劳动行政部门责令有关单位限期改正，并可处以一千元以下罚款。

第七章　附则

第三十四条　本规定自1997年1月1日施行。

附录七　爆炸危险场所安全规定

［劳部发（1995）56号］

总则

第一条　为加强对爆炸危险场所的安全管理，防止伤亡事故的发生，依据《中华人民共和国劳动法》的有关规定，制定本规定。

第二条　本规定所称爆炸危险场所是指存在由于爆炸性混合物出现造成爆炸事故危险而必须对其生产、使用、储存和装卸采取预防措施的场所。

第三条　本规定适用于中华人民共和国境内的有爆炸危险场所的企业。个体经济组织依照本规定执行。

第四条　县级以上各级人民政府劳动行政部门对爆炸危险场所进行监督检查。

危险等级划分

第五条　爆炸危险场所划分为特别危险场所、高度危险场所和一般危险场所三个等级（划分原则见附件一）。

第六条　特别危险场所是指物质的性质特别危险，储存的数量特别大，工艺条件特殊，一旦发生爆炸事故将会造成巨大的经济损失、严重的人员伤亡，危害极大的危险场所。

第七条　高度危险场所是指物质的危险性较大，储存的数量较大，工艺条件较为特殊，一旦发生爆炸事故将会造成较大的经济损失、较为严重的人员伤亡，具有一定危害的危险场所。

第八条　一般危险场所是指物质的危险性较小，储存的数量较少，工艺条件一般，即使发生爆炸事故，所造成的危害较小的场所。

第九条　在划分危险场所等级时，对周围环境条件较差或发生过重大事故的危险场所应提高一个危险等级。

第十条　爆炸危险场所等级的划分，由企业（依照附件二的各项内容）划定等级后，经上级主管部门审查，报劳动行政部门备案。

危险场所的技术安全

第十一条　有爆炸危险的生产过程，应选择物质危险性较小、工艺较缓和、较为成熟的工艺路线。

第十二条　生产装置应有完善的生产工艺控制手段，设置具有可靠的温度、压力、流量、液面等工艺参数的控制仪表，对工艺参数控制要求严格的应设双系列控制仪表，并尽可能提高其自动化程度；在工艺布置时应尽量避免或缩短操作人员处于危险场所内的操作时间；对特殊生产工艺应有特殊的工艺控制手段。

第十三条　生产厂房、设备、储罐、仓库、装卸设施应远离各种引爆源和生活、办公区；应布置在全年最小频率风的上风向；厂房的朝向应有利于爆炸危险气体的散发；厂房应有足够的泄压面积和必要的安全通道；以散发比空气重的有爆炸危险气体的场所地面应有不引爆措施；设备、设施的安全间距应符合国家有关规定；生产厂房内的爆炸危险物料必须限量，储罐、仓库的储存量严格按国家有关规定执行。

第十四条 生产过程必须有可靠的供电、供气（汽）、供水等公用工程系统。对特别危险场所应设置双电源供电或备用电源，对重要的控制仪表应设置不间断电源（UPS）。特别危险场所和高度危险场所应设置排除险情的装置。

第十五条 生产设备、储罐和管道的材质、压力等级、制造工艺、焊接质量、检验要求必须执行国家有关规程；其安装必须有良好的密闭性能。对压力管线要有防止高低压窜气、窜液措施。

第十六条 爆炸危险场所必须有良好的通风设施，以防止有爆炸危险气体的积聚。生产装置尽可能采用露天、半露天布置，布置在室内应有足够的通风量；通排风设施应根据气体密度确定位置；对局部易泄漏部位应设置局部符合防爆要求的机械排风设施。

第十七条 危险场所必须按《中华人民共和国爆炸危险场所电气安全规程（试行）》划定危险场所区域等级图，并按危险区域等级和爆炸性混合物的级别、组别配置相应符合国家标准规定的防爆等级的电气设备。防爆电气设备的配置应符合整体防爆要求；防爆电气设备的施工、安装、维护和检修也必须符合规程要求。

第十八条 爆炸危险场所必须设置相应的可靠的避雷设施；有静电积聚危险的生产装置应采用控制流速、导除静电接地、静电消除器、添加防静电等有效的消除静电措施。

第十九条 爆炸危险场所的生产、储存、装卸过程必须根据生产工艺的要求设置相应的安全装置。

第二十条 桶装的有爆炸危险的物质应储存在库房内。库房应有足够的泄压面积和安全通道；库房内不得设置办公和生活用房；库房应有良好的通风设施；对储存温度要求较低的有爆炸危险物质的库房应有降温设施；对储存遇湿易爆物品的库房地面应比周围高出一定的高度；库房的门、窗应有遮雨设施。

第二十一条 装卸有爆炸危险的气体、液体时，连接管道的材质和压力等级等应符合工艺要求，其装卸过程必须采用控制流速等有效的消除静电措施。

危险场所的安全管理

第二十二条 企业应实行安全生产责任制，企业法定代表人应对本单位爆炸危险场所的安全管理工作负全面责任，以实现整体防爆安全。

第二十三条 新建、改建、扩建有爆炸危险的工程建设项目时，必须实行安全设施与主体工程同时设计、同时施工、同时竣工投产的“三同时”原则。

第二十四条 爆炸危险场所的设备应保持完好，并应定期进行校验、维护保养和检修，其完好率和泄漏率都必须达到规定要求。

第二十五条 爆炸危险场所的管理人员和操作工人，必须经培训考核合格后才能上岗。危险性较大的操作岗位，企业应规定操作人员的文化程度和技术等级。

防爆电气的安装、维修工人必须经过培训、考核合格，持证上岗。

第二十六条 企业必须有安全操作规程。操作工人应按操作规程操作。

第二十七条 爆炸危险场所必须设置标有危险等级和注意事项的标志牌。生产工艺、检修时的各种引爆源，必须采取完善的安全措施予以消除和隔离。

第二十八条 爆炸危险场所使用的机动车辆应采取有效的防爆措施。作业人员使用的工具、防护用品应符合防爆要求。

第二十九条 企业必须加强对防爆电气设备、避雷、静电导除设施的管理，选用经国家指定的防爆检验单位检验合格的防爆电气产品，做好防爆电气设备的备品、备件工作，不准任意降低防爆等级，对在用的防爆电气设备必须定期进行检验。检验和检修防爆电气产品的单位必须经过资格认可。

第三十条 爆炸危险场所内的各种安全设施，必须经常检查，定期校验，保持完好的状态，做好记录。各种安全设施不得擅自解除或拆除。

第三十一条 爆炸危险场所内的各种机械通风设施必须处于良好运行状态，并应定期检测。

第三十二条 仓库内的爆炸危险物品应分类存放，并应有明显的货物标志。堆垛之间应留有足够的垛距、墙距、顶距和安全通道。

第三十三条 仓库和储罐区应建立健全管理制度。库房内及露天堆垛附近不得从事试验、分装、焊接等作业。

第三十四条 爆炸危险物品在装卸前应对储运设备和容器进行安全检查。装卸应严格按操作规程操作，对不符合安全要求的不得装卸。

第三十五条 企业的主管部门应按本规定的要求加强对爆炸危险场所的安全管理，并组织、检查和指导企业爆炸危险场所的安全管理工作。

罚则

第三十六条 对爆炸危险场所存在重大事故隐患的，由劳动行政部门责令整改，并可处以罚款；情节严重的，提请县级以上人民政府决定责令停产整顿。

第三十七条 对劳动行政部门的处罚决定不服的，可申请复议。对复议决定不服，可以向人民法院起诉。逾期不起诉，也不执行处罚决定的，作出处罚决定的机关可以申请人民法院强制执行。

附则

第三十八条 各省、自治区、直辖市劳动行政部门可根据本规定制定实施细则，并报国务院劳动行政部门备案。

第三十九条 国家机关、事业组织和社会团体的爆炸危险场所参照本规定执行。

第四十条 本规定自颁布之日起施行。

附录八 中华人民共和国职业病防治法

（全国人大常委会　修订时间 2017 年 11 月 4 日）

第一章　总则

第一条 为了预防、控制和消除职业病危害，防治职业病，保护劳动者健康及其相关权益，促进经济社会发展，根据宪法，制定本法。

第二条 本法适用于中华人民共和国领域内的职业病防治活动。

本法所称职业病，是指企业、事业单位和个体经济组织等用人单位的劳动者在职业活动中，因接触粉尘、放射性物质和其他有毒、有害因素而引起的疾病。

职业病的分类和目录由国务院卫生行政部门会同国务院安全生产监督管理部门、劳动保障行政部门制定、调整并公布。

第三条 职业病防治工作坚持预防为主、防治结合的方针，建立用人单位负责、行政机关监管、行业自律、职工参与和社会监督的机制，实行分类管理、综合治理。

第四条 劳动者依法享有职业卫生保护的权利。

用人单位应当为劳动者创造符合国家职业卫生标准和卫生要求的工作环境和条件，并采取措施保障劳动者获得职业卫生保护。

工会组织依法对职业病防治工作进行监督，维护劳动者的合法权益。用人单位制定或者修改有关职业病防治的规章制度，应当听取工会组织的意见。

第五条 用人单位应当建立、健全职业病防治责任制，加强对职业病防治的管理，提高职业病防治水平，对本单位产生的职业病危害承担责任。

第六条 用人单位的主要负责人对本单位的职业病防治工作全面负责。

第七条 用人单位必须依法参加工伤保险。

国务院和县级以上地方人民政府劳动保障行政部门应当加强对工伤社会保险的监督管理，确保劳动者依法享受工伤社会保险待遇。

第八条 国家鼓励和支持研制、开发、推广、应用有利于职业病防治和保护劳动者健康的新技术、新工艺、新设备、新材料，加强对职业病的机理和发生规律的基础研究，提高职业病防治科学技术水平；积极采用有效的职业病防治技术、工艺、设备、材料；限制使用或者淘汰职业病危害严重的技术、工艺、设备、材料。

国家鼓励和支持职业病医疗康复机构的建设。

第九条 国家实行职业卫生监督制度。

国务院安全生产监督管理部门、卫生行政部门、劳动保障行政部门依照本法和国务院确定的职责，负责全国职业病防治的监督管理工作。国务院有关部门在各自的职责范围内负责职业病防治的有关监督管理工作。

县级以上地方人民政府安全生产监督管理部门、卫生行政部门、劳动保障行政部门依据各自职责，负责本行政区域内职业病防治的监督管理工作。县级以上地方人民政府有关部门在各自的职责范围内负责职业病防治的有关监督管理工作。

县级以上人民政府安全生产监督管理部门、卫生行政部门、劳动保障行政部门（以下统称职业卫生监督管理部门）应当加强沟通，密切配合，按照各自职责分工，依法行使职权，承担责任。

第十条 国务院和县级以上地方人民政府应当制定职业病防治规划，将其纳入国民经济和社会发展计划，并组织实施。

县级以上地方人民政府统一负责、领导、组织、协调本行政区域的职业病防治工作，建立健全职业病防治工作体制、机制，统一领导、指挥职业卫生突发事件应对工作；加强职业病防治能力建设和服务体系建设，完善、落实职业病防治工作责任制。

乡、民族乡、镇的人民政府应当认真执行本法，支持职业卫生监督管理部门依法履行职责。

第十一条 县级以上人民政府职业卫生监督管理部门应当加强对职业病防治的宣传教育，普及职业病防治的知识，增强用人单位的职业病防治观念，提高劳动者的职业健康意识、自我保护意识和行使职业卫生保护权利的能力。

第十二条 有关防治职业病的国家职业卫生标准，由国务院卫生行政部门组织制定并公布。

国务院卫生行政部门应当组织开展重点职业病监测和专项调查，对职业健康风险进行评估，为制定职业卫生标准和职业病防治政策提供科学依据。

县级以上地方人民政府卫生行政部门应当定期对本行政区域的职业病防治情况进行统计和调查分析。

第十三条 任何单位和个人有权对违反本法的行为进行检举和控告。有关部门收到相关的检举和控告后，应当及时处理。

对防治职业病成绩显著的单位和个人，给予奖励。

第二章 前期预防

第十四条 用人单位应当依照法律、法规要求，严格遵守国家职业卫生标准，落实职业病预防措施，从源头上控制和消除职业病危害。

第十五条 产生职业病危害的用人单位的设立除应当符合法律、行政法规规定的设立条件外，其工作场所还应当符合下列职业卫生要求：

（一）职业病危害因素的强度或者浓度符合国家职业卫生标准；

（二）有与职业病危害防护相适应的设施；

（三）生产布局合理，符合有害与无害作业分开的原则；

（四）有配套的更衣间、洗浴间、孕妇休息间等卫生设施；

（五）设备、工具、用具等设施符合保护劳动者生理、心理健康的要求；

（六）法律、行政法规和国务院卫生行政部门、安全生产监督管理部门关于保护劳动者健康的其他要求。

第十六条 国家建立职业病危害项目申报制度。

用人单位工作场所存在职业病目录所列职业病的危害因素的，应当及时、如实向所在地安全生产监督管理部门申报危害项目，接受监督。

职业病危害因素分类目录由国务院卫生行政部门会同国务院安全生产监督管理部门制定、调整并公布。职业病危害项目申报的具体办法由国务院安全生产监督管理部门制定。

第十七条 新建、扩建、改建建设项目和技术改造、技术引进项目（以下统称建设项目）可能产生职业病危害的，建设单位在可行性论证阶段应当进行职业病危害预评价。

医疗机构建设项目可能产生放射性职业病危害的，建设单位应当向卫生行政部门提交放射性职业病危害预评价报告。卫生行政部门应当自收到预评价报告之日起三十日内，作出审核决定并书面通知建设单位。未提交预评价报告或者预评价报告未经卫生行政部门审核同意的，不得开工建设。

职业病危害预评价报告应当对建设项目可能产生的职业病危害因素及其对工作场所和劳动者健康的影响作出评价，确定危害类别和职业病防护措施。

建设项目职业病危害分类管理办法由国务院安全生产监督管理部门制定。

第十八条 建设项目的职业病防护设施所需费用应当纳入建设项目工程预算，并与主体工程同时设计，同时施工，同时投入生产和使用。

建设项目的职业病防护设施设计应当符合国家职业卫生标准和卫生要求；其中，医疗机构放射性职业病危害严重的建设项目的防护设施设计，应当经卫生行政部门审查同意后，方可施工。

建设项目在竣工验收前，建设单位应当进行职业病危害控制效果评价。

医疗机构可能产生放射性职业病危害的建设项目竣工验收时，其放射性职业病防护设施经卫生行政部门验收合格后，方可投入使用；其他建设项目的职业病防护设施应当由建设单位负责依法组织验收，验收合格后，方可投入生产和使用。安全生产监督管理部门应当加强对建设单位组织的验收活动和验收结果的监督核查。

第十九条 国家对从事放射性、高毒、高危粉尘等作业实行特殊管理。具体管理办法由国务院制定。

第三章　劳动过程中的防护与管理

第二十条　用人单位应当采取下列职业病防治管理措施：

（一）设置或者指定职业卫生管理机构或者组织，配备专职或者兼职的职业卫生管理人员，负责本单位的职业病防治工作；

（二）制定职业病防治计划和实施方案；

（三）建立、健全职业卫生管理制度和操作规程；

（四）建立、健全职业卫生档案和劳动者健康监护档案；

（五）建立、健全工作场所职业病危害因素监测及评价制度；

（六）建立、健全职业病危害事故应急救援预案。

第二十一条　用人单位应当保障职业病防治所需的资金投入，不得挤占、挪用，并对因资金投入不足导致的后果承担责任。

第二十二条　用人单位必须采用有效的职业病防护设施，并为劳动者提供个人使用的职业病防护用品。

用人单位为劳动者个人提供的职业病防护用品必须符合防治职业病的要求；不符合要求的，不得使用。

第二十三条　用人单位应当优先采用有利于防治职业病和保护劳动者健康的新技术、新工艺、新设备、新材料，逐步替代职业病危害严重的技术、工艺、设备、材料。

第二十四条　产生职业病危害的用人单位，应当在醒目位置设置公告栏，公布有关职业病防治的规章制度、操作规程、职业病危害事故应急救援措施和工作场所职业病危害因素检测结果。

对产生严重职业病危害的作业岗位，应当在其醒目位置，设置警示标识和中文警示说明。警示说明应当载明产生职业病危害的种类、后果、预防以及应急救治措施等内容。

第二十五条　对可能发生急性职业损伤的有毒、有害工作场所，用人单位应当设置报警装置，配置现场急救用品、冲洗设备、应急撤离通道和必要的泄险区。

对放射工作场所和放射性同位素的运输、贮存，用人单位必须配置防护设备和报警装置，保证接触放射线的工作人员佩戴个人剂量计。

对职业病防护设备、应急救援设施和个人使用的职业病防护用品，用人单位应当进行经常性的维护、检修，定期检测其性能和效果，确保其处于正常状态，不得擅自拆除或者停止使用。

第二十六条　用人单位应当实施由专人负责的职业病危害因素日常监测，并确保监测系统处于正常运行状态。

用人单位应当按照国务院安全生产监督管理部门的规定，定期对工作场所进行职业病危害因素检测、评价。检测、评价结果存入用人单位职业卫生档案，定期向所在地安全生产监督管理部门报告并向劳动者公布。

职业病危害因素检测、评价由依法设立的国务院安全生产监督管理部门或者设区的市级以上地方人民政府安全生产监督管理部门按照职责分工给予资质认可的职业卫生技术服务机构进行。职业卫生技术服务机构所作检测、评价应当客观、真实。

发现工作场所职业病危害因素不符合国家职业卫生标准和卫生要求时，用人单位应当立即采取相应治理措施，仍然达不到国家职业卫生标准和卫生要求的，必须停止存在职业病危害因素的作业；职业病危害因素经治理后，符合国家职业卫生标准和卫生要求的，方可重新作业。

第二十七条　职业卫生技术服务机构依法从事职业病危害因素检测、评价工作，接受安全生产监督管理部门的监督检查。安全生产监督管理部门应当依法履行监督职责。

第二十八条 向用人单位提供可能产生职业病危害的设备的，应当提供中文说明书，并在设备的醒目位置设置警示标识和中文警示说明。警示说明应当载明设备性能、可能产生的职业病危害、安全操作和维护注意事项、职业病防护以及应急救治措施等内容。

第二十九条 向用人单位提供可能产生职业病危害的化学品、放射性同位素和含有放射性物质的材料的，应当提供中文说明书。说明书应当载明产品特性、主要成分、存在的有害因素、可能产生的危害后果、安全使用注意事项、职业病防护以及应急救治措施等内容。产品包装应当有醒目的警示标识和中文警示说明。贮存上述材料的场所应当在规定的部位设置危险物品标识或者放射性警示标识。

国内首次使用或者首次进口与职业病危害有关的化学材料，使用单位或者进口单位按照国家规定经国务院有关部门批准后，应当向国务院卫生行政部门、安全生产监督管理部门报送该化学材料的毒性鉴定以及经有关部门登记注册或者批准进口的文件等资料。

进口放射性同位素、射线装置和含有放射性物质的物品的，按照国家有关规定办理。

第三十条 任何单位和个人不得生产、经营、进口和使用国家明令禁止使用的可能产生职业病危害的设备或者材料。

第三十一条 任何单位和个人不得将产生职业病危害的作业转移给不具备职业病防护条件的单位和个人。不具备职业病防护条件的单位和个人不得接受产生职业病危害的作业。

第三十二条 用人单位对采用的技术、工艺、设备、材料，应当知悉其产生的职业病危害，对有职业病危害的技术、工艺、设备、材料隐瞒其危害而采用的，对所造成的职业病危害后果承担责任。

第三十三条 用人单位与劳动者订立劳动合同（含聘用合同，下同）时，应当将工作过程中可能产生的职业病危害及其后果、职业病防护措施和待遇等如实告知劳动者，并在劳动合同中写明，不得隐瞒或者欺骗。

劳动者在已订立劳动合同期间因工作岗位或者工作内容变更，从事与所订立劳动合同中未告知的存在职业病危害的作业时，用人单位应当依照前款规定，向劳动者履行如实告知的义务，并协商变更原劳动合同相关条款。

用人单位违反前两款规定的，劳动者有权拒绝从事存在职业病危害的作业，用人单位不得因此解除与劳动者所订立的劳动合同。

第三十四条 用人单位的主要负责人和职业卫生管理人员应当接受职业卫生培训，遵守职业病防治法律、法规，依法组织本单位的职业病防治工作。

用人单位应当对劳动者进行上岗前的职业卫生培训和在岗期间的定期职业卫生培训，普及职业卫生知识，督促劳动者遵守职业病防治法律、法规、规章和操作规程，指导劳动者正确使用职业病防护设备和个人使用的职业病防护用品。

劳动者应当学习和掌握相关的职业卫生知识，增强职业病防范意识，遵守职业病防治法律、法规、规章和操作规程，正确使用、维护职业病防护设备和个人使用的职业病防护用品，发现职业病危害事故隐患应当及时报告。

劳动者不履行前款规定义务的，用人单位应当对其进行教育。

第三十五条 对从事接触职业病危害的作业的劳动者，用人单位应当按照国务院安全生产监督管理部门、卫生行政部门的规定组织上岗前、在岗期间和离岗时的职业健康检查，并将检查结果书面告知劳动者。职业健康检查费用由用人单位承担。

用人单位不得安排未经上岗前职业健康检查的劳动者从事接触职业病危害的作业；不得安排有职业禁忌的劳动者从事其所禁忌的作业；对在职业健康检查中发现有与所从事的职业相关的健康损害的劳动者，应当调离原工作岗位，并妥善安置；对未进行离岗前职业健康检查的劳动者不得解除或者终止与其订立的劳动合同。

职业健康检查应当由取得《医疗机构执业许可证》的医疗卫生机构承担。卫生行政部门应当加强对职业健康检查工作的规范管理，具体管理办法由国务院卫生行政部门制定。

第三十六条 用人单位应当为劳动者建立职业健康监护档案，并按照规定的期限妥善保存。

职业健康监护档案应当包括劳动者的职业史、职业病危害接触史、职业健康检查结果和职业病诊疗等有关个人健康资料。

劳动者离开用人单位时，有权索取本人职业健康监护档案复印件，用人单位应当如实、无偿提供，并在所提供的复印件上签章。

第三十七条 发生或者可能发生急性职业病危害事故时，用人单位应当立即采取应急救援和控制措施，并及时报告所在地安全生产监督管理部门和有关部门。安全生产监督管理部门接到报告后，应当及时会同有关部门组织调查处理；必要时，可以采取临时控制措施。卫生行政部门应当组织做好医疗救治工作。

对遭受或者可能遭受急性职业病危害的劳动者，用人单位应当及时组织救治、进行健康检查和医学观察，所需费用由用人单位承担。

第三十八条 用人单位不得安排未成年工从事接触职业病危害的作业；不得安排孕期、哺乳期的女职工从事对本人和胎儿、婴儿有危害的作业。

第三十九条 劳动者享有下列职业卫生保护权利：

（一）获得职业卫生教育、培训；

（二）获得职业健康检查、职业病诊疗、康复等职业病防治服务；

（三）了解工作场所产生或者可能产生的职业病危害因素、危害后果和应当采取的职业病防护措施；

（四）要求用人单位提供符合防治职业病要求的职业病防护设施和个人使用的职业病防护用品，改善工作条件；

（五）对违反职业病防治法律、法规以及危及生命健康的行为提出批评、检举和控告；

（六）拒绝违章指挥和强令进行没有职业病防护措施的作业；

（七）参与用人单位职业卫生工作的民主管理，对职业病防治工作提出意见和建议。

用人单位应当保障劳动者行使前款所列权利。因劳动者依法行使正当权利而降低其工资、福利等待遇或者解除、终止与其订立的劳动合同的，其行为无效。

第四十条 工会组织应当督促并协助用人单位开展职业卫生宣传教育和培训，有权对用人单位的职业病防治工作提出意见和建议，依法代表劳动者与用人单位签订劳动安全卫生专项集体合同，与用人单位就劳动者反映的有关职业病防治的问题进行协调并督促解决。

工会组织对用人单位违反职业病防治法律、法规，侵犯劳动者合法权益的行为，有权要求纠正；产生严重职业病危害时，有权要求采取防护措施，或者向政府有关部门建议采取强制性措施；发生职业病危害事故时，有权参与事故调查处理；发现危及劳动者生命健康的情形时，有权向用人单位建议组织劳动者撤离危险现场，用人单位应当立即作出处理。

第四十一条 用人单位按照职业病防治要求，用于预防和治理职业病危害、工作场所卫生检测、健康监护和职业卫生培训等费用，按照国家有关规定，在生产成本中据实列支。

第四十二条 职业卫生监督管理部门应当按照职责分工，加强对用人单位落实职业病防护管理措施情况的监督检查，依法行使职权，承担责任。

第四章 职业病诊断与职业病病人保障

第四十三条 医疗卫生机构承担职业病诊断，应当经省、自治区、直辖市人民政府卫生行政部门批准。省、自治区、直辖市人民政府卫生行政部门应当向社会公布本行政区域内承担职业病诊断的医疗卫生机构的名单。

承担职业病诊断的医疗卫生机构应当具备下列条件：

（一）持有《医疗机构执业许可证》；

（二）具有与开展职业病诊断相适应的医疗卫生技术人员；

（三）具有与开展职业病诊断相适应的仪器、设备；

（四）具有健全的职业病诊断质量管理制度。

承担职业病诊断的医疗卫生机构不得拒绝劳动者进行职业病诊断的要求。

第四十四条 劳动者可以在用人单位所在地、本人户籍所在地或者经常居住地依法承担职业病诊断的医疗卫生机构进行职业病诊断。

第四十五条 职业病诊断标准和职业病诊断、鉴定办法由国务院卫生行政部门制定。职业病伤残等级的鉴定办法由国务院劳动保障行政部门会同国务院卫生行政部门制定。

第四十六条 职业病诊断，应当综合分析下列因素：

（一）病人的职业史；

（二）职业病危害接触史和工作场所职业病危害因素情况；

（三）临床表现以及辅助检查结果等。

没有证据否定职业病危害因素与病人临床表现之间的必然联系的，应当诊断为职业病。

职业病诊断证明书应当由参与诊断的取得职业病诊断资格的执业医师签署，并经承担职业病诊断的医疗卫生机构审核盖章。

第四十七条 用人单位应当如实提供职业病诊断、鉴定所需的劳动者职业史和职业病危害接触史、工作场所职业病危害因素检测结果等资料；安全生产监督管理部门应当监督检查和督促用人单位提供上述资料；劳动者和有关机构也应当提供与职业病诊断、鉴定有关的资料。

职业病诊断、鉴定机构需要了解工作场所职业病危害因素情况时，可以对工作场所进行现场调查，也可以向安全生产监督管理部门提出，安全生产监督管理部门应当在十日内组织现场调查。用人单位不得拒绝、阻挠。

第四十八条 职业病诊断、鉴定过程中，用人单位不提供工作场所职业病危害因素检测结果等资料的，诊断、鉴定机构应当结合劳动者的临床表现、辅助检查结果和劳动者的职业史、职业病危害接触史，并参考劳动者的自述、安全生产监督管理部门提供的日常监督检查信息等，作出职业病诊断、鉴定结论。

劳动者对用人单位提供的工作场所职业病危害因素检测结果等资料有异议，或者因劳动者的用人单位解散、破产，无用人单位提供上述资料的，诊断、鉴定机构应当提请安全生产监督管理部门进行调查，安全生产监督管理部门应当自接到申请之日起三十日内对存在异议的资料或者工作场所职业病危害因素情况作出判定；有关部门应当配合。

第四十九条 职业病诊断、鉴定过程中，在确认劳动者职业史、职业病危害接触史时，当事人对劳动关系、工种、工作岗位或者在岗时间有争议的，可以向当地的劳动人事争议仲裁委员会申请仲裁；接到申请的劳动人事争议仲裁委员会应当受理，并在三十日内作出裁决。

当事人在仲裁过程中对自己提出的主张，有责任提供证据。劳动者无法提供由用人单位掌握管理的与仲裁主张有关的证据的，仲裁庭应当要求用人单位在指定期限内提供；用人单位在指定期限内不提供的，应当承担不利后果。

劳动者对仲裁裁决不服的，可以依法向人民法院提起诉讼。

用人单位对仲裁裁决不服的，可以在职业病诊断、鉴定程序结束之日起十五日内依法向人民法院提起诉讼；诉讼期间，劳动者的治疗费用按照职业病待遇规定的途径支付。

第五十条 用人单位和医疗卫生机构发现职业病病人或者疑似职业病病人时，应当及时向所在地卫生行政部门和安全生产监督管理部门报告。确诊为职业病的，用人单位还应当向所在地劳动保障行政部门报告。接到报告的部门应当依法作出处理。

第五十一条 县级以上地方人民政府卫生行政部门负责本行政区域内的职业病统计报告的管理工作，并按照规定上报。

第五十二条 当事人对职业病诊断有异议的，可以向作出诊断的医疗卫生机构所在地地方人民政府卫生行政部门申请鉴定。

职业病诊断争议由设区的市级以上地方人民政府卫生行政部门根据当事人的申请，组织职业病诊断鉴定委员会进行鉴定。

当事人对设区的市级职业病诊断鉴定委员会的鉴定结论不服的，可以向省、自治区、直辖市人民政府卫生行政部门申请再鉴定。

第五十三条 职业病诊断鉴定委员会由相关专业的专家组成。

省、自治区、直辖市人民政府卫生行政部门应当设立相关的专家库，需要对职业病争议作出诊断鉴定时，由当事人或者当事人委托有关卫生行政部门从专家库中以随机抽取的方式确定参加诊断鉴定委员会的专家。

职业病诊断鉴定委员会应当按照国务院卫生行政部门颁布的职业病诊断标准和职业病诊断、鉴定办法进行职业病诊断鉴定，向当事人出具职业病诊断鉴定书。职业病诊断、鉴定费用由用人单位承担。

第五十四条 职业病诊断鉴定委员会组成人员应当遵守职业道德，客观、公正地进行诊断鉴定，并承担相应的责任。职业病诊断鉴定委员会组成人员不得私下接触当事人，不得收受当事人的财物或者其他好处，与当事人有利害关系的，应当回避。

人民法院受理有关案件需要进行职业病鉴定时，应当从省、自治区、直辖市人民政府卫生行政部门依法设立的相关的专家库中选取参加鉴定的专家。

第五十五条 医疗卫生机构发现疑似职业病病人时，应当告知劳动者本人并及时通知用人单位。

用人单位应当及时安排对疑似职业病病人进行诊断；在疑似职业病病人诊断或者医学观察期间，不得解除或者终止与其订立的劳动合同。

疑似职业病病人在诊断、医学观察期间的费用，由用人单位承担。

第五十六条 用人单位应当保障职业病病人依法享受国家规定的职业病待遇。

用人单位应当按照国家有关规定，安排职业病病人进行治疗、康复和定期检查。

用人单位对不适宜继续从事原工作的职业病病人，应当调离原岗位，并妥善安置。

用人单位对从事接触职业病危害的作业的劳动者，应当给予适当岗位津贴。

第五十七条 职业病病人的诊疗、康复费用，伤残以及丧失劳动能力的职业病病人的社会保障，按照国家有关工伤保险的规定执行。

第五十八条 职业病病人除依法享有工伤保险外，依照有关民事法律，尚有获得赔偿的权利的，有权向用人单位提出赔偿要求。

第五十九条 劳动者被诊断患有职业病，但用人单位没有依法参加工伤保险的，其医疗和生活保障由该用人单位承担。

第六十条 职业病病人变动工作单位，其依法享有的待遇不变。

用人单位在发生分立、合并、解散、破产等情形时，应当对从事接触职业病危害的作业的劳动者进行健康检查，并按照国家有关规定妥善安置职业病病人。

第六十一条 用人单位已经不存在或者无法确认劳动关系的职业病病人，可以向地方人民政府民政部门申请医疗救助和生活等方面的救助。

地方各级人民政府应当根据本地区的实际情况，采取其他措施，使前款规定的职业病病人获得医疗救治。

第五章　监督检查

第六十二条　县级以上人民政府职业卫生监督管理部门依照职业病防治法律、法规、国家职业卫生标准和卫生要求，依据职责划分，对职业病防治工作进行监督检查。

第六十三条　安全生产监督管理部门履行监督检查职责时，有权采取下列措施：

（一）进入被检查单位和职业病危害现场，了解情况，调查取证；

（二）查阅或者复制与违反职业病防治法律、法规的行为有关的资料和采集样品；

（三）责令违反职业病防治法律、法规的单位和个人停止违法行为。

第六十四条　发生职业病危害事故或者有证据证明危害状态可能导致职业病危害事故发生时，安全生产监督管理部门可以采取下列临时控制措施：

（一）责令暂停导致职业病危害事故的作业；

（二）封存造成职业病危害事故或者可能导致职业病危害事故发生的材料和设备；

（三）组织控制职业病危害事故现场。

在职业病危害事故或者危害状态得到有效控制后，安全生产监督管理部门应当及时解除控制措施。

第六十五条　职业卫生监督执法人员依法执行职务时，应当出示监督执法证件。

职业卫生监督执法人员应当忠于职守，秉公执法，严格遵守执法规范；涉及用人单位的秘密的，应当为其保密。

第六十六条　职业卫生监督执法人员依法执行职务时，被检查单位应当接受检查并予以支持配合，不得拒绝和阻碍。

第六十七条　卫生行政部门、安全生产监督管理部门及其职业卫生监督执法人员履行职责时，不得有下列行为：

（一）对不符合法定条件的，发给建设项目有关证明文件、资质证明文件或者予以批准；

（二）对已经取得有关证明文件的，不履行监督检查职责；

（三）发现用人单位存在职业病危害的，可能造成职业病危害事故，不及时依法采取控制措施；

（四）其他违反本法的行为。

第六十八条　职业卫生监督执法人员应当依法经过资格认定。

职业卫生监督管理部门应当加强队伍建设，提高职业卫生监督执法人员的政治、业务素质，依照本法和其他有关法律、法规的规定，建立、健全内部监督制度，对其工作人员执行法律、法规和遵守纪律的情况，进行监督检查。

第六章　法律责任

第六十九条　建设单位违反本法规定，有下列行为之一的，由安全生产监督管理部门和卫生行政部门依据职责分工给予警告，责令限期改正；逾期不改正的，处十万元以上五十万元以下的罚款；情节严重的，责令停止产生职业病危害的作业，或者提请有关人民政府按照国务院规定的权限责令停建、关闭：

（一）未按照规定进行职业病危害预评价的；

（二）医疗机构可能产生放射性职业病危害的建设项目未按照规定提交放射性职业病危害预评价报告，或者放射性职业病危害预评价报告未经卫生行政部门审核同意，开工建设的；

（三）建设项目的职业病防护设施未按照规定与主体工程同时设计、同时施工、同时投入生产和使用的；

（四）建设项目的职业病防护设施设计不符合国家职业卫生标准和卫生要求，或者医疗机构放射性职业病危害严重的建设项目的防护设施设计未经卫生行政部门审查同意擅自施工的；

（五）未按照规定对职业病防护设施进行职业病危害控制效果评价的；

（六）建设项目竣工投入生产和使用前，职业病防护设施未按照规定验收合格的。

第七十条 违反本法规定，有下列行为之一的，由安全生产监督管理部门给予警告，责令限期改正；逾期不改正的，处十万元以下的罚款：

（一）工作场所职业病危害因素检测、评价结果没有存档、上报、公布的；

（二）未采取本法第二十条规定的职业病防治管理措施的；

（三）未按照规定公布有关职业病防治的规章制度、操作规程、职业病危害事故应急救援措施的；

（四）未按照规定组织劳动者进行职业卫生培训，或者未对劳动者个人职业病防护采取指导、督促措施的；

（五）国内首次使用或者首次进口与职业病危害有关的化学材料，未按照规定报送毒性鉴定资料以及经有关部门登记注册或者批准进口的文件的。

第七十一条 用人单位违反本法规定，有下列行为之一的，由安全生产监督管理部门责令限期改正，给予警告，可以并处五万元以上十万元以下的罚款：

（一）未按照规定及时、如实向安全生产监督管理部门申报产生职业病危害的项目的；

（二）未实施由专人负责的职业病危害因素日常监测，或者监测系统不能正常监测的；

（三）订立或者变更劳动合同时，未告知劳动者职业病危害真实情况的；

（四）未按照规定组织职业健康检查、建立职业健康监护档案或者未将检查结果书面告知劳动者的；

（五）未依照本法规定在劳动者离开用人单位时提供职业健康监护档案复印件的。

第七十二条 用人单位违反本法规定，有下列行为之一的，由安全生产监督管理部门给予警告，责令限期改正，逾期不改正的，处五万元以上二十万元以下的罚款；情节严重的，责令停止产生职业病危害的作业，或者提请有关人民政府按照国务院规定的权限责令关闭：

（一）工作场所职业病危害因素的强度或者浓度超过国家职业卫生标准的；

（二）未提供职业病防护设施和个人使用的职业病防护用品，或者提供的职业病防护设施和个人使用的职业病防护用品不符合国家职业卫生标准和卫生要求的；

（三）对职业病防护设备、应急救援设施和个人使用的职业病防护用品未按照规定进行维护、检修、检测，或者不能保持正常运行、使用状态的；

（四）未按照规定对工作场所职业病危害因素进行检测、评价的；

（五）工作场所职业病危害因素经治理仍然达不到国家职业卫生标准和卫生要求时，未停止存在职业病危害因素的作业的；

（六）未按照规定安排职业病病人、疑似职业病病人进行诊治的；

（七）发生或者可能发生急性职业病危害事故时，未立即采取应急救援和控制措施或者未按照规定及时报告的；

（八）未按照规定在产生严重职业病危害的作业岗位醒目位置设置警示标识和中文警示说明的；

（九）拒绝职业卫生监督管理部门监督检查的；

（十）隐瞒、伪造、篡改、毁损职业健康监护档案、工作场所职业病危害因素检测评价结果等相关资料，或者拒不提供职业病诊断、鉴定所需资料的；

（十一）未按照规定承担职业病诊断、鉴定费用和职业病病人的医疗、生活保障费用的。

第七十三条 向用人单位提供可能产生职业病危害的设备、材料，未按照规定提供中文说明书或者设置警示标识和中文警示说明的，由安全生产监督管理部门责令限期改正，给予警告，并处五万元以上二十万元以下的罚款。

第七十四条 用人单位和医疗卫生机构未按照规定报告职业病、疑似职业病的，由有关主管部门依据职责分工责令限期改正，给予警告，可以并处一万元以下的罚款；弄虚作假的，并处二万元以上五万元以下的罚款；对直接负责的主管人员和其他直接责任人员，可以依法给予降级或者撤职的处分。

第七十五条 违反本法规定，有下列情形之一的，由安全生产监督管理部门责令限期治理，并处五万元以上三十万元以下的罚款；情节严重的，责令停止产生职业病危害的作业，或者提请有关人民政府按照国务院规定的权限责令关闭：

（一）隐瞒技术、工艺、设备、材料所产生的职业病危害而采用的；

（二）隐瞒本单位职业卫生真实情况的；

（三）可能发生急性职业损伤的有毒、有害工作场所、放射工作场所或者放射性同位素的运输、贮存不符合本法第二十六规定的；

（四）使用国家明令禁止使用的可能产生职业病危害的设备或者材料的；

（五）将产生职业病危害的作业转移给没有职业病防护条件的单位和个人，或者没有职业病防护条件的单位和个人接受产生职业病危害的作业的；

（六）擅自拆除、停止使用职业病防护设备或者应急救援设施的；

（七）安排未经职业健康检查的劳动者、有职业禁忌的劳动者、未成年工或者孕期、哺乳期女职工从事接触职业病危害的作业或者禁忌作业的；

（八）违章指挥和强令劳动者进行没有职业病防护措施的作业的。

第七十六条 生产、经营或者进口国家明令禁止使用的可能产生职业病危害的设备或者材料的，依照有关法律、行政法规的规定给予处罚。

第七十七条 用人单位违反本法规定，已经对劳动者生命健康造成严重损害的，由安全生产监督管理部门责令停止产生职业病危害的作业，或者提请有关人民政府按照国务院规定的权限责令关闭，并处十万元以上五十万元以下的罚款。

第七十八条 用人单位违反本法规定，造成重大职业病危害事故或者其他严重后果，构成犯罪的，对直接负责的主管人员和其他直接责任人员，依法追究刑事责任。

第七十九条 未取得职业卫生技术服务资质认可擅自从事职业卫生技术服务的，或者医疗卫生机构未经批准擅自从事职业病诊断的，由安全生产监督管理部门和卫生行政部门依据职责分工责令立即停止违法行为，没收违法所得；违法所得五千元以上的，并处违法所得二倍以上十倍以下的罚款；没有违法所得或者违法所得不足五千元的，并处五千元以上五万元以下的罚款；情节严重的，对直接负责的主管人员和其他直接责任人员，依法给予降级、撤职或者开除的处分。

第八十条 从事职业卫生技术服务的机构和承担职业病诊断的医疗卫生机构违反本法规定，有下列行为之一的，由安全生产监督管理部门和卫生行政部门依据职责分工责令立即停止违法行为，给予警告，没收违法所得；违法所得五千元以上的，并处违法所得二倍以上五倍以下的罚款；没有违法所得或者违法所得不足五千元的，并处五千元以上二万元以下的罚款；情节严重的，由原认可或者批准机关取消其相应的资格；对直接负责的主管人员和其他直接责任人员，依法给予降级、撤职或者开除的处分；构成犯罪的，依法追究刑事责任：

（一）超出资质认可或者批准范围从事职业卫生技术服务或者职业病诊断的；

（二）不按照本法规定履行法定职责的；

（三）出具虚假证明文件的。

第八十一条 职业病诊断鉴定委员会组成人员收受职业病诊断争议当事人的财物或者其他好处的，给予警告，没收收受的财物，可以并处三千元以上五万元以下的罚款，取消其担任职业病诊断鉴定委员会组成人员的资格，并从省、自治区、直辖市人民政府卫生行政部门设立的专家库中予以除名。

第八十二条 卫生行政部门、安全生产监督管理部门不按照规定报告职业病和职业病危害事故的，由上一级行政部门责令改正，通报批评，给予警告；虚报、瞒报的，对单位负责人、直接负责的主管人员和其他直接责任人员依法给予降级、撤职或者开除的处分。

第八十三条 县级以上地方人民政府在职业病防治工作中未依照本法履行职责，本行政区域出现重大职业病危害事故、造成严重社会影响的，依法对直接负责的主管人员和其他直接责任人员给予记大过直至开除的处分。

县级以上人民政府职业卫生监督管理部门不履行本法规定的职责，滥用职权、玩忽职守、徇私舞弊，依法对直接负责的主管人员和其他直接责任人员给予记大过或者降级的处分；造成职业病危害事故或者其他严重后果的，依法给予撤职或者开除的处分。

第八十四条 违反本法规定，构成犯罪的，依法追究刑事责任。

第七章 附则

第八十五条 本法下列用语的含义：

职业病危害，是指对从事职业活动的劳动者可能导致职业病的各种危害。职业病危害因素包括：职业活动中存在的各种有害的化学、物理、生物因素以及在作业过程中产生的其他职业有害因素。

职业禁忌，是指劳动者从事特定职业或者接触特定职业病危害因素时，比一般职业人群更易于遭受职业病危害和罹患职业病或者可能导致原有自身疾病病情加重，或者在从事作业过程中诱发可能导致对他人生命健康构成危险的疾病的个人特殊生理或者病理状态。

第八十六条 本法第二条规定的用人单位以外的单位，产生职业病危害的，其职业病防治活动可以参照本法执行。

劳务派遣用工单位应当履行本法规定的用人单位的义务。

中国人民解放军参照执行本法的办法，由国务院、中央军事委员会制定。

第八十七条 对医疗机构放射性职业病危害控制的监督管理，由卫生行政部门依照本法的规定实施。

第八十八条 本法自 2017 年 11 月 5 日起施行。

附录九 特种设备安全监察条例

（中华人民共和国国务院令第 373 号）

第一章 总则

第一条 为了加强特种设备的安全监察，防止和减少事故，保障人民群众生命和财产安全，促进经济发展，制定本条例。

第二条 本条例所称特种设备是指涉及生命安全、危险性较大的锅炉、压力容器（含气瓶，下同)、压力管道、电梯、起重机械、客运索道、大型游乐设施和场（厂）内专用机动车辆。

前款特种设备的目录由国务院负责特种设备安全监督管理的部门（以下简称国务院特种设备安全监督管理部门）制定，报国务院批准后执行。

第三条 特种设备的生产（含设计、制造、安装、改造、维修，下同)、使用、检验检测及其监督检查，应当遵守本条例，但本条例另有规定的除外。

军事装备、核设施、航空航天器、铁路机车、海上设施和船舶以及矿山井下使用的特种设备、民用机场专用设备的安全监察不适用本条例。

房屋建筑工地和市政工程工地用起重机械、场（厂）内专用机动车辆的安装、使用的监督管理，由建设行政主管部门依照有关法律、法规的规定执行。

第四条 国务院特种设备安全监督管理部门负责全国特种设备的安全监察工作，县以上地方负责特种设备安全监督管理的部门对本行政区域内特种设备实施安全监察（以下统称特种设备安全监督管理部门)。

第五条 特种设备生产、使用单位应当建立健全特种设备安全、节能管理制度和岗位安全、节能责任制度。

特种设备生产、使用单位的主要负责人应当对本单位特种设备的安全和节能全面负责。

特种设备生产、使用单位和特种设备检验检测机构，应当接受特种设备安全监督管理部门依法进行的特种设备安全监察。

第六条 特种设备检验检测机构，应当依照本条例规定，进行检验检测工作，对其检验检测结果、鉴定结论承担法律责任。

第七条 县级以上地方人民政府应当督促、支持特种设备安全监督管理部门依法履行安全监察职责，对特种设备安全监察中存在的重大问题及时予以协调、解决。

第八条 国家鼓励推行科学的管理方法，采用先进技术，提高特种设备安全性能和管理水平，增强特种设备生产、使用单位防范事故的能力，对取得显著成绩的单位和个人，给予奖励。

国家鼓励特种设备节能技术的研究、开发、示范和推广，促进特种设备节能技术创新和应用。

特种设备生产、使用单位和特种设备检验检测机构，应当保证必要的安全和节能投入。

国家鼓励实行特种设备责任保险制度，提高事故赔付能力。

第九条 任何单位和个人对违反本条例规定的行为，有权向特种设备安全监督管理部门和行政监察等有关部门举报。

特种设备安全监督管理部门应当建立特种设备安全监察举报制度，公布举报电话、信箱或者电子邮件地址，受理对特种设备生产、使用和检验检测违法行为的举报，并及时予以处理。

特种设备安全监督管理部门和行政监察等有关部门应当为举报人保密，并按照国家有关规定给予奖励。

第二章 特种设备的生产

第十条 特种设备生产单位，应当依照本条例规定以及国务院特种设备安全

监督管理部门制订并公布的安全技术规范（以下简称安全技术规范）的要求，进行生产活动。

特种设备生产单位对其生产的特种设备的安全性能和能效指标负责，不得生产不符合安全性能要求和能效指标的特种设备，不得生产国家产业政策明令淘汰的特种设备。

第十一条 压力容器的设计单位应当经国务院特种设备安全监督管理部门许可，方可从事压力容器的设计活动。

压力容器的设计单位应当具备下列条件：

（一）有与压力容器设计相适应的设计人员、设计审核人员；

（二）有与压力容器设计相适应的场所和设备；

（三）有与压力容器设计相适应的健全的管理制度和责任制度。

第十二条 锅炉、压力容器中的气瓶（以下简称气瓶）、氧舱和客运索道、大型游乐设施以及高耗能特种设备的设计文件，应当经国务院特种设备安全监督管理部门核准的检验检测机构鉴定，方可用于制造。

第十三条 按照安全技术规范的要求，应当进行型式试验的特种设备产品、部件或者试制特种设备新产品、新部件、新材料，必须进行型式试验和能效测试。

第十四条 锅炉、压力容器、电梯、起重机械、客运索道、大型游乐设施及其安全附件、安全保护装置的制造、安装、改造单位，以及压力管道用管子、管件、阀门、法兰、补偿器、安全保护装置等（以下简称压力管道元件）的制造单位和场（厂）内专用机动车辆的制造、改造单位，应当经国务院特种设备安全监督管理部门许可，方可从事相应的活动。

前款特种设备的制造、安装、改造单位应当具备下列条件：

（一）有与特种设备制造、安装、改造相适应的专业技术人员和技术工人；

（二）有与特种设备制造、安装、改造相适应的生产条件和检测手段；

（三）有健全的质量管理制度和责任制度。

第十五条 特种设备出厂时，应当附有安全技术规范要求的设计文件、产品质量合格证明、安装及使用维修说明、监督检验证明等文件。

第十六条 锅炉、压力容器、电梯、起重机械、客运索道、大型游乐设施、场（厂）内专用机动车辆的维修单位，应当有与特种设备维修相适应的专业技术人员和技术工人以及必要的检测手段，并经省、自治区、直辖市特种设备安全监督管理部门许可，方可从事相应的维修活动。

第十七条 锅炉、压力容器、起重机械、客运索道、大型游乐设施的安装、改造、维修以及场（厂）内专用机动车辆的改造、维修，必须由依照本条例取得许可的单位进行。

电梯的安装、改造、维修，必须由电梯制造单位或者其通过合同委托、同意的依照本条例取得许可的单位进行。电梯制造单位对电梯质量以及安全运行涉及的质量问题负责。

特种设备安装、改造、维修的施工单位应当在施工前将拟进行的特种设备安装、改造、维修情况书面告知直辖市或者设区的市的特种设备安全监督管理部门，告知后即可施工。

第十八条 电梯井道的土建工程必须符合建筑工程质量要求。电梯安装施工过程中，电梯安装单位应当遵守施工现场的安全生产要求，落实现场安全防护措施。电梯安装施工过程中，施工现场的安全生产监督，由有关部门依照有关法律、行政法规的规定执行。

电梯安装施工过程中，电梯安装单位应当服从建筑施工总承包单位对施工现场的安全生产管理，并订立合同，明确各自的安全责任。

第十九条 电梯的制造、安装、改造和维修活动，必须严格遵守安全技术规范的要求。电梯制造单位委托或者同意其他单位进行电梯安装、改造、维修活动的，应当对其安装、改造、维修活动进行安全指导和监控。电梯的安装、改造、维修活动结束后，电梯制造单位应当按照安全技术规范的要求对电梯进行校验和调试，并对校验和调试的结果负责。

第二十条 锅炉、压力容器、电梯、起重机械、客运索道、大型游乐设施的安装、改造、维修以及场（厂）内专用机动车辆的改造、维修竣工后，安装、改造、维修的施工单位应当在验收后30日内将有关技术资料移交使用单位，高耗能特种设备还应当按照安全技术规范的要求提交能效测试报告。使用单位应当将其存入该特种设备的安全技术档案。

第二十一条 锅炉、压力容器、压力管道元件、起重机械、大型游乐设施的制造过程和锅炉、压力容器、电梯、起重机械、客运索道、大型游乐设施的安装、改造、重大维修过程，必须经国务院特种设备安全监督管理部门核准的检验检测机构按照安全技术规范的要求进行监督检验；未经监督检验合格的不得出厂或者交付使用。

第二十二条 移动式压力容器、气瓶充装单位应当经省、自治区、直辖市的特种设备安全监督管理部门许可，方可从事充装活动。

充装单位应当具备下列条件：

（一）有与充装和管理相适应的管理人员和技术人员；

（二）有与充装和管理相适应的充装设备、检测手段、场地厂房、器具、安全设施；

（三）有健全的充装管理制度、责任制度、紧急处理措施。

气瓶充装单位应当向气体使用者提供符合安全技术规范要求的气瓶，对使用者进行气瓶安全使用指导，并按照安全技术规范的要求办理气瓶使用登记，提出气瓶的定期检验要求。

第三章 特种设备的使用

第二十三条 特种设备使用单位，应当严格执行本条例和有关安全生产的法律、行政法规的规定，保证特种设备的安全使用。

第二十四条 特种设备使用单位应当使用符合安全技术规范要求的特种设备。特种设备投入使用前，使用单位应当核对其是否附有本条例第十五条规定的相关文件。

第二十五条 特种设备在投入使用前或者投入使用后 30 日内，特种设备使用单位应当向直辖市或者设区的市的特种设备安全监督管理部门登记。登记标志应当置于或者附着于该特种设备的显著位置。

第二十六条 特种设备使用单位应当建立特种设备安全技术档案。安全技术档案应当包括以下内容：

（一）特种设备的设计文件、制造单位、产品质量合格证明、使用维护说明等文件以及安装技术文件和资料；

（二）特种设备的定期检验和定期自行检查的记录；

（三）特种设备的日常使用状况记录；

（四）特种设备及其安全附件、安全保护装置、测量调控装置及有关附属仪器仪表的日常维护保养记录；

（五）特种设备运行故障和事故记录；

（六）高耗能特种设备的能效测试报告、能耗状况记录以及节能改造技术资料。

第二十七条 特种设备使用单位应当对在用特种设备进行经常性日常维护保养，并定期自行检查。

特种设备使用单位对在用特种设备应当至少每个月进行一次自行检查，并作出记录。特种设备使用单位在对在用特种设备进行自行检查和日常维护保养时发现异常情况的，应当及时处理。

特种设备使用单位应当对在用特种设备的安全附件、安全保护装置、测量调控装置及有关附属仪器仪表进行定期校验、检修，并作出记录。

锅炉使用单位应当按照安全技术规范的要求进行锅炉水（介）质处理，并接受特种设备检验检测机构实施的水（介）质处理定期检验。

从事锅炉清洗的单位，应当按照安全技术规范的要求进行锅炉清洗，并接受特种设备检验检测机构实施的锅炉清洗过程监督检验。

第二十八条 特种设备使用单位应当按照安全技术规范的定期检验要求，在安全检验合格有效期届满前 1 个月向特种设备检验检测机构提出定期检验要求。

检验检测机构接到定期检验要求后，应当按照安全技术规范的要求及时进行安全性能检验和能效测试。

未经定期检验或者检验不合格的特种设备，不得继续使用。

第二十九条 特种设备出现故障或者发生异常情况，使用单位应当对其进行全面检查，消除事故隐患后，方可重新投入使用。

特种设备不符合能效指标的，特种设备使用单位应当采取相应措施进行整改。

第三十条 特种设备存在严重事故隐患，无改造、维修价值，或者超过安全技术规范规定使用年限，特种设备使用单位应当及时予以报废，并应当向原登记的特种设备安全监督管理部门办理注销。

第三十一条 电梯的日常维护保养必须由依照本条例取得许可的安装、改造、维修单位或者电梯制造单位进行。

电梯应当至少每 15 日进行一次清洁、润滑、调整和检查。

第三十二条 电梯的日常维护保养单位应当在维护保养中严格执行国家安全技术规范的要求，保证其维护保养的电梯的安全技术性能，并负责落实现场安全防护措施，保证施工安全。

电梯的日常维护保养单位，应当对其维护保养的电梯的安全性能负责。接到故障通知后，应当立即赶赴现场，并采取必要的应急救援措施。

第三十三条 电梯、客运索道、大型游乐设施等为公众提供服务的特种设备运营使用单位，应当设置特种设备安全管理机构或者配备专职的安全管理人员；其他特种设备使用单位，应当根据情况设置特种设备安全管理机构或者配备专职、兼职的安全管理人员。

特种设备的安全管理人员应当对特种设备使用状况进行经常性检查，发现问题的应当立即处理；情况紧急时，可以决定停止使用特种设备并及时报告本单位有关负责人。

第三十四条 客运索道、大型游乐设施的运营使用单位在客运索道、大型游乐设施每日投入使用前，应当进行试运行和例行安全检查，并对安全装置进行检查确认。

电梯、客运索道、大型游乐设施的运营使用单位应当将电梯、客运索道、大型游乐设施的安全注意事项和警示标志置于易于为乘客注意的显著位置。

第三十五条 客运索道、大型游乐设施的运营使用单位的主要负责人应当熟悉客运索道、大型游乐设施的相关安全知识，并全面负责客运索道、大型游乐设施的安全使用。

客运索道、大型游乐设施的运营使用单位的主要负责人至少应当每个月召开一次会议，督促、检查客运索道、大型游乐设施的安全使用工作。

客运索道、大型游乐设施的运营使用单位，应当结合本单位的实际情况，配备相应数量的营救装备和急救物品。

第三十六条 电梯、客运索道、大型游乐设施的乘客应当遵守使用安全注意事项的要求，服从有关工作人员的指挥。

第三十七条 电梯投入使用后，电梯制造单位应当对其制造的电梯的安全运行情况进行跟踪调查和了解，对电梯的日常维护保养单位或者电梯的使用单位在安全运行方面存在的问题，提出改进建议，并提供必要的技术帮助。发现电梯存在严重事故隐患的，应当及时向特种设备安全监督管理部门报告。电梯制造单位对调查和了解的情况，应当作出记录。

第三十八条 锅炉、压力容器、电梯、起重机械、客运索道、大型游乐设施、场（厂）内专用机动车辆的作业人员及其相关管理人员（以下统称特种设备作业人员），应当按照国家有关规定经特种设备安全监督管理部门考核合格，取得国家统一格式的特种作业人员证书，方可从事相应的作业或者管理工作。

第三十九条 特种设备使用单位应当对特种设备作业人员进行特种设备安全、节能教育和培训，保证特种设备作业人员具备必要的特种设备安全、节能知识。

特种设备作业人员在作业中应当严格执行特种设备的操作规程和有关的安全规章制度。

第四十条 特种设备作业人员在作业过程中发现事故隐患或者其他不安全因素，应当立即向现场安全管理人员和单位有关负责人报告。

第四章 检验检测

第四十一条 从事本条例规定的监督检验、定期检验、型式试验以及专门为特种设备生产、使用、检验检测提供无损检测服务的特种设备检验检测机构，应当经国务院特种设备安全监督管理部门核准。

特种设备使用单位设立的特种设备检验检测机构，经国务院特种设备安全监督管理部门核准，负责本单位核准范围内的特种设备定期检验工作。

第四十二条 特种设备检验检测机构，应当具备下列条件：

（一）有与所从事的检验检测工作相适应的检验检测人员；

（二）有与所从事的检验检测工作相适应的检验检测仪器和设备；

（三）有健全的检验检测管理制度、检验检测责任制度。

第四十三条 特种设备的监督检验、定期检验、型式试验和无损检测应当由依照本条例经核准的特种设备检验检测机构进行。

特种设备检验检测工作应当符合安全技术规范的要求。

第四十四条 从事本条例规定的监督检验、定期检验、型式试验和无损检测的特种设备检验检测人员应当经国务院特种设备安全监督管理部门组织考核合格，取得检验检测人员证书，方可从事检验检测工作。

检验检测人员从事检验检测工作，必须在特种设备检验检测机构执业，但不得同时在两个以上检验检测机构中执业。

第四十五条 特种设备检验检测机构和检验检测人员进行特种设备检验检测，应当遵循诚信原则和方便企业的原则，为特种设备生产、使用单位提供可靠、便捷的检验检测服务。

特种设备检验检测机构和检验检测人员对涉及的被检验检测单位的商业秘密，负有保密义务。

第四十六条 特种设备检验检测机构和检验检测人员应当客观、公正、及时地出具检验检测结果、鉴定结论。检验检测结果、鉴定结论经检验检测人员签字后，由检验检测机构负责人签署。

特种设备检验检测机构和检验检测人员对检验检测结果、鉴定结论负责。

国务院特种设备安全监督管理部门应当组织对特种设备检验检测机构的检验检测结果、鉴定结论进行监督抽查。县以上地方负责特种设备安全监督管理的部门在本行政区域内也可以组织监督抽查，但是要防止重复抽查。监督抽查结果应当向社会公布。

第四十七条 特种设备检验检测机构和检验检测人员不得从事特种设备的生产、销售，不得以其名义推荐或者监制、监销特种设备。

第四十八条 特种设备检验检测机构进行特种设备检验检测，发现严重事故隐患或者能耗严重超标的，应当及时告知特种设备使用单位，并立即向特种设备安全监督管理部门报告。

第四十九条 特种设备检验检测机构和检验检测人员利用检验检测工作故意刁难特种设备生产、使用单位，特种设备生产、使用单位有权向特种设备安全监督管理部门投诉，接到投诉的特种设备安全监督管理部门应当及时进行调查处理。

第五章 监督检查

第五十条 特种设备安全监督管理部门依照本条例规定，对特种设备生产、使用单位和检验检测机构实施安全监察。

对学校、幼儿园以及车站、客运码头、商场、体育场馆、展览馆、公园等公众聚集场所的特种设备，特种设备安全监督管理部门应当实施重点安全监察。

第五十一条 特种设备安全监督管理部门根据举报或者取得的涉嫌违法证据，对涉嫌违反本条例规定的行为进行查处时，可以行使下列职权：

（一）向特种设备生产、使用单位和检验检测机构的法定代表人、主要负责人和其他有关人员调查、了解与涉嫌从事违反本条例的生产、使用、检验检测有关的情况；

（二）查阅、复制特种设备生产、使用单位和检验检测机构的有关合同、发票、账簿以及其他有关资料；

（三）对有证据表明不符合安全技术规范要求的或者有其他严重事故隐患、能耗严重超标的特种设备，予以查封或者扣押。

第五十二条 依照本条例规定实施许可、核准、登记的特种设备安全监督管理部门，应当严格依照本条例规定条件和安全技术规范要求对有关事项进行审查；不符合本条例规定条件和安全技术规范要求的，不得许可、核准、登记；在申请办理许可、核准期间，特种设备安全监督管理部门发现申请人未经许可从事特种设备相应活动或者伪造许可、核准证书的，不予受理或者不予许可、核准，并在 1 年内不再受理其新的许可、核准申请。

未依法取得许可、核准、登记的单位擅自从事特种设备的生产、使用或者检验检测活动的，特种设备安全监督管理部门应当依法予以处理。

违反本条例规定，被依法撤销许可的，自撤销许可之日起 3 年内，特种设备安全监督管理部门不予受理其新的许可申请。

第五十三条 特种设备安全监督管理部门在办理本条例规定的有关行政审批事项时，其受理、审查、许可、核准的程序必须公开，并应当自受理申请之日起 30 日内，作出许可、核准或者不予许可、核准的决定；不予许可、核准的，应当书面向申请人说明理由。

第五十四条 地方各级特种设备安全监督管理部门不得以任何形式进行地方保护和地区封锁，不得对已经依照本条例规定在其他地方取得许可的特种设备生产单位重复进行许可，也不得要求对依照本条例规定在其他地方检验检测合格的特种设备，重复进行检验检测。

第五十五条 特种设备安全监督管理部门的安全监察人员（以下简称特种设备安全监察人员）应当熟悉相关法律、法规、规章和安全技术规范，具有相应的专业知识和工作经验，并经国务院特种设备安全监督管理部门考核，取得特种设备安全监察人员证书。

特种设备安全监察人员应当忠于职守、坚持原则、秉公执法。

第五十六条 特种设备安全监督管理部门对特种设备生产、使用单位和检验检测机构实施安全监察时，应当有两名以上特种设备安全监察人员参加，并出示有效的特种设备安全监察人员证件。

第五十七条 特种设备安全监督管理部门对特种设备生产、使用单位和检验检测机构实施安全监察，应当对每次安全监察的内容、发现的问题及处理情况，作出记录，并由参加安全监察的特种设备安全监察人员和被检查单位的有关负责人签字后归档。被检查单位的有关负责人拒绝签字的，特种设备安全监察人员应当将情况记录在案。

第五十八条 特种设备安全监督管理部门对特种设备生产、使用单位和检验检测机构进行安全监察时，发现有违反本条例规定和安全技术规范要求的行为或者在用的特种设备存在事故隐患、不符合能效指标的，应当以书面形式发出特种设备安全监察指令，责令有关单位及时采取措施，予以改正或者消除事故隐患。紧急情况下需要采取紧急处置措施的，应当随后补发书面通知。

第五十九条 特种设备安全监督管理部门对特种设备生产、使用单位和检验检测机构进行安全监察，发现重大违法行为或者严重事故隐患时，应当在采取必要措施的同时，及时向上级特种设备安全监督管理部门报告。接到报告的特种设备安全监督管理部门应当采取必要措施，及时予以处理。

对违法行为、严重事故隐患或者不符合能效指标的处理需要当地人民政府和有关部门的支持、配合时，特种设备安全监督管理部门应当报告当地人民政府，并通知其他有关部门。当地人民政府和其他有关部门应当采取必要措施，及时予以处理。

第六十条 国务院特种设备安全监督管理部门和省、自治区、直辖市特种设备安全监督管理部门应当定期向社会公布特种设备安全以及能效状况。

公布特种设备安全以及能效状况，应当包括下列内容：

（一）特种设备质量安全状况；

（二）特种设备事故的情况、特点、原因分析、防范对策；

（三）特种设备能效状况；

（四）其他需要公布的情况。

第六章 预防和调查处理

第六十一条 有下列情形之一的，为特别重大事故：

（一）特种设备事故造成30人以上死亡，或者100人以上重伤（包括急性工业中毒，下同），或者1亿元以上直接经济损失的；

（二）600兆瓦以上锅炉爆炸的；

（三）压力容器、压力管道有毒介质泄漏，造成15万人以上转移的；

（四）客运索道、大型游乐设施高空滞留100人以上并且时间在48小时以上的。

第六十二条 有下列情形之一的，为重大事故：

（一）特种设备事故造成10人以上30人以下死亡，或者50人以上100人以下重伤，或者5000万元以上1亿元以下直接经济损失的；

（二）600兆瓦以上锅炉因安全故障中断运行240小时以上的；

（三）压力容器、压力管道有毒介质泄漏，造成5万人以上15万人以下转移的；

（四）客运索道、大型游乐设施高空滞留100人以上并且时间在24小时以上48小时以下的。

第六十三条 有下列情形之一的，为较大事故：

（一）特种设备事故造成3人以上10人以下死亡，或者10人以上50人以下重伤，或者1000万元以上5000万元以下直接经济损失的；

（二）锅炉、压力容器、压力管道爆炸的；

（三）压力容器、压力管道有毒介质泄漏，造成1万人以上5万人以下转移的；

（四）起重机械整体倾覆的；

（五）客运索道、大型游乐设施高空滞留人员12小时以上的。

第六十四条 有下列情形之一的，为一般事故：

（一）特种设备事故造成3人以下死亡，或者10人以下重伤，或者1万元以上1000万元以下直接经济损失的；

（二）压力容器、压力管道有毒介质泄漏，造成500人以上1万人以下转移的；

（三）电梯轿厢滞留人员 2 小时以上的；

（四）起重机械主要受力结构件折断或者起升机构坠落的；

（五）客运索道高空滞留人员 3.5 小时以上 12 小时以下的；

（六）大型游乐设施高空滞留人员 1 小时以上 12 小时以下的。

除前款规定外，国务院特种设备安全监督管理部门可以对一般事故的其他情形做出补充规定。

第六十五条 特种设备安全监督管理部门应当制定特种设备应急预案。特种设备使用单位应当制定事故应急专项预案，并定期进行事故应急演练。

压力容器、压力管道发生爆炸或者泄漏，在抢险救援时应当区分介质特性，严格按照相关预案规定程序处理，防止二次爆炸。

第六十六条 特种设备事故发生后，事故发生单位应当立即启动事故应急预案，组织抢救，防止事故扩大，减少人员伤亡和财产损失，并及时向事故发生地县以上特种设备安全监督管理部门和有关部门报告。

县以上特种设备安全监督管理部门接到事故报告，应当尽快核实有关情况，立即向所在地人民政府报告，并逐级上报事故情况。必要时，特种设备安全监督管理部门可以越级上报事故情况。对特别重大事故、重大事故，国务院特种设备安全监督管理部门应当立即报告国务院并通报国务院安全生产监督管理部门等有关部门。

第六十七条 特别重大事故由国务院或者国务院授权有关部门组织事故调查组进行调查。

重大事故由国务院特种设备安全监督管理部门会同有关部门组织事故调查组进行调查。

较大事故由省、自治区、直辖市特种设备安全监督管理部门会同有关部门组织事故调查组进行调查。

一般事故由设区的市的特种设备安全监督管理部门会同有关部门组织事故调查组进行调查。

第六十八条 事故调查报告应当由负责组织事故调查的特种设备安全监督管理部门的所在地人民政府批复，并报上一级特种设备安全监督管理部门备案。

有关机关应当按照批复，依照法律、行政法规规定的权限和程序，对事故责任单位和有关人员进行行政处罚，对负有事故责任的国家工作人员进行处分。

第六十九条 特种设备安全监督管理部门应当在有关地方人民政府的领导下，组织开展特种设备事故调查处理工作。

有关地方人民政府应当支持、配合上级人民政府或者特种设备安全监督管理部门的事故调查处理工作，并提供必要的便利条件。

第七十条 特种设备安全监督管理部门应当对发生事故的原因进行分析，并根据特种设备的管理和技术特点、事故情况对相关安全技术规范进行评估；需要制定或者修订相关安全技术规范的，应当及时制定或者修订。

第七十一条 本章所称的“以上”包括本数，所称的“以下”不包括本数。

第七章 法律责任

第七十二条 未经许可，擅自从事压力容器设计活动的，由特种设备安全监督管理部门予以取缔，处 5 万元以上 20 万元以下罚款；有违法所得的，没收违法所得；触犯刑律的，对负有责任的主管人员和其他直接责任人员依照刑法关于非法经营罪或者其他罪的规定，依法追究刑事责任。

第七十三条 锅炉、气瓶、氧舱和客运索道、大型游乐设施以及高耗能特种设备的设计文件，未经国务院特种设备安全监督管理部门核准的检验检测机构鉴定，擅自用于制造的，由特种设备安全监督管理部门责令改正，没收非法制造的产品，处5万元以上20万元以下罚款；触犯刑律的，对负有责任的主管人员和其他直接责任人员依照刑法关于生产、销售伪劣产品罪、非法经营罪或者其他罪的规定，依法追究刑事责任。

第七十四条 按照安全技术规范的要求应当进行型式试验的特种设备产品、部件或者试制特种设备新产品、新部件，未进行整机或者部件型式试验的，由特种设备安全监督管理部门责令限期改正；逾期未改正的，处2万元以上10万元以下罚款。

第七十五条 未经许可，擅自从事锅炉、压力容器、电梯、起重机械、客运索道、大型游乐设施、场（厂）内专用机动车辆及其安全附件、安全保护装置的制造、安装、改造以及压力管道元件的制造活动的，由特种设备安全监督管理部门予以取缔，没收非法制造的产品，已经实施安装、改造的，责令恢复原状或者责令限期由取得许可的单位重新安装、改造，处10万元以上50万元以下罚款；触犯刑律的，对负有责任的主管人员和其他直接责任人员依照刑法关于生产、销售伪劣产品罪、非法经营罪、重大责任事故罪或者其他罪的规定，依法追究刑事责任。

第七十六条 特种设备出厂时，未按照安全技术规范的要求附有设计文件、产品质量合格证明、安装及使用维修说明、监督检验证明等文件的，由特种设备安全监督管理部门责令改正；情节严重的，责令停止生产、销售，处违法生产、销售货值金额30%以下罚款；有违法所得的，没收违法所得。

第七十七条 未经许可，擅自从事锅炉、压力容器、电梯、起重机械、客运索道、大型游乐设施、场（厂）内专用机动车辆的维修或者日常维护保养的，由特种设备安全监督管理部门予以取缔，处1万元以上5万元以下罚款；有违法所得的，没收违法所得；触犯刑律的，对负有责任的主管人员和其他直接责任人员依照刑法关于非法经营罪、重大责任事故罪或者其他罪的规定，依法追究刑事责任。

第七十八条 锅炉、压力容器、电梯、起重机械、客运索道、大型游乐设施的安装、改造、维修的施工单位以及场（厂）内专用机动车辆的改造、维修单位，在施工前未将拟进行的特种设备安装、改造、维修情况书面告知直辖市或者设区的市的特种设备安全监督管理部门即行施工的，或者在验收后30日内未将有关技术资料移交锅炉、压力容器、电梯、起重机械、客运索道、大型游乐设施的使用单位的，由特种设备安全监督管理部门责令限期改正；逾期未改正的，处2000元以上1万元以下罚款。

第七十九条 锅炉、压力容器、压力管道元件、起重机械、大型游乐设施的制造过程和锅炉、压力容器、电梯、起重机械、客运索道、大型游乐设施的安装、改造、重大维修过程，以及锅炉清洗过程，未经国务院特种设备安全监督管理部门核准的检验检测机构按照安全技术规范的要求进行监督检验的，由特种设备安全监督管理部门责令改正，已经出厂的，没收违法生产、销售的产品，已经实施安装、改造、重大维修或者清洗的，责令限期进行监督检验，处5万元以上20万元以下罚款；有违法所得的，没收违法所得；情节严重的，撤销制造、安装、改造或者维修单位已经取得的许可，并由工商行政管理部门吊销其营业执照；触犯刑律的，对负有责任的主管人员和其他直接责任人员依照刑法关于生产、销售伪劣产品罪或者其他罪的规定，依法追究刑事责任。

第八十条 未经许可，擅自从事移动式压力容器或者气瓶充装活动的，由特种设备安全监督管理部门予以取缔，没收违法充装的气瓶，处10万元以上50万元以下罚款；有违法所得的，没收违法所得；触犯刑律的，对负有责任的主管人员和其他直接责任人员依照刑法关于非法经营罪或者其他罪的规定，依法追究刑事责任。

移动式压力容器、气瓶充装单位未按照安全技术规范的要求进行充装活动的，由特种设备安全监督管理部门责令改正，处 2 万元以上 10 万元以下罚款；情节严重的，撤销其充装资格。

第八十一条 电梯制造单位有下列情形之一的，由特种设备安全监督管理部门责令限期改正；逾期未改正的，予以通报批评：

（一）未依照本条例第十九条的规定对电梯进行校验、调试的；

（二）对电梯的安全运行情况进行跟踪调查和了解时，发现存在严重事故隐患，未及时向特种设备安全监督管理部门报告的。

第八十二条 已经取得许可、核准的特种设备生产单位、检验检测机构有下列行为之一的，由特种设备安全监督管理部门责令改正，处 2 万元以上 10 万元以下罚款；情节严重的，撤销其相应资格：

（一）未按照安全技术规范的要求办理许可证变更手续的；

（二）不再符合本条例规定或者安全技术规范要求的条件，继续从事特种设备生产、检验检测的；

（三）未依照本条例规定或者安全技术规范要求进行特种设备生产、检验检测的；

（四）伪造、变造、出租、出借、转让许可证书或者监督检验报告的。

第八十三条 特种设备使用单位有下列情形之一的，由特种设备安全监督管理部门责令限期改正；逾期未改正的，处 2000 元以上 2 万元以下罚款；情节严重的，责令停止使用或者停产停业整顿：

（一）特种设备投入使用前或者投入使用后 30 日内，未向特种设备安全监督管理部门登记，擅自将其投入使用的；

（二）未依照本条例第二十六条的规定，建立特种设备安全技术档案的；

（三）未依照本条例第二十七条的规定，对在用特种设备进行经常性日常维护保养和定期自行检查的，或者对在用特种设备的安全附件、安全保护装置、测量调控装置及有关附属仪器仪表进行定期校验、检修，并作出记录的；

（四）未按照安全技术规范的定期检验要求，在安全检验合格有效期届满前 1 个月向特种设备检验检测机构提出定期检验要求的；

（五）使用未经定期检验或者检验不合格的特种设备的；

（六）特种设备出现故障或者发生异常情况，未对其进行全面检查、消除事故隐患，继续投入使用的；

（七）未制定特种设备事故应急专项预案的；

（八）未依照本条例第三十一条第二款的规定，对电梯进行清洁、润滑、调整和检查的；

（九）未按照安全技术规范要求进行锅炉水（介）质处理的；

（十）特种设备不符合能效指标，未及时采取相应措施进行整改的。

特种设备使用单位使用未取得生产许可的单位生产的特种设备或者将非承压锅炉、非压力容器作为承压锅炉、压力容器使用的，由特种设备安全监督管理部门责令停止使用，予以没收，处 2 万元以上 10 万元以下罚款。

第八十四条 特种设备存在严重事故隐患，无改造、维修价值，或者超过安全技术规范规定的使用年限，特种设备使用单位未予以报废，并向原登记的特种设备安全监督管理部门办理注销的，由特种设备安全监督管理部门责令限期改正；逾期未改正的，处 5 万元以上 20 万元以下罚款。

第八十五条 电梯、客运索道、大型游乐设施的运营使用单位有下列情形之一的，由特种设备安全监督管理部门责令限期改正；逾期未改正的，责令停止使用或者停产停业整顿，处 1 万元以上 5 万元以下罚款：

（一）客运索道、大型游乐设施每日投入使用前，未进行试运行和例行安全检查，并对安全装置进行检查确认的；

（二）未将电梯、客运索道、大型游乐设施的安全注意事项和警示标志置于易于为乘客注意的显著位置的。

第八十六条 特种设备使用单位有下列情形之一的，由特种设备安全监督管理部门责令限期改正；逾期未改正的，责令停止使用或者停产停业整顿，处2000元以上2万元以下罚款：

（一）未依照本条例规定设置特种设备安全管理机构或者配备专职、兼职的安全管理人员的；

（二）从事特种设备作业的人员，未取得相应特种作业人员证书，上岗作业的；

（三）未对特种设备作业人员进行特种设备安全教育和培训的。

第八十七条 发生特种设备事故，有下列情形之一的，对单位，由特种设备安全监督管理部门处5万元以上20万元以下罚款；对主要负责人，由特种设备安全监督管理部门处4000元以上2万元以下罚款；属于国家工作人员的，依法给予处分；触犯刑律的，依照刑法关于重大责任事故罪或者其他罪的规定，依法追究刑事责任：

（一）特种设备使用单位的主要负责人在本单位发生特种设备事故时，不立即组织抢救或者在事故调查处理期间擅离职守或者逃匿的；

（二）特种设备使用单位的主要负责人对特种设备事故隐瞒不报、谎报或者拖延不报的。

第八十八条 对事故发生负有责任的单位，由特种设备安全监督管理部门依照下列规定处以罚款：

（一）发生一般事故的，处10万元以上20万元以下罚款；

（二）发生较大事故的，处20万元以上50万元以下罚款；

（三）发生重大事故的，处50万元以上200万元以下罚款。

第八十九条 对事故发生负有责任的单位的主要负责人未依法履行职责，导致事故发生的，由特种设备安全监督管理部门依照下列规定处以罚款；属于国家工作人员的，并依法给予处分；触犯刑律的，依照刑法关于重大责任事故罪或者其他罪的规定，依法追究刑事责任：

（一）发生一般事故的，处上一年年收入30%的罚款；

（二）发生较大事故的，处上一年年收入40%的罚款；

（三）发生重大事故的，处上一年年收入60%的罚款。

第九十条 特种设备作业人员违反特种设备的操作规程和有关的安全规章制度操作，或者在作业过程中发现事故隐患或者其他不安全因素，未立即向现场安全管理人员和单位有关负责人报告的，由特种设备使用单位给予批评教育、处分；情节严重的，撤销特种设备作业人员资格；触犯刑律的，依照刑法关于重大责任事故罪或者其他罪的规定，依法追究刑事责任。

第九十一条 未经核准，擅自从事本条例所规定的监督检验、定期检验、型式试验以及无损检测等检验检测活动的，由特种设备安全监督管理部门予以取缔，处5万元以上20万元以下罚款；有违法所得的，没收违法所得；触犯刑律的，对负有责任的主管人员和其他直接责任人员依照刑法关于非法经营罪或者其他罪的规定，依法追究刑事责任。

第九十二条 特种设备检验检测机构，有下列情形之一的，由特种设备安全监督管理部门处2万元以上10万元以下罚款；情节严重的，撤销其检验检测资格：

（一）聘用未经特种设备安全监督管理部门组织考核合格并取得检验检测人员证书的人员，从事相关检验检测工作的；

（二）在进行特种设备检验检测中，发现严重事故隐患或者能耗严重超标，未及时告知特种设备使用单位，并立即向特种设备安全监督管理部门报告的。

第九十三条 特种设备检验检测机构和检验检测人员，出具虚假的检验检测结果、鉴定结论或者检验检测结果、鉴定结论严重失实的，由特种设备安全监督管理部门对检验检测机构没收违法所得，处5万元以上20万元以下罚款，情节严重的，撤销其检验检测资格；对检验检测人员处5000元以上5万元以下罚款，情节严重的，撤销其检验检测资格，触犯刑律的，依照刑法关于中介组织人员提供虚假证明文件罪、中介组织人员出具证明文件重大失实罪或者其他罪的规定，依法追究刑事责任。

特种设备检验检测机构和检验检测人员，出具虚假的检验检测结果、鉴定结论或者检验检测结果、鉴定结论严重失实，造成损害的，应当承担赔偿责任。

第九十四条 特种设备检验检测机构或者检验检测人员从事特种设备的生产、销售，或者以其名义推荐或者监制、监销特种设备的，由特种设备安全监督管理部门撤销特种设备检验检测机构和检验检测人员的资格，处5万元以上20万元以下罚款；有违法所得的，没收违法所得。

第九十五条 特种设备检验检测机构和检验检测人员利用检验检测工作故意刁难特种设备生产、使用单位，由特种设备安全监督管理部门责令改正；拒不改正的，撤销其检验检测资格。

第九十六条 检验检测人员，从事检验检测工作，不在特种设备检验检测机构执业或者同时在两个以上检验检测机构中执业的，由特种设备安全监督管理部门责令改正，情节严重的，给予停止执业6个月以上2年以下的处罚；有违法所得的，没收违法所得。

第九十七条 特种设备安全监督管理部门及其特种设备安全监察人员，有下列违法行为之一的，对直接负责的主管人员和其他直接责任人员，依法给予降级或者撤职的处分；触犯刑律的，依照刑法关于受贿罪、滥用职权罪、玩忽职守罪或者其他罪的规定，依法追究刑事责任：

（一）不按照本条例规定的条件和安全技术规范要求，实施许可、核准、登记的；

（二）发现未经许可、核准、登记擅自从事特种设备的生产、使用或者检验检测活动不予取缔或者不依法予以处理的；

（三）发现特种设备生产、使用单位不再具备本条例规定的条件而不撤销其原许可，或者发现特种设备生产、使用违法行为不予查处的；

（四）发现特种设备检验检测机构不再具备本条例规定的条件而不撤销其原核准，或者对其出具虚假的检验检测结果、鉴定结论或者检验检测结果、鉴定结论严重失实的行为不予查处的；

（五）对依照本条例规定在其他地方取得许可的特种设备生产单位重复进行许可，或者对依照本条例规定在其他地方检验检测合格的特种设备，重复进行检验检测的；

（六）发现有违反本条例和安全技术规范的行为或者在用的特种设备存在严重事故隐患，不立即处理的；

（七）发现重大的违法行为或者严重事故隐患，未及时向上级特种设备安全监督管理部门报告，或者接到报告的特种设备安全监督管理部门不立即处理的；

（八）迟报、漏报、瞒报或者谎报事故的；

（九）妨碍事故救援或者事故调查处理的。

第九十八条 特种设备的生产、使用单位或者检验检测机构，拒不接受特种设备安全监督管理部门依法实施的安全监察的，由特种设备安全监督管理部门责令限期改正；逾期未改正的，责令停产停业整顿，处2万元以上10万元以下罚款；触犯刑律的，依照刑法关于妨害公务罪或者其他罪的规定，依法追究刑事责任。

特种设备生产、使用单位擅自动用、调换、转移、损毁被查封、扣押的特种设备或者其主要部件的，由特种设备安全监督管理部门责令改正，处5万元以上20万元以下罚款；情节严重的，撤销其相应资格。

第八章 附则

第九十九条 本条例下列用语的含义是：

（一）锅炉，是指利用各种燃料、电或者其他能源，将所盛装的液体加热到一定的参数，并对外输出热能的设备，其范围规定为容积大于或者等于30L的承压蒸汽锅炉；出口水压大于或者等于0.1MPa（表压），且额定功率大于或者等于0.1MW的承压热水锅炉；有机热载体锅炉。

（二）压力容器，是指盛装气体或者液体，承载一定压力的密闭设备，其范围规定为最高工作压力大于或者等于0.1MPa（表压），且压力与容积的乘积大于或者等于2.5MPa·L的气体、液化气体和最高工作温度高于或者等于标准沸点的液体的固定式容器和移动式容器；盛装公称工作压力大于或者等于0.2MPa（表压），且压力与容积的乘积大于或者等于1.0MPa·L的气体、液化气体和标准沸点等于或者低于60℃液体的气瓶；氧舱等。

（三）压力管道，是指利用一定的压力，用于输送气体或者液体的管状设备，其范围规定为最高工作压力大于或者等于0.1MPa（表压）的气体、液化气体、蒸汽介质或者可燃、易爆、有毒、有腐蚀性、最高工作温度高于或者等于标准沸点的液体介质，且公称直径大于25mm的管道。

（四）电梯，是指动力驱动，利用沿刚性导轨运行的箱体或者沿固定线路运行的梯级（踏步），进行升降或者平行运送人、货物的机电设备，包括载人（货）电梯、自动扶梯、自动人行道等。

（五）起重机械，是指用于垂直升降或者垂直升降并水平移动重物的机电设备，其范围规定为额定起重量大于或者等于0.5t的升降机；额定起重量大于或者等于1t，且提升高度大于或者等于2m的起重机和承重形式固定的电动葫芦等。

（六）客运索道，是指动力驱动，利用柔性绳索牵引箱体等运载工具运送人员的机电设备，包括客运架空索道、客运缆车、客运拖牵索道等。

（七）大型游乐设施，是指用于经营目的，承载乘客游乐的设施，其范围规定为设计最大运行线速度大于或者等于2m/s，或者运行高度距地面高于或者等于2m的载人大型游乐设施。

（八）场（厂）内专用机动车辆，是指除道路交通、农用车辆以外仅在工厂厂区、旅游景区、游乐场所等特定区域使用的专用机动车辆。

特种设备包括其所用的材料、附属的安全附件、安全保护装置和与安全保护装置相关的设施。

第一百条 压力管道设计、安装、使用的安全监督管理办法由国务院另行制定。

第一百零一条 国务院特种设备安全监督管理部门可以授权省、自治区、直辖市特种设备安全监督管理部门负责本条例规定的特种设备行政许可工作，具体办法由国务院特种设备安全监督管理部门制定。

第一百零二条 特种设备行政许可、检验检测，应当按照国家有关规定收取费用。

第一百零三条 本条例自2003年6月1日起施行。1982年2月6日国务院发布的《锅炉压力容器安全监察暂行条例》同时废止。

附录十 部分化工安全学习网站

1. http://www.safehoo.com/NewsSpecial/Chemical/化工安全-安全管理网.
2. http://huagong.huangye88.com/中国化工网.
3. http://www.chemsafety.com.cn/index.html 中国化工安全网.

参考文献

[1] 国家安全生产监督管理总局. 化工（危险化学品）企业保障生产安全十条规定. 2013-09-26.
[2] 刘景良. 化工安全技术. 3版. 北京：化学工业出版社，2014.
[3] 杨永杰，康彦芳. 化工工艺安全技术. 北京：化学工业出版社，2008.
[4] 王自齐. 化学事故与应急救援. 北京：化学工业出版社，1997.
[5] 中国石化总公司安监办. 石油化工安全技术. 北京：中国石化出版社，1998.
[6] 刘景良. 企业安全文化建设中若干问题的探讨. 天津职业大学学报，2000.
[7] 陈宝智，王金波. 安全管理. 天津：天津大学出版社，2003.
[8] 隋鹏程，陈宝智，隋旭. 安全原理. 北京：化学工业出版社，2005.
[9] 肖爱民. 安全系统工程学. 北京：科学技术文献出版社，1999.
[10] 余经海. 化工安全技术基础. 北京：化学工业出版社，1999.
[11] 陈莹. 工业防火与防爆. 北京：中国劳动出版社，1994.
[12] 中国石化总公司安监办. 石油化工典型案例汇编. 北京：中国石化出版社，1994.